U0230527

国家出版基金项目
NATIONAL PUBLICATION FOUNDATION

矿区生态环境修复丛书

浅埋煤层开采地面塌陷及其防治

侯恩科　黄庆享　毕银丽　杨　帆　著

科 学 出 版 社
龙 门 书 局
北 京

内 容 简 介

本书运用煤地质学、开采沉陷学、采矿工程学、生态与环境科学等多学科理论和方法，研究陕北侏罗纪煤田浅埋多煤层开采地面塌陷及防治。总结研究区煤层覆岩空间组合关系，揭示多煤层开采地表移动变形、地表裂缝的发育规律及采煤对生态环境的影响特征。提出通过上下工作面错距布置减缓地面塌陷和降低煤柱应力集中的技术，以及适用于黄土沟壑采煤塌陷区小沟谷治理的微地形改造技术和大沟谷斜坡治理的坡式梯田、集雨梯田整治模式。改进微生物菌剂，完善微生物修复技术，建设 300 余亩多煤层开采地面塌陷治理与生态修复示范区，为浅埋煤层开采地面塌陷治理与生态修复提供支撑。

本书可供矿区采动损害与生态环境保护、煤矿地质、测量、采矿等学科的研究人员和煤矿企业相关技术人员参考，也可供相关学科本科生和研究生参考。

图书在版编目(CIP)数据

浅埋煤层开采地面塌陷及其防治/侯恩科等著. —北京：龙门书局，2020.6
（矿区生态环境修复丛书）
国家出版基金项目
ISBN 978-7-5088-5721-3

I. ①浅… II. ①侯… III. ①薄煤层采煤法–地表塌陷–防治 IV. ①TD823.25

中国版本图书馆 CIP 数据核字（2020）第 068602 号

责任编辑：李建峰　杨光华/责任校对：高　嵘
责任印制：彭　超/封面设计：苏　波

科 学 出 版 社　出版
龙 门 书 局
北京东黄城根北街 16 号
邮政编码：100717
http://www.sciencep.com

武汉精一佳印刷有限公司印刷
科学出版社发行　各地新华书店经销

*

开本：787×1092　1/16
2020 年 6 月第 一 版　　印张：17 1/2
2020 年 6 月第一次印刷　　字数：410 000
定价：218.00 元
（如有印装质量问题，我社负责调换）

《浅埋煤层开采地面塌陷及其防治》

编　委　会

"矿区生态环境修复丛书"序

  我国是矿产大国,矿产资源丰富,已探明的矿产资源总量约占世界的 12%,仅次于美国和俄罗斯,居世界第三位。新中国成立尤其是改革开放以后,经济的发展使得国内矿山资源开发技术和开发需求上升,从而加快了矿山的开发速度。由于我国矿产资源开发利用总体上还比较传统粗放,土地损毁、生态破坏、环境问题仍然十分突出,矿山开采造成的生态破坏和环境污染点多、量大、面广。截至 2017 年底,全国矿产资源开发占用土地面积约 362 万公顷,有色金属矿区周边土壤和水中镉、砷、铅、汞等污染较为严重,严重影响国家粮食安全、食品安全、生态安全与人体健康。党的十八大、十九大高度重视生态文明建设,矿业产业作为国民经济的重要支柱性产业,矿产资源的合理开发与矿业转型发展成为生态文明建设的重要领域,建设绿色矿山、发展绿色矿业是加快推进矿业领域生态文明建设的重大举措和必然要求,是党中央、国务院做出的重大决策部署。习近平总书记多次对矿产开发做出重要批示,强调"坚持生态保护第一,充分尊重群众意愿",全面落实科学发展观,做好矿产开发与生态保护工作。为了积极响应习总书记号召,更好地保护矿区环境,我国加快了矿山生态修复,并取得了较为显著的成效。截至 2017 年底,我国用于矿山地质环境治理的资金超过 1 000 亿元,累计完成治理恢复土地面积约 92 万公顷,治理率约为 28.75%。

  我国矿区生态环境修复研究虽然起步较晚,但是近年来发展迅速,已经取得了许多理论创新和技术突破。特别是在近几年,修复理论、修复技术、修复实践都取得了很多重要的成果,在国际上产生了重要的影响力。目前,国内在矿区生态环境修复研究领域尚缺乏全面、系统反映学科研究全貌的理论、技术与实践科研成果的系列化著作。如能及时将该领域所取得的创新性科研成果进行系统性整理和出版,将对推进我国矿区生态环境修复的跨越式发展起到极大的促进作用,并对矿区生态修复学科的建立与发展起到十分重要的作用。矿区生态环境修复属于交叉学科,涉及管理、采矿、冶金、地质、测绘、土地、规划、水资源、环境、生态等多个领域,要做好我国矿区生态环境的修复工作离不开多学科专家的共同参与。基于此,"矿区生态环境修复丛书"汇聚了国内从事矿区生态环境修复工作的各个学科的众多专家,在编委会的统一组织和规划下,将我国矿区生态环境修复中的基础性和共性问题、法规与监管、基础原理/理论、监测与评价、规划、金属矿冶区/能源矿山/非金属矿区/砂石矿废弃地修复技术、典型实践案例等已取得的理论创新性成果和技术突破进行系统整理,综合反映了该领域的研究内容,系统化、专业化、整体性较强,本套丛书将是该领域的第一套丛书,也是该领域科学前沿和国家级科研项目成果的展示平台。

  本套丛书通过科技出版与传播的实际行动来践行党的十九大报告"绿水青山就是金山银山"的理念和"节约资源和保护环境"的基本国策,其出版将具有非常重要的政治意义、理论和技术创新价值及社会价值。希望通过本套丛书的出版能够为我国矿区生态环境修复事业发挥积极的促进作用，吸引更多的人才投身到矿区修复事业中，为加快矿区受损生态环境的修复工作提供科技支撑，为我国矿区生态环境修复理论与技术在国际上全面实现领先奠定基础。

干　勇　胡振琪　党　志
柴立元　周连碧　束文圣
2020 年 4 月

序

鄂尔多斯盆地是西部最重要的一个含煤盆地,该盆地北部当前主要开采侏罗系浅埋煤层,年产量达 10 亿吨,约占全国产量的 29%。自 20 世纪 80 年代末鄂尔多斯盆地北部侏罗系煤田大规模开发以来,煤炭企业规模和产量快速增长。但由于该区地处毛乌素沙漠与黄土高原接壤地带,生态环境脆弱,煤炭资源开发产生的地面塌陷,引发了地表水资源减少和流域生态环境恶化等环境问题,采煤塌陷区治理已成为鄂尔多斯盆地北部侏罗系煤田科学开采的关键所在,也引起了地质、采矿、生态等专业科技工作者的关注。

该书作者通过长期科学研究和工程实践,针对陕北侏罗系煤田的煤炭开发与采煤塌陷区生态修复等问题,采用煤地质学、水文地质学、生态环境学和采矿工程学等多学科相结合的方法,总结了煤层覆岩空间组合关系,发明了黄土沟壑区地表下沉系数的确定方法,揭示了浅埋多煤层开采地表移动变形规律、地表裂缝发育规律及其形成机理;从采煤工作面、井田及矿区三种尺度揭示了采煤对生态环境的影响特征,提出了适宜黄土沟壑区生态修复的五种适生植物群落类型;揭示了煤层群开采"煤柱组合"效应,研发出通过上下工作面煤柱错距布置减缓地面塌陷和降低煤柱应力集中的技术,破解了浅埋煤层群开采地表裂缝强烈发育和地下煤柱与巷道破坏严重的耦合控制技术难题;发明了黄土沟壑区塌陷裂缝充填的土壤重构剖面和充填工艺,提出了黄土沟壑采煤塌陷区小沟谷治理的微地形改造技术;改良了微生物菌剂,形成了能促进植物根系生长发育、抗拉伤和频繁拉伤能力强的微生物修复技术;建设了塌陷地整治与生态修复示范区,该示范区已成为陕北地区采煤塌陷地治理参观学习基地。

鄂尔多斯盆地北部浅埋煤层已采区尚有大量塌陷区未得到治理,未来还会产生大面积塌陷区。在目前绿色矿山建设已全面推进(2018 年 5 月 15 号,六部委联合印发了《关于加快建设绿色矿山的实施意见》)的形势下,科学开展采煤塌陷区的土地整治与生态修复对于促进绿色矿山建设具有重要现实意义。尽管该书的研究成果取得了重要突破,推广应用效果显著,但仍有一些科学技术问题亟待深入研究和实践,如对于陕北多种地形地貌下采煤塌陷区治理模式的研究等。希望继续深化研究,为绿色矿山建设做出新的贡献。

同时,也向煤炭地质、采矿工程及生态环境保护界科技人员推荐该书,希望通过该书的出版,有更多的科技工作者关注采煤塌陷区土地整治与生态修复问题。

西安科技大学教授 中国工程院院士

前　言

《浅埋煤层开采地面塌陷及其防治》是在完成 2011 年陕西省科技统筹创新工程"煤炭开采安全增效关键技术研究"一级子课题——"浅埋厚煤层群开采地表治理技术研究"项目（陕科技发〔2011〕235 号）的基础上撰写的。项目自 2012 年 7 月开始，由陕煤集团神木柠条塔矿业有限公司、西安科技大学、中国矿业大学（北京）、陕西煤业化工技术研究院有限责任公司共同承担完成，2016 年 11 月通过陕西省科学技术厅验收。项目以陕煤集团神木柠条塔矿业有限公司柠条塔煤矿区北翼 N1114 和 N1206 工作面叠置开采区为主要研究区，开展浅埋煤层开采地面塌陷研究和示范基地建设。通过资料收集整理、地表移动观测、地面塌陷填图、覆岩破坏相似材料模拟与数值模拟、植物样方调查、不同时相遥感解译分析、土壤水分监测、土壤养分测试、菌根微生物优选与培养实验、地面塌陷微地形改造、裂缝填埋实验、示范区建设及示范区植物长势及其土壤监测等手段，总结煤层覆岩空间组合类型及其空间变化特点，分析重复采动条件下的地表移动变形规律、覆岩破坏规律，探讨采煤对生态环境的影响程度和黄土沟壑塌陷区生态修复的适生植物，研究多煤层开采地面塌陷的减缓控制技术、塌陷地治理和生态修复技术。

本书研究表明，浅埋煤层综采工作面地表产生的大量规律性展布塌陷裂缝是影响生态环境的主要因素之一，因此，本书重点研究煤层覆岩空间组合关系，揭示研究区多煤层开采地表移动变形规律，揭示浅埋煤层单煤层开采和叠置开采地表裂缝发育分布规律，掌握地表移动变形与采动覆岩破坏之间的关系；揭示浅埋煤层开采对生态环境的影响特征，预测浅埋煤层开采对生态环境的影响趋势，提出适宜黄土沟壑区生态修复的 5 种适生植物群落类型；揭示煤层群开采"煤柱组合"效应，研发出通过上下工作面煤柱错距布置和走向错距布置减缓地面塌陷和降低煤柱应力集中的技术；提出适用于黄土沟壑采煤塌陷区小沟谷治理的微地形改造技术和大沟谷斜坡治理的坡式梯田、集雨梯田的整治模式，发明黄土沟壑区塌陷裂缝充填的土壤重构剖面和一种"分段剥离，交错回填"的塌陷裂缝充填工艺；形成能促进植物根系生长发育、抗拉伤和频繁拉伤能力强的微生物修复技术；并将研究成果应用于 300 余亩多煤层重复采动塌陷地整治与生态修复示范区建设，进行了生产验证，为陕北大型煤矿采煤塌陷区治理与发展提供经验。本书研究成果可供同类矿井地表塌陷治理与生态恢复参考。

本书分为 8 章：第 1 章由侯恩科、王苏健、王建文、迟宝锁撰写；第 2 章由侯恩科、王苏健、王建文撰写；第 3 章由侯恩科、赵兵朝撰写；第 4 章由侯恩科、杨帆、黄庆享、王宏科撰写；第 5 章由杨帆、刘英、侯恩科撰写；第 6 章由黄庆享、王建文撰写；第 7 章由陈秋计、侯恩科撰写；第 8 章由毕银丽撰写。

本书中可能存在疏漏，敬请读者们批评指正。

作　者
2019 年 6 月 14 日

目　　录

第 1 章　绪论 ··· 1

　1.1　概述 ··· 1

　1.2　国内外研究进展 ··· 2

　　1.2.1　采煤塌陷规律 ·· 2

　　1.2.2　土壤及植被影响 ·· 6

　　1.2.3　采煤沉陷损害控制与治理 ·· 9

　　1.2.4　采煤沉陷区生态修复 ··· 14

第 2 章　研究区自然地理与地质特征 ··· 19

　2.1　位置范围与采掘概况 ·· 19

　　2.1.1　位置范围 ··· 19

　　2.1.2　采掘概况 ··· 19

　2.2　自然地理 ··· 21

　　2.2.1　地形地貌 ··· 21

　　2.2.2　水文地质 ··· 22

　　2.2.3　气象条件 ··· 24

　　2.2.4　植被组成 ··· 24

　2.3　地层构造与煤层 ··· 24

　　2.3.1　矿井地层 ··· 24

　　2.3.2　井田构造 ··· 26

　　2.3.3　煤层 ··· 26

　2.4　煤层与含水层组合特征 ·· 36

　　2.4.1　含水层特征 ··· 36

　　2.4.2　隔水层特征 ··· 42

　　2.4.3　组合特征 ··· 43

第 3 章　多煤层开采地表移动变形规律 ··· 46

　3.1　观测区地形与地质条件 ·· 46

　　3.1.1　观测区地形地貌 ·· 46

　　3.1.2　地质采矿条件 ·· 47

　　3.1.3　覆岩条件 ··· 48

　3.2　观测站布设及地表移动观测 ··· 49

3.2.1 地表移动观测站布设 ···49

3.2.2 地表移动变形观测 ··53

3.3 观测数据计算与分析 ···55

3.3.1 现场观测 ··55

3.3.2 观测成果角量 ···56

3.3.3 地表移动稳定后角值 ··58

3.3.4 地表裂缝发育特征及原因 ···66

3.3.5 采动过程地表移动特征 ··70

3.4 地表移动变形规律 ···73

3.4.1 地表移动预计 ···73

3.4.2 概率积分法预计理论 ··74

3.4.3 地表移动参数计算 ··76

3.4.4 概率积分理论拟合度分析 ···78

3.4.5 工作面斜交叠置开采规律 ···80

第4章 多煤层开采地面塌陷裂缝发育规律 ································82

4.1 地面塌陷类型与特点 ···82

4.1.1 塌陷裂缝观测与填图 ··82

4.1.2 塌陷裂缝类型与特点 ··82

4.2 单煤层工作面地表裂缝发育规律 ··92

4.2.1 黄土沟壑区 1^{-2} 煤层 ···92

4.2.2 黄土沟壑区 2^{-2} 煤层 ···98

4.2.3 风沙滩地区 2^{-2} 煤层 ··106

4.2.4 塌陷裂缝发育规律 ···109

4.3 双煤层综采工作面地表裂缝发育规律 ·······························111

4.3.1 N1206 工作面与 N1112 工作面叠置区 ·························111

4.3.2 N1206 工作面与 N1114 叠置区 ···································113

4.3.3 塌陷裂缝发育规律 ···115

4.4 单/双煤层开采工作面矿压显现规律 ··································116

4.4.1 单煤层开采 ···116

4.4.2 双煤层开采 ···121

4.4.3 矿压显现规律 ··124

4.5 多煤层开采地面塌陷裂缝成因 ··125

第5章 采煤对土壤及植被的影响 ··126

5.1 采煤对土壤水分及养分的影响 ··126

5.1.1 土壤样品采集与测试 ··126

5.1.2　土壤水分 …………………………………………………………… 129
5.1.3　土壤养分 …………………………………………………………… 135
5.2　采煤对植物的影响 ……………………………………………………… 141
5.2.1　植物样方布设与样品采集 …………………………………………… 141
5.2.2　植物丰富度及群落结构 ……………………………………………… 142
5.2.3　植物物种多样性 ……………………………………………………… 148
5.2.4　植物地上生物量 ……………………………………………………… 149
5.2.5　适生植物群落 ………………………………………………………… 150
5.3　采煤对土地利用和植被覆盖度的影响 ………………………………… 155
5.3.1　井田范围 ……………………………………………………………… 161
5.3.2　工作面地表植被及土地利用 ………………………………………… 162
5.4　采煤对邻近矿区植被及土壤湿度的影响 ……………………………… 163
5.4.1　临近矿区植被 ………………………………………………………… 163
5.4.2　临近矿区土壤湿度 …………………………………………………… 169

第6章　多煤层开采地表塌陷减缓控制技术 ………………………………… 178
6.1　煤层群开采合理工作面与煤柱错距数值计算 ………………………… 178
6.1.1　UDEC数值模型的建立 ……………………………………………… 178
6.1.2　1^{-2}煤层与2^{-2}煤层合理区段煤柱错距 ………………………… 180
6.1.3　1^{-2}煤层与2^{-2}煤层同采工作面合理走向错距确定 …………… 184
6.2　煤层群开采合理工作面与煤柱错距理论计算 ………………………… 186
6.2.1　合理区段煤柱错距的理论计算 ……………………………………… 186
6.2.2　浅埋煤层群同采工作面合理走向错距分析 ………………………… 190
6.2.3　煤层群开采合理工作面布置 ………………………………………… 195
6.3　科学开采方案 …………………………………………………………… 196
6.3.1　开采方法与工艺 ……………………………………………………… 196
6.3.2　工作面布置方案 ……………………………………………………… 197
6.3.3　薄厚煤层配采关系 …………………………………………………… 197

第7章　采煤塌陷地治理 ……………………………………………………… 202
7.1　陕北采煤塌陷土地损毁影响因素 ……………………………………… 202
7.1.1　地形地貌条件 ………………………………………………………… 202
7.1.2　开采方法 ……………………………………………………………… 203
7.1.3　地质采矿条件 ………………………………………………………… 204
7.1.4　土地覆被/利用 ………………………………………………………… 204
7.2　采煤塌陷裂缝的治理原则及分类 ……………………………………… 204
7.2.1　治理原则 ……………………………………………………………… 205

　　7.2.2　演化过程分类 ┈┈┈┈┈┈┈┈┈┈┈┈┈┈┈┈┈┈┈┈┈┈┈┈┈┈┈┈ 205

　　7.2.3　发育形态分类 ┈┈┈┈┈┈┈┈┈┈┈┈┈┈┈┈┈┈┈┈┈┈┈┈┈┈┈┈ 205

　7.3　采煤塌陷裂缝治理技术及充填工艺 ┈┈┈┈┈┈┈┈┈┈┈┈┈┈┈┈┈ 207

　　7.3.1　治理技术 ┈┈┈┈┈┈┈┈┈┈┈┈┈┈┈┈┈┈┈┈┈┈┈┈┈┈┈┈┈┈┈ 207

　　7.3.2　充填工艺 ┈┈┈┈┈┈┈┈┈┈┈┈┈┈┈┈┈┈┈┈┈┈┈┈┈┈┈┈┈┈┈ 209

　7.4　采煤塌陷坡地微地貌整治技术 ┈┈┈┈┈┈┈┈┈┈┈┈┈┈┈┈┈┈┈┈ 212

　　7.4.1　侵蚀沟微地貌治理技术 ┈┈┈┈┈┈┈┈┈┈┈┈┈┈┈┈┈┈┈┈┈┈ 212

　　7.4.2　坡地微地貌整治技术 ┈┈┈┈┈┈┈┈┈┈┈┈┈┈┈┈┈┈┈┈┈┈┈ 217

第8章　黄土沟壑区多煤层开采生态恢复技术 ┈┈┈┈┈┈┈┈┈┈┈┈┈┈ 220

　8.1　菌剂改良 ┈┈┈┈┈┈┈┈┈┈┈┈┈┈┈┈┈┈┈┈┈┈┈┈┈┈┈┈┈┈┈┈┈┈ 220

　　8.1.1　菌剂改良的材料和方法 ┈┈┈┈┈┈┈┈┈┈┈┈┈┈┈┈┈┈┈┈┈┈ 220

　　8.1.2　菌剂改良的效应 ┈┈┈┈┈┈┈┈┈┈┈┈┈┈┈┈┈┈┈┈┈┈┈┈┈┈ 222

　　8.1.3　菌剂改良的配比分析 ┈┈┈┈┈┈┈┈┈┈┈┈┈┈┈┈┈┈┈┈┈┈┈ 231

　8.2　采煤塌陷区菌剂应用 ┈┈┈┈┈┈┈┈┈┈┈┈┈┈┈┈┈┈┈┈┈┈┈┈┈┈ 232

　　8.2.1　菌剂应用植物种类选择 ┈┈┈┈┈┈┈┈┈┈┈┈┈┈┈┈┈┈┈┈┈┈ 232

　　8.2.2　植被配置及现场布局 ┈┈┈┈┈┈┈┈┈┈┈┈┈┈┈┈┈┈┈┈┈┈┈ 233

　　8.2.3　微生物菌剂应用 ┈┈┈┈┈┈┈┈┈┈┈┈┈┈┈┈┈┈┈┈┈┈┈┈┈┈ 237

　8.3　采煤塌陷区菌剂生态修复效应 ┈┈┈┈┈┈┈┈┈┈┈┈┈┈┈┈┈┈┈┈ 237

　　8.3.1　生态修复效应监测方法 ┈┈┈┈┈┈┈┈┈┈┈┈┈┈┈┈┈┈┈┈┈┈ 238

　　8.3.2　柠条生态修复效应 ┈┈┈┈┈┈┈┈┈┈┈┈┈┈┈┈┈┈┈┈┈┈┈┈ 240

　　8.3.3　樟子松+紫花苜蓿生态修复效应 ┈┈┈┈┈┈┈┈┈┈┈┈┈┈┈┈ 243

　　8.3.4　黄花菜生态修复效应 ┈┈┈┈┈┈┈┈┈┈┈┈┈┈┈┈┈┈┈┈┈┈┈ 250

参考文献 ┈┈┈┈┈┈┈┈┈┈┈┈┈┈┈┈┈┈┈┈┈┈┈┈┈┈┈┈┈┈┈┈┈┈┈┈┈┈┈ 255

第1章 绪 论

1.1 概 述

陕西省是我国的煤炭大省,境内分布有陕北侏罗纪煤田、陕北石炭二叠纪煤田、陕北三叠纪煤田、渭北石炭二叠纪煤田、黄陇侏罗纪煤田五大煤田,含煤面积5万多平方千米,约占全省面积的1/4。煤炭地质储量3 851亿t,探明储量1 701亿t,居全国第三位。国家规划的14个大型煤炭基地,陕西省有神东、陕北、黄陇3个。2018年陕西省煤炭产量6.23亿t,居全国第三位。陕北侏罗纪煤田煤层厚、层数多、埋藏浅、煤质优良、开采条件相对简单,为世界七大煤田之一。自20世纪80年代末陕北侏罗纪煤田大规模开发以来,煤炭生产规模和产量逐年增加。煤炭开采对当地经济发展有巨大的推动作用,同时也造成了一系列生态环境问题。现代综合机械化开采在综采工作面地表产生大量塌陷裂缝,由此引发水资源短缺、水土流失、乔木死亡等生态环境问题,成为目前煤炭生产关注的焦点。研究解决煤炭开采引发的生态环境问题已成为陕北侏罗纪煤田科学可采的重大课题。

陕北侏罗纪煤田在开发初期,主要开采单一煤层。现阶段榆神和神东矿区大部分矿井进行煤层群联合开采。神华集团神东公司大柳塔煤矿活鸡兔矿井联合开采 $1^{-2上}$ 煤层和 1^{-2} 煤层、石圪台煤矿联合开采 1^{-2} 煤层和 2^{-2} 煤层,榆家梁煤矿联合开采 4^{-2} 煤层和 4^{-3} 煤层;陕煤集团陕北矿业公司柠条塔煤矿联合开采 1^{-2} 煤层和 2^{-2} 煤层;陕煤集团陕北矿业公司张家峁煤矿联合开采 3^{-1} 煤层、4^{-2} 煤层和 5^{-2} 煤层;陕煤集团陕北矿业公司红柳林煤矿联合开采 4^{-2} 煤层和 5^{-2} 煤层。煤层群联合开采中地表多次塌陷,塌陷的规模和强度增大,而当前的煤层群联合开采技术仍然沿用单一煤层开采的岩层控制理论和生产管理经验,主要关注点是顶板安全和煤炭产能。煤层群联合开采需要将矿井井下煤层开采与地表塌陷结合在一起,研究多煤层开采地表塌陷规律及生态环境影响,研究井下生产过程中减缓地面塌陷的方法,研究采煤塌陷区的生态修复技术。

本书以陕煤集团神木柠条塔矿业有限公司柠条塔煤矿区北翼为研究区,将井下采煤与地表生态环境相结合,进行浅埋煤层群开采地表塌陷治理技术和生态修复研究。研究多煤层开采地表移动变形及塌陷规律、多煤层开采对生态环境的影响、多煤层地表塌陷减缓控制技术、采煤塌陷区治理及生态修复技术,探讨多煤层开采过程中地面塌陷及防治的方法,对采煤方法改革及防治地质灾害具有重要意义,而且可为陕北采煤塌陷区的生态修复与治理提供技术依据。

1.2 国内外研究进展

1.2.1 采煤塌陷规律

1. 地表移动变形规律

早在 19 世纪初,欧洲的一些采矿大国就进行了矿山开采引起地表移动变形规律的研究,第二次世界大战后地下开采引起地表移动变形规律的研究达到鼎盛期,相继形成了预计地表沉陷的各种理论与方法。地表移动观测是研究矿山开采后引起地表沉陷和破坏规律的基本手段,也是形成各种预计理论的基础,广泛应用的 Knothe 理论和以随机介质理论为基础的概率积分法都是在大量的地表移动观测基础上形成的(吴侃 等,1998)。

随着科学技术的发展,地表移动观测方法和技术有了长足的发展。全站仪的产生,使地表观测实现了快速、准确、自动记录处理,大大提高了地表观测的效率,可在短时间内完成大范围地表观测网点的观测工作;GPS 定位技术的问世和应用,提供了用同一种仪器在同一时刻直接测出点的空间移动轨迹的可能性,在具体定位时一般通过建立模拟地表移动观测站来实现定位。

1) 山区地表移动变形规律

西山和潞安等矿区的地表移动规律研究表明,黄土山区及丘陵地山区地表移动表现为:山脊位置的垂直移动量较常规大,山谷地带的垂直移动量受挤压作用,移动量较常规条件下小;山坡及坡脚位置的水平移动量较常规条件下大;而山区地表的变形则没有固定的规律,原因在于其受山体滑移作用的影响,同时山区地表的移动与地表植被覆盖情况有关,植被覆盖越好,山体滑移量相对越小(何万龙 等,1994)。达竹矿区柏林煤矿工业广场滑坡区下控制开采等基岩裸露的山区地表移动变形规律研究表明:基岩裸露的采动山区地表移动变形可以由平地开采移动变形预计与山体滑移两部分通过叠加的方式进行预计,应用合理的开采顺序、开采方向和开采时间可有效控制山体引起的移动变形,有效控制山体滑坡灾害发生(余学义 等,2003)。田家琦等(1994,1988)侧重研究黄土沟壑地形条件下的滑坡、坍塌、崩塌灾害的极限平衡理论预计方法,研究表明山体下开采在一定条件下可诱发山体滑坡的发生,给地面造成严重的破坏;同时引起地表山坡的滑移,扩大地表移动变形的范围,增大移动变形强度,原有平原地区的地表沉陷规律不再适用。

以上研究表明,通过对山区地表移动变形进行监测可有效控制和预防采动损害。

2) 厚湿陷性黄土地表沉陷破坏规律

厚湿陷性黄土覆盖层主要分布在西部地区的陕西、山西、甘肃、宁夏和河南的大部或部分地区,其主要矿区有陕西澄合矿区、蒲白矿区、铜川矿区、黄陵矿区、彬长矿区,青海大通矿区,山西霍州矿区、临汾矿区、晋城矿区、潞安矿区,甘肃华亭矿区、靖远矿区、窑街矿区。这些矿区大部分为黄土残塬沟壑地貌,开采沉陷损害不但有山区地表山体滑移的特征,而且具有湿陷性黄土裂缝破坏的特征。

王云虎等（1994）得出黄土层的基本特性、物理力学性质及其与开采沉陷地表裂缝之间已有预计地表裂缝公式。余学义（1993）得出上位岩层位移变形动态预计公式，确定黄土层裂缝角的计算方法，提出以分层开采、边界充填或边界部分开采及离层充填法应用于控制或减弱地表裂缝破坏程度。黄土地区地表下沉系数偏大，表土层移动角大于 60°，厚黄土层地表移动变形突出表现为不连续性和集中性，地表移动变形周期短、速度快（高荣久，1998）。郭文兵等（2011）给出地表裂缝角的大小，得出了起动距、超前影响角、地表最大下沉速度及最大下沉速度滞后角等动态地表移动参数。田小松等（2013）在预测模型修正的基础上，运用地表变形预计系统对丘陵山区采煤地地表变形预测，通过对比预计裂缝结果和裂缝调查结果，分析裂缝与地表变形参数之间的相关性。

在地表设置一定间隔的监控点并记录移动情况，研究表明受到地表坡度的影响地表坡体会出现一定程度的滑移，当工作面位置恰好位于坡体下方时，随着地表坡度的增加，地表两个最大水平位移值之间的差值逐步增大（徐涵洵 等，2014）。通过以地表下沉和水平移动预计值为主要参数计算坡段变形值，建立山区采动地表裂缝的预测模型（韩奎峰 等，2013）；用模拟求参的方法求出概率积分法地表移动变形预计参数（李俊芳 等，2014）。研究表明，山区在采深大、采高大、开采深厚比大、松散层薄的条件下因地下煤层开采引起的地表移动变形规律的基本参数，对其他类似矿井开采具有借鉴作用，在大工作面综合机械化快速推进的开采条件下，地表移动起动距缩短，地表点的移动延续时间也大为缩短（张海港，2014）。

以上研究表明厚湿陷性黄土覆盖层、黄土残塬沟壑地貌采动地表移动变形破坏具有特殊性，主要特征为：①地表裂缝破坏；②沟坡区的滑坡、坍塌；③沉陷区活动剧烈持续时间较短；④下沉系数大和沉陷衍生损害严重。

3）厚松散层薄基岩地表沉陷破坏规律

厚松散层薄基岩主要分布在陕西榆林的神府矿区，该矿区大部分为煤层埋藏浅、地表松散层厚度大、煤层为近水平煤层，适合建大型现代化矿井，随着煤炭资源的大量开发，地面的断裂和塌陷处处可见，其形成原因是该区域煤层埋藏浅、松散层厚度大，冒落带往往可以达到基岩的顶界面，导致裂缝带发展到地表或高出地表，这两带均为非连续变形带。

侯忠杰（1995）对覆岩以厚砂薄基岩为主要特点的煤层，根据开采时初次来压和周期来压顶板岩层破坏机理建立顶板来压时的力学模型，提出防止和减小在沿煤壁发生突然切落的最小支护强度。石平五等（1996）指出薄基岩在厚沙覆盖层作用下的整体切落是顶板破断运动的主要方式，保证足够的初撑力和采空区一定充填状况是控制要点。魏秉亮等（1999）给出地面变形影响范围，确定地表移动变形和角量参数与特定参数。王金庄等（1997）提出采动程度衡量方法，揭示了厚松散层和岩层内部移动破坏机理及岩体移动破坏与地表沉陷的关系。郝延锦等（2000）给出了衡量采动程度可采用的公式；谢洪彬（2001）揭示了厚冲积层薄基岩下采煤地表移动变形的一般规律和特点；王贵荣（2006）探讨了在厚黄土薄基岩条件下，地下开采引起的地表沉陷的规律性；夏林发等（2007）揭示了厚松散层综放开采条件下地表移动与变形规律。韩云（2008）通过建立地表沉陷观测站，运用概率积分法进行地表移动变形预计；徐乃忠等（2008）系统总结了厚松散层条件下开采沉陷地表移动变形规律、地表移动变形预计理论、地表移动参数与地质采矿条件间的关系及对厚松散层条件下开采沉陷的控制现状。刘义新（2010）系统地研究了厚松散下深部采煤地表移动动态、静态规律和地表移动参数，得出了上覆岩土体破坏规律，揭示了采动影响下双层介质的岩移机理和规律。张杰等（2011）通过对工作面的矿压观测及对支架活柱下缩量、工作面顶板移近量、顶板来压强度及巷道变形破坏参数的实测，总结了厚松散层覆盖层浅埋煤层综采工作面的矿压显现规律。陈俊杰等（2013）基于厚松散层下地表移动观测站数据，得到厚松散层下概率积分法参数，分析了概率积分法参数与地质采矿条件之间的函数关系，给出了具体的函数关系式。王家胜等（2015）利用MATLAB 开发了厚松散层下矿区开采地面沉陷预计软件，实现了对工作面任意点在走向和倾向上的下沉、倾斜、曲率、水平移动、水平变形的预计及以二维等高线形式可视化显示。

上述研究反映厚松散层薄基岩采动地表移动变形规律，主要表现为：①地表出现非连续变形；②地表裂缝破坏严重，存在台阶下沉；③地面变形时间较短；④沟坡区出现滑坡、坍塌；⑤沉陷衍生损害严重等。

综上所述，柠条塔煤矿地形地貌属于黄土沟壑区，这种条件下的地表移动规律不但有山区地表移动变形的特点，而且具有厚黄土覆盖层地表移动的特点，根据柠条塔煤矿地质、地形、开采条件、工作面开采顺序及现场开采实际情况，设计 N1114 和 N1206 工作面开采的地表移动观测站，进行开采地表移动变形观测研究。通过地表移动观测取得相关岩移参数，进行计算分析，为地表沉陷灾害治理、煤层安全开采及留设保护煤柱提供相关参数和科学依据。

2. 地表裂缝发育规律

随着近些年我国煤炭的大规模开采，国内许多学者对综采引起的地表裂缝发育特征及规律的研究不断深入，这方面研究成果主要有以下几个方面。

（1）早期已有学者（范立民，1995）开展采空区地表裂缝的研究；余学义（1996）根据渭北煤田地表观测数据，对采煤地表裂缝类型及其形成机理进行分析；吴侃等（1997）对淮南新庄孜煤矿缓倾斜煤层工作面地表裂缝模型预测验证，较早地得出了工作面的地表裂缝分布和发育特征。

（2）王洪亮等（2000）在神木县大柳塔地区开展的 1:5 万生态地质填图中，发现地面沉陷裂缝群，其分布范围与煤层采空区吻合，延伸方向与煤矿设计巷道方向一致，范围略小于采空区，确定了该地裂缝群是由于煤层采空区地面沉陷引起，并对未来采空区的范围进行了预测。2018 年侯恩科在"陕西省典型煤矿区地面塌陷机理及防治对策研究"中，对神府矿区、铜川矿区和彬长矿区采空区地面塌陷现状和基本特征进行了全面研究，对地表裂缝的类型进行了系统地阐述。

（3）随着综采技术的发展，较多的研究集中在综采工作面裂缝发育规律上。姚娟等（2009）根据实地监测数据，研究塌陷区地表裂缝的发育与分布特征，裂缝的宽度、深度与变形等规律。刘辉等（2014，2013）在神东大柳塔煤矿 12208、22201、52304 工作面建立了地表移动与地裂缝发育综合监测网络，研究了 1^{-2}、2^{-2}、5^{-2} 不同埋深煤层开采的地表移动规律及地裂缝发育规律，分析了薄基岩浅埋煤层开采造成的地表塌陷型裂缝的形成机理。马施民等（2014）依据野外调查的资料分析，对地裂缝的类型特征按平面几何形态、剖面形态和形成模式进行了系统地划分。

（4）随着研究的进一步深入，多种方法和技术手段如数值模拟、观测站、遥感等应用在地裂缝的研究上。王鹏等（2014）通过数值模拟，揭示了综采工作面地表裂缝分布形态与覆岩断裂结构演化的内在关系，给出了影响采空区地表裂缝形式的主要因素及形成这种特殊裂缝分布形态的机理。胡振琪等（2014）和胡青峰等（2012）通过布设地表移动观测站，对综采工作面地裂缝进行了持续动态监测，研究地裂缝的分布和动态发育规律。范立民等（2015）通过遥感解译和实地调查，对榆神府矿区采煤损害进行了分析研究，查明了地裂缝分布与发育特征，剖析了典型矿井地裂缝形成机理。冯军等（2015）采用数值模拟软件分析研究了滑动型地裂缝在不同沟谷坡度情况下的裂缝距、裂缝角和坡度关系，得到了不同沟谷坡度下的滑动型地裂缝的裂缝距和裂缝角。

目前，对于陕北侏罗纪煤田浅埋煤层开采地表塌陷裂缝的发育规律，尤其是叠置开采地表塌陷裂缝的发育规律尚未形成系统深入的认识。本书以柠条塔煤矿 N1114 和 N1206 叠置开采工作面地表塌陷裂缝为主要研究对象，结合 1^{-2} 煤层及 2^{-2} 煤层的单煤层地表塌陷裂缝研究，揭示浅埋煤层开采地表塌陷裂缝发育规律。

3. 地表裂缝形成机理

地下煤炭开采是地裂缝形成的主要原因，地质构造及地下水疏干对地裂缝形成亦产生一定的影响。从地下开采到地表塌陷是覆岩中应力场、位移场复杂变化的过程，在这个过程中，开采空间是导因，覆岩破坏是过程，地表塌陷则为最终结果，而地表裂缝则是地表塌陷破坏的一种主要形式。

近年来，国内学者在不同程度上对地表裂缝形成机理进行了研究。侯恩科（2008）在"陕西省典型煤矿区地面塌陷机理及防治对策研究"中，对神府矿区、铜川矿区和彬长矿区采空区地表裂缝类型及形成机理进行了系统研究。蔡怀恩等（2010）采用数值模拟、相似材料模拟及野外调查分析，在彬长矿区研究了覆岩破坏模式及地面塌陷形成机理。滕永海等（2010）研究了潞安矿区综采放顶煤条件下覆岩破坏规律和导水裂缝带发育规律，揭示了覆岩破坏与岩层移动的机理。刘辉等（2013）运用基于薄板理论的基本顶"O-X"破断原理，结合岩层控制的关键层理论，分析薄基岩浅埋煤层开采造成的地表塌陷型裂缝的形成机理。汤伏全等（2015）运用土力学原理，结合开采沉陷理论，探讨土体剪切破坏与黄土层采动裂缝的形成机理，并在彬长矿区 B40301 工作面进行了验证。刘辉（2014）针对西部黄土沟壑区采动地裂缝灾害，提出了采动地裂缝的分类方法。陈俊杰等（2013）通过现场监测和理论分析方法，得到地表裂缝分布规律及变形参数。刘辉等（2016）采用 UDEC 数值模拟软件，分别建立了滑动型地裂缝动态发育模型、沟谷坡度模型、沟谷位置模型，分析了开采引起滑动型裂缝的动态发育规律，研究了滑动型地裂缝发育位置与沟谷之间的关系。

黄土沟壑区采动地裂缝灾害受到薄基岩浅埋煤层地质采矿环境、黄土沟壑地形地貌条件、岩土体物理力学性质等多因素的耦合影响,其发生条件和发育规律较为复杂,目前对裂缝形成的具体机理研究不够深入,没有形成系统的理论,尚未充分揭示开采引起"覆岩破断–坡体滑移–地表开裂"的滑动型裂缝形成机理。

1.2.2　土壤及植被影响

采煤不可避免地引起水土环境变化、植被衰退、地表荒漠化,使原本脆弱的生态环境日趋恶化(雷少刚,2009)。近年来,榆神府矿区大规模的煤炭开发,诱发了一系列地质环境问题,如泉水断流、河流干涸、地裂缝发育、植被根系损伤严重、水土流失可能加剧、部分采空区生态环境恶化或变异。

1. 土壤水分

开采沉陷引起的土体移动与变形将直接改变土壤水分布。在相同的立地条件下,土壤水分补给量越大,越有利于承载更多的植物(栗丽 等,2010)。地下水位的下降和土壤含水量减少是引起下游植被退化的主导因子(陈亚宁 等,2003)。

国外研究较多集中于大气降水的入渗研究。Novak 等(2000)通过模型模拟水分通过裂缝的入渗过程,裂缝增加了水分入渗,与对照相比土壤增加了水分入渗 66%。Liu 等(2003)认为土壤裂缝能够暂时提高入渗速率,随着土壤膨胀闭合裂缝,入渗速率明显降低,并逐渐返回到没有裂缝的状态。

国内关于土壤水分的研究较多。张发旺等(2003)研究表明在没有降水的条件下,采煤塌陷区的土壤上层水分亏损要大于非塌陷区。徐海量等(2004)对土质潜水蒸发实验研究表明,地下水位的高低直接影响植被长势的好坏和现有植物种类的多少,这种影响在很大程度上是通过影响土壤含水率来实现的。塌陷区的土壤含水量一般少于非塌陷区,主要是因为塌陷形成的裂缝增大了土壤蒸发的表面积,进一步降低了土壤水分(魏江生等,2006);开采沉陷将会降低土壤持水能力和土壤含水量(宋亚新,2007;赵红梅,2006);在神府黄土丘陵塌陷区的研究发现,与沙土采煤塌陷区相比,采煤塌陷对黄土丘陵的土壤含水量影响最大(何金军 等,2007);土壤含水量是限制植物生长发育的重要生态因子,植物群落的生长发育及其适宜生产力是由土壤水分供给状况决定的(邹慧 等,2014,2013)。王尚义等(2013)对晋西北矿区、非矿区的土壤水分研究表明矿区土壤含水量少于非矿区。采煤塌陷造成土壤水分的流失,塌陷区与对照区土壤含水量在垂向分布上大体一致,而 10～60 cm 土壤含水量明显降低(王琦 等,2014,2013);马迎宾等(2014)对降雨后不同坡向上采煤裂缝两侧的不同土层水分动态变化特征进行了研究,结果表明降雨主要补充坡面地表 0～20 cm 土层土壤水分,雨后阴坡土壤含水率最高,裂缝的出现会在一定程度上打破坡面储蓄降水的格局。

2. 土壤养分

国外对矿山复垦后土壤养分的研究相对较多（Shrestha，2006）。Jacinthe 等（2006）对美国俄亥俄州东南麦康奈尔斯维尔地区两个矿区复垦地进行了土壤性质空间变异性研究，得出土壤性质中无机氮变异性最大的结论；Terrence 等（2000）在澳大利亚矾土矿区的研究表明土壤的剥离和复位破坏了磷的循环，影响不同土壤部位间磷的比例分配。

国内关于煤矿区土壤养分问题，近年已有较多学者关注，并开展了一系列研究工作。王健等（2006）通过测定发现，干旱和半干旱风沙采煤塌陷地与非塌陷区相比，0～100cm内的全氮、全磷和全钾含量无明显变化。张丽娟等（2007）对焦作煤矿塌陷区土壤的研究表明土壤养分全氮、全磷、速效钾降低，与对照相比达到显著或极显著水平。赵同谦等（2007）对不同沉陷部位和不同深度耕地的土壤肥力特征进行了研究，结果表明采煤引发的土壤肥力在水平和垂直方向上均发生了显著变化，这些变化是导致沉陷区耕地退化、生产力降低的重要原因。陈士超等（2009）认为由于土壤机械组成粗，物理性黏粒少，土壤比表面积较小，持水保肥能力弱，矿物质养分低，抗蚀能力差，肥分从土壤表层向深层渗漏、流失，土壤肥力赋存特征发生了明显改变。臧荫桐（2009）研究得出采煤沉陷对风沙土影响程度最大的是土壤水分，对土壤全氮、全磷的影响较小，全钾、有机质无明显影响。石占飞（2011）对神木矿区的研究表明，矿区的土壤养分含量整体处于低级或很低水平。

综上所述，较多学者在煤炭资源开发对生态环境的影响方面做了大量研究工作，主要集中在土壤、水环境、植被等方面，并取得了重要的成果。但目前的研究都只是集中在某个单独的因素上，而对于多个因素的相互影响、相互作用的研究较少。关于干旱矿区煤炭开采环境扰动影响规律的研究多是面向单一地表环境要素研究为主，缺乏植被、水土多环境要素间协同损伤演变关系研究；缺乏工作面等尺度的分析，加强这方面的研究将有利于全面认识煤炭开采对生态环境的影响。

20 世纪 80～90 年代，榆神府矿区煤炭开发多以小煤矿为主，开采面积和强度较小，对生态环境的影响甚微。2000 年以后，随着开采强度增大，开采对当地生态环境的影响逐渐显现（徐友宁 等，2008；王文龙 等，2004）。榆神府矿区的柠条塔煤矿是典型的浅埋深、薄基岩、厚松散的煤层，可采煤层多、煤层厚、煤质优良，以机械化综放开采为主，具有明显的高产、高效、高强度开采特点。因此，煤炭地下开采对岩层与地表的扰动程度较一般的采煤工作面更为剧烈，由此产生的开采沉陷和生态环境问题也与传统的采煤方法不同（雷少刚 等，2014；范立民，2007）。柠条塔煤矿开采时间较短，现有研究成果还无法满足指导该地区煤炭资源高强度开采与脆弱生态环境保护协调发展的需求，必须深入研究煤炭开采对矿区植被、土壤等环境要素的影响机理，预测开采对生态环境损伤程度，为优化采矿工艺、保护与修复生态环境提供理论依据。

3. 植被

植被既是生态环境的重要组成部分，也是生态环境的主要保护者，植被的分布、组成、演变等特征又是生态环境条件的反映。植被对维护区域生态系统良性发展具有重要的意义。煤炭的开采改变了矿区及周边地区水体、土壤等生境的初始条件，并对矿区地表植被造成不同程度的影响。当地下水位埋深较小时，植被的长势较好，而随着地下水位埋深增加，植被的长势变差或根本无法生存（张茂省 等，2008；杨泽元 等，2006）。煤矿开采造成了区域植被的衰减与荒漠化加剧（王双明 等，2010）。

1）土地利用类型

借助遥感技术对土地利用类型进行研究，已经成为掌握区域生态环境变化状况的主要方法（于兴修 等，2002）。煤矿区作为一个特殊的地理区域，矿区的土地覆盖变化是以资源开采为原动力的动态时空演变过程，是采矿对区域生态系统影响的综合反映，因此研究矿区的土地覆盖变化对全面了解采矿对区域生态系统的影响、辅助矿区生态重建具有重要的意义（卞正富 等，2006）。

卓静等（2012）对陕北能源化工基地 12 年间土地利用进行了研究，结果表明土地利用格局发生显著变化，耕地、水域先减后增，草地、果园先增后减，林地、居民地及工矿用地、交通用地持续增加，未利用地持续减少。雒建中（2012）对大柳塔矿区的土地利用类型研究表明，2002～2009 年 8 年间，大柳塔煤矿范围内的林地覆盖率由 16.99%提升到29.53%，地区生态环境显著改善。吴春花等（2012）对徐州市西矿区土地覆盖变化进行了研究，结果表明水体的面积先增加后减少，水体面积的增加主要是采矿造成地面塌陷导致积水形成的，林地面积前期变化极小，后期增加，矿区生态系统向良性化的方向发展。

2）植被覆盖度

植被覆盖度是生态环境质量的一个重要指标，其对地形、地貌、土壤、水文条件、气候及人为活动等的影响最为敏感，能很好地指示区域生态环境的变化（丁国栋，2004）。

吴立新等（2009）和雷少刚（2009）基于遥感监测的植被覆盖分析表明，榆神府矿区植被覆盖近年有明显好转。胡振琪等（2008）对神府矿区 20 年间的植被覆盖变化进行了研究，结果表明植被覆盖度整体提高，在局部矿区则有所降低。邓飞等（2011）对乌兰木伦河流域近 20 年来植被覆盖度的研究表明，沙漠化进程得到有效逆转，植被覆盖表现出总体改善、局部恶化的特征。翟孟源等（2012）研究了乌海市煤矿开采对 NDVI 的影响，结果表明开采区面积虽然仍呈增长趋势，但植被覆盖状况有所好转。马超等（2013）研究了采矿扰动区植被 NDVI 指数变化与采矿扰动具有时间相关性，在开采前 NDVI 指数表现相对稳定，在开采扰动影响下，NDVI 指数出现下降并持续 1～2 年，其后转入上升期。近年针对陕北煤矿区的覆盖度研究结果基本为好转趋势。

3）植物群落

采煤沉陷后，植被群落组成及群落优势种发生明显改变，植物多样性提高，但是群落优势层由乔木向草本变化，植物群落发生次生演替现象（谢元贵 等，2012；郭友红，2009），植物群落的组成和结构改变（Lei et al.，2010）。郭帅等（2011）研究塌陷区植被的变化规律对指导采煤塌陷区退化生态系统修复与重建有指导作用。

国外对植物群落方面的研究起步较早，目前发展也较为成熟（González-Alcaraz et al.，2014；Lan et al.，2012；Eric et al.，2011）。国内关于榆神府矿区的相关研究也较多。全占军等（2006）研究发现煤炭开采造成的地表沉陷使矿区土壤养分流失，并造成植被死亡。周莹等（2009）对神东矿区 6 个煤矿地表植被进行了研究，结果表明沉陷后植物群落组成成分较沉陷前增多。采煤塌陷过程中土壤的拉伸和压缩变形对植物根系产生破断损伤影响（丁玉龙 等，2013）。叶瑶等（2015）对陕西省神府–东胜补连塔煤矿植被进行抽样调查，发现受采煤塌陷干扰，植株密度显著降低，植被物种数显著减少，植被丰富度与多样性降低，但伴随塌陷年限的增加，植被丰富度与多样性恢复到塌陷前水平。现阶段的研究一方面说明煤炭开采地表沉陷对植物群落组成产生了干扰影响，另一方面在特定的沉陷强度范围，适度的干扰有利于植物群落达到较高的多样性水平（Connell，1978）。

4. 植物生物量

生物量是生态系统获取能量、固定 CO_2 的物质载体，也是生态系统结构组建的物质基础。植物生物量的变化反映了人类活动、自然干扰、气候变化和大气污染等，是度量植被结构和功能变化的重要指标，植物生物量的研究引起了国内外学者普遍重视。Dutta 等（2001）认为在特殊情况下，采煤塌陷裂缝附近生物量少，且处于劣势环境中。Darina 等（2003）比较分析了采煤塌陷区与非塌陷区植被的区别，表明采煤塌陷区在植被种类和数量方面严重少于非塌陷区。

我国对不同地区、不同类型草地植物生物量也开展了广泛研究（周欣 等，2014；刘书娟，2014）。其中陕西北部黄土沟壑区和干旱草原的研究较多（邓蕾 等，2012；山仑 等，2004；张娜 等，2002），多集中在某一类型植物的研究（佘檀 等，2015；王满意 等，2008），或者针对矿区复垦生物量变化的研究（田大伦 等，2006），关于煤炭开采前后植物生物量变化的研究较少。赵娟（2013）和崔璐（2011）对山西煤炭开采对油松林地上生物量的影响进行了研究，结果表明煤炭开采导致油松林的生物量下降了 17.56%～76.30%，生产力也出现了明显下降。

1.2.3 采煤沉陷损害控制与治理

1. 开采沉陷损害治理技术

矿产资源开采造成地表塌陷、崩塌、滑坡、泥石流等各种地质灾害，造成了严重的经济损失并危及人民生命财产安全，损毁大量土地，破坏景观和植被，给矿区生产和生活带来严重影响。如何在开发矿产资源的同时，采取必要的环境保护措施，减少对环境的污染和破坏；对造成的环境污染和破坏及时采取措施进行治理，复垦土地，恢复植被，是当前迫切需要解决的问题。

1）国外矿区土地复垦研究进展

西方发达国家自 20 世纪 20 年代起开始关注采矿所造成的生态环境问题，制定了有关矿区土地复垦方面的法规、法律或条令，采取了不少措施以防止土地的荒芜和煤矿区经济的衰退，取得了显著成就。

（1）法律制度。美国土地复垦相关法规主要有：《露天采矿管理与土地复垦法》《矿山租赁法》《联邦煤矿卫生和安全法》《国家环境政策法》《矿业及矿产政策法》等。法规要求开采前，应缴纳复垦保证金；复垦前，须对土壤状况、植被类型、地形、水文等自然条件进行分析；复垦后，须进行检查认证。在复垦的每个环节都设置了具体的规定与标准（陈熙，2019；孙婧，2014）；德国在 1980 年颁布了《联邦矿业法》，明确了矿山采矿权的划定，开采及加工程序和条件、采矿后矿山环境的恢复治理及土地复垦等内容。之后，陆续颁布了《废弃地利用条例》《矿山还原法》《矿山采石场堆放条例》等采矿管理的相关法律，对矿区生态恢复、土地复垦工作具体操作、执行标准等进行了具体规定（张茹 等，2017）；澳大利亚 1974 年颁布实施《采矿法》，规定了联邦、州、地方各级政府矿区土地复垦的责任。之后颁布实施了《环境和生物多样性保护法》《矿区复垦基金法》等法律，细化了《采矿法》中有关矿山生态环境保护和土地复垦工作，明确了公众参与、复垦资金收缴使用、矿山关闭验收与移交等工作要求（李红举 等，2019）。

（2）理论技术。胡振琪等（2016）通过对美国采矿与复垦学会 31 次年会论文集的统计分析，揭示了美国土地复垦领域的重点问题及发展趋势，指出美国土地复垦理论技术研究热点问题主要有：矿区酸性水的治理、矿区土壤及其重构、矿区植被恢复、仿自然地貌生态修复法和边采边复、复垦政策与监管。德国矿区土地复垦开展较早，取得了较为丰硕的成果。典型案例有德国的褐煤矿区修复及鲁尔区的工业遗产改造。通过自然保护、休闲观光与大地肌理恢复，把受损矿区修复为具有生机活力的生态环境和景观场地。治理措施包括林地荒地恢复与保育、农田牧场或山体风貌恢复及水体污染治理等（汉斯–约阿希姆·马德尔 等，2017）。澳大利亚主要由企业主导矿山开采和生态修复全过程，同时出现了专门从事土地复垦与生态修复的研究机构，这些机构与企业密切合作，进行环境监测、生态修复技术等工作，特别是地貌重塑、表土重构、植被恢复、污染治理等关键技术，主要由社会机构协助完成（李红举 等，2019）。

2）国内矿区土地复垦研究进展

煤炭作为我国的主要能源，目前煤炭资源开发已造成了约 200 万 hm^2 的沉陷损毁土地，并以每年约 7 万 hm^2 速度增加，预计到 2030 年沉陷土地面积将达 280 万 hm^2。而现阶段采煤沉陷土地复垦率仅为 35% 左右，复垦任务量大面广。采煤沉陷引发矿区土地与生态问题已经成为区域经济发展中的突出矛盾之一（李树志，2019）。

（1）法律制度。1989 年 1 月 1 日生效的国务院《土地复垦规定》，标志着中国土地复垦与生态修复走上了法制化的轨道。《土地复垦规定》中明确了土地复垦的含义，将"谁破坏，谁复垦"作为土地复垦的一项基本原则。《土地复垦规定》促进了土地复垦与生态修复大规模的实践，掀起了第一个矿区土地复垦的高潮（胡振琪，2019a；古锐，2017）。

2006 年国土资源部等 7 部委颁发《关于加强生产建设项目土地复垦管理工作的通知》，将土地复垦工作纳入采矿许可，即要求矿山企业编制土地复垦方案。使土地复垦有了很好的抓手，促进了复垦义务人对土地复垦的重视，方便了政府对土地复垦的监管（胡振琪，2019b）。2011 年修订的《土地复垦条例》，标志着土地复垦工作全新阶段的开始，随后出台了《土地复垦条例实施办法》，构建了我国土地复垦的基本制度框架。此后，加强了土地复垦技术标准和规范的编制，先后颁布了《土地复垦方案编制规程》（TD/T 1031—2011）、《土地复垦质量控制标准》（TD/T 1036—2013）、《矿山土地信息基础信息调查规程》（TD/T 1049—2016）等技术规范，使土地复垦迈入了高速发展的新时期（胡振琪，2019a）。

2018年《煤炭行业绿色矿山建设规范》（DZ/T 0315—2018）颁布实施，要求矿山企业按照绿水青山就是金山银山的理念，进行矿山生态文明建设。矿山遵循因矿制宜的原则，实现矿产资源开发全过程的资源利用、节能减排、环境保护、土地复垦、企业文化和企地和谐等的统筹兼顾和全面发展（自然资源部，2018）。

（2）理论技术。经过三十余年的探索，国内已初步建立了采复一体化（边采边复）、土壤重构、地貌重塑、损害诊断与监测等基本理论，开发了采煤沉陷区农林景观复垦、城市建筑建设、人工湿地修复等关键技术，并形成了技术体系，使采煤沉陷区治理与利用具备了科技支撑条件（胡振琪，2019a；李树志，2019）。近年来，煤矿区土地复垦与生态修复已经获得国家奖7项，省部级二等奖及以上奖项共49项（胡振琪，2019a）。矿区土地复垦学初步形成。2008年出版《土地复垦与生态重建》荣获全国煤炭高等教育优秀教材一等奖。胡振琪教授主讲的"土地复垦学"荣获2009年度北京市精品课程。白中科教授主编的《土地复垦学》教材也在2017年12月正式出版（胡振琪，2019a；白中科，2017；胡振琪 等，2008）。结合当前绿色发展和生态文明理念，展望未来，矿区土地复垦与生态修复将在6个方面得到发展和关注：①矿区土地和生态环境损毁的监测诊断技术；②资源开采与生态环境保护相协调的边采边复技术；③高质量耕地复垦技术；④系统的生态修复技术；⑤关闭矿山的生态修复技术；⑥矿区生态修复监管技术（胡振琪，2019a）。

综上所述，西方发达国家矿区生态环境治理法规健全，技术手段全面，可操作性较强，成效显著。但是主要成果针对露天开采，对井工开采引起的沉陷损毁治理研究较少。我国近年来在开采损害理论和技术方面取得较大成就，但主要针对中东部地区，关于西部生态脆弱区的开采损害研究还处于起步阶段，研究成果相对较少。

2. 浅埋煤层群采煤方法和工艺

1）浅埋单一煤层国外研究进展

大型浅埋煤田在世界范围内并不多见，国外较为典型的是莫斯科近郊煤田和美国阿巴拉契亚煤田，埋深在100 m以内，印度、澳大利亚等国家也均有浅埋煤层，且对埋深在100 m以上的煤层开采沉陷规律进行了长期的研究，已有大量的预计沉陷规律的方法和应用软件。

早期国外具有代表性的研究是苏联M.秦巴列维奇对于浅埋煤层矿压显现规律的研究，他提出了台阶下沉假说；1980年，格维尔茨曼对浅埋煤层水体下采煤进行了研究，利用物理相似模拟实验对采空区上赋岩层贯通裂隙高度进行确定；1981年，苏联B.B.布德雷克在苏联《煤》杂志第2期上发表了"莫斯科近郊煤田矿山压力的特点"一文只对莫斯科近郊煤田的动压现象进行了一些描述，指出在埋深100 m并且存在厚黏土层条件下，放顶时支架出现动载现象，约12%的采区煤柱出现动载现象，说明浅埋煤层顶板来压迅猛,与普通采场顶板逐次垮落失稳形成的缓和来压有明显的区别;同年,澳大利亚 B.霍勃尔瓦依特博士等对新南威尔士浅部长壁开采进行了实测,也发现了浅埋采空区迅速压实、顶板岩层发生迅速整体移动的现象;1996 年,印度江基拉矿也进行了浅埋煤层开采(埋深 70 m 左右),矿区的地表主要为土层,开采过程中仍然出现了工作面压垮事故。与此同时西方一些国家还进行了地表岩层移动和采前地震波探测与工程地质评价等研究工作。

近年来,以美国为首的西方国家已经开始了对地表以下的浅部表土层的采动破坏和沉陷规律的研究,西弗吉尼亚大学的 Luo Yi 和 S.S.Peng 教授在该方面研究工作中做出了大量的贡献(Luo et al.,2000)。但由于地质条件不同,尤其是在与我国西北部浅埋煤层相似地质条件下的煤层开采方面,国外研究成果甚少,仅限于矿压观测及地表塌陷现象的研究。

2) 浅埋单一煤层国内研究进展

当前我国在浅埋煤层单一煤层开采方面已经取得了丰硕的研究成果。20 世纪 70 年代初期我国学者对含水松散层下浅部煤层开采有过研究,主要涉及倾斜煤层浅部冒落带高度和防水隔离煤柱尺寸等问题(刘天泉,1986)。20 世纪 90 年代初期,随着陕北神东矿区的开发建设,我国学者针对浅埋煤层顶板结构及围岩控制展开大量的研究。

侯忠杰(1994)对神府矿区大柳塔煤矿首采 1203 工作面采前模拟研究,发现了顶板台阶下沉现象。石平五等(1996)完成的煤炭科学基金项目"浅埋煤层矿压显现及岩层控制规律研究",提出了"大结构、小结构",研究认为在浅埋煤层的条件下,上部临时性大结构与下部小结构基岩结构的不同周期性,可能会引起工作面周期来压的不等距和来压强度的不等性,也可能会引起周期来压大于初次来压的现象。神府矿区浅埋深、薄基岩、厚沙覆盖层下开采岩层破断运动的大型立体模拟实验,再现了矿井在开采过程中上覆岩层的动态破坏过程(柴敬,1998)。侯忠杰(2000)在钱鸣高提出的"关键层理论"基础上对较厚基岩,提出了两层关键层可形成组合关键层理论,组合关键层厚度大,因而岩柱断裂度大,岩柱结构不易发生回转失稳。

黄庆享(2000)研究确定顶板台阶下沉是由关键层顶板破断失稳造成的,顶板存在结构效应,确定了顶板结构定量化分析的关键参数——岩块端角挤压因数和摩擦因数,提出了浅埋煤层周期来压的"短砌体梁"结构和"台阶岩梁"模型。黄庆享(2002)在大量浅埋煤层工作面实测分析的基础上,总结得出了浅埋煤层矿压显现的基本特征:浅埋煤层工作面的主要矿压特征是老顶破断运动直接波及地表,顶板不易形成稳定的结构,来压存在明显动载现象,支架处于给定失稳载荷状态。黄庆享(2005)完成的国家自然科学基金项目"浅埋煤层顶板沙土层载荷传递与关键层动态结构理论",分析了浅埋煤层厚沙土层破坏及载荷传递机理;通过载荷传递动态模拟实验,得出了浅埋煤层上覆厚松散沙土层周期来压期间的破坏特征,分析了厚沙土层周期来压期间的覆岩破坏和动载机理,为顶板结构分析和支架选型奠定了理论基础。

李凤仪等(2006)依据典型薄基岩浅埋煤层覆岩结构及其力学特征,建立薄基岩浅埋煤层覆岩力学模型,利用傅里叶变换确定单一关键层位置,预测浅水层下浅埋煤层开采顶板活动,以此为浅埋煤层开采选取合理的方法及工艺参数。杨治林(2008)针对浅埋煤层顶板关键层破断后的不平衡特性和运动特征,应用初始后屈曲理论和突变理论探讨了顶板结构的不稳定性态,研究指出顶板破断后岩块的台阶下沉与回转失稳必居其一,回转失稳由两岩块相向旋转形成,岩块在铰接处出现塑性变形只是顶板结构回转失稳的必要条件,顶板结构呈瞬变体系才是体系失稳的充分条件,采高是人为控制顶板结构稳定的要素之一,单纯降低采高并不一定安全,控制最大回转角才能保证老顶破断后岩块的稳定性。许家林等(2009)对浅埋煤层覆岩关键层结构的类型及破断失稳特征进行了研究。王双明等(2009)论述了陕北侏罗纪煤田矿区总体规划和采矿权批设的缺陷,提出了进行区域性煤炭工业大规划的问题,建议在保护合理生态水位埋深的条件下,合理规划开采区域,确定采煤方法,努力建设绿色矿区。黄庆享(2009)通过黏土应力应变全程相似和水理性相似的固液耦合相似模拟,揭示了浅埋煤层长壁开采覆岩采动裂隙带发育规律,发现了上行裂隙和下行裂隙是隔水层稳定性的主要因素,下行裂隙是潜水流失的主要通道之一,给出了下行裂隙弥合判据,为保水开采提供了理论依据。黄庆享(2010)通过陕北浅埋煤层保水开采的模拟研究与采动损害实测,提出以隔采比为指标的隔水性判据,由此将保水开采分为:自然保水开采、特殊保水开采、可控保水开采三类,为浅埋煤层保水开采提供了科学依据。屠世浩等(2011)针对浅埋煤层房柱式采空区下,近距离煤层综采工作面开采顶板可能出现覆岩大面积冲击式来压等问题进行了研究。

综上所述,当前我国在浅埋煤层单一煤层开采方面已经取得了丰硕的研究成果,其中对于典型浅埋煤层,顶板结构理论已比较成熟,顶板动态载荷传递规律已经得出,建立了顶板动态结构理论,对于单一煤层开采后对地表台阶下沉及地表移动变形规律方面也做了大量的研究和实践。但随着浅埋煤层采高增大所引起的煤壁片帮机理、覆岩破断形态及支架与围岩关系问题还需进一步研究。

3)浅埋近距离煤层群开采

煤层间距是煤层开采相互影响的主要因素,目前我国学者对于缓斜及倾斜煤层群和急倾斜煤层群理论的研究比较成熟,并有较多的经验技术总结。

(1)近距离煤层群开采顺序及工作面巷道布置。近距离煤层根据各煤层群开采顺序分为下行式开采和上行式开采两种,先采上部煤层后采下部煤层称为下行式开采,反之称上行式开采。国内外学者对上行开采研究都是围绕煤层间距和采厚进行的,特别是把煤层层间距离作为决定能否采用上行顺序开采的主要衡量指标。一种观点认为上层煤应处于下部煤层开采形成的围岩弯曲下沉带,层间距为下层煤厚度的 $40\sim50$ 倍以上;也有一种观点认为只要处于不规则垮落带上方即可,但垮落带高度的计算差异较大。煤层群间能否采用上行顺序开采的判别方法主要有:实践经验法、比值判别法、“三带”判别法、围岩平衡法等,并给出了相应的判别基本准则(黄庆享 等,1996)。从已有近距离煤层开采文献看,对上行开采的机理和准则,国内外研究较少,认识也不统一。当煤层间距离很小时,不能采用该开采方法。

依据大量实测资料,已有研究总结出巷道与煤柱边缘间水平距离 S 与上部煤层间垂

距 Z 的经验关系（陆士良 等，1991）。钱鸣高等（2003）给出了在已知底板岩层巷道与上部煤层之间垂直距离的情况下，巷道与上部煤体边缘之间合理的水平距离。史元伟等（1995）采用解析法、数值分析方法对近距离煤层开采的相互影响、煤柱下方的底板岩层应力分布规律等做了许多卓有成效的工作，为下部煤层开采设计优化及巷道布置起到了积极的作用。郭文兵等（2001）应用相似理论和光弹性力学模拟实验方法，对平煤集团八矿井田内多煤层同采条件下采场围岩应力场特点及相互影响关系进行了研究，得出了多煤层开采时采场围岩应力分布规律、应力集中程度及其相互之间的影响范围和影响程度，模拟结果对确定煤层群开采顺序及回采巷道合理布置具有一定的理论和实际意义。

（2）近距离煤层群开采工作面布置。煤层群联合布置分层同采工作面合理错距的确定问题存在两种理论。第一种理论认为合理的错距应为下煤层工作面待上煤层工作面开采顶板冒落稳定后再进行回采，即稳压式错距布置；第二种理论认为合理的错距应保证下煤层工作面位于上煤层工作面开采所形成的减压区内，即减压式错距布置。林衍等（1994）采用相似模拟试验和有限元计算方法，提出了确定合理错距应考虑工作面初次来压和周期来压步距，并给出了确定的经验计算公式。王海山等（2002）认为近距离煤层合理的工作面错距不仅要考虑开采过程中上、下两个工作面对其煤层稳定性的影响，而且要充分考虑开采过程中上、下两个工作面围岩应力状态的变化。王泳嘉等（1997）采用离散元对近距离厚煤层的单层开采和联合开采做了模拟和分析，给出了合理的错距。

目前，浅埋煤层群采场的覆岩垮落和地表破坏规律缺乏系统研究，对浅埋煤层群开采与地表损害的关系不清，缺乏环境友好的煤层群开采方法；浅埋煤层群开采覆岩结构及来压机理不清，支架选型设计缺乏科学依据；浅埋煤层群开采中，不同工作面布置方式的煤柱及工作面压力规律不清，缺乏避免矿压影响的合理工作面布置方法和开采技术；兼顾减缓地表损害，避免井下集中压力危害，薄厚煤层配采保障产能均衡的科学开采方法，缺乏系统研究。对于陕北地区的浅埋厚煤层群而言，相关的研究很少，从理论分析到技术实践与倾斜和急倾斜煤层群开采情况有很大的不同，因此研究浅埋厚煤层群采动的覆岩移动规律具有重大的意义。

1.2.4 采煤沉陷区生态修复

1. 适生植物群落

植物群落内物种间存在着复杂的相互关系，包括对有限资源的竞争和种间相互促进，这种关系主要体现在种间关联上。种间关联通常是由群落生境的差异影响了物种分布而引起的，揭示物种的相互作用及物种与环境间的耦合关系，是认识物种组合规律和植物多样性维持机制的有效途径之一（霍红 等，2013）。

国外学者较早进行了生态修复适生植物选择研究。Nadja 等（1999）提出废弃地工程复垦和土壤生物活性低影响植物生长，指出原始植物的定居应从草本植物开始。De 等（2003）对印度东部拉尼根杰煤田 Alkusha-gopalpu 处的采矿废弃地生物复垦进行了研究，从 14 种物种中，选出 5 种植物用于复垦。

对于采煤沉陷区生态修复植物群落选择,近年来国内学者做了较多研究。李晋川等(1999)在对安太堡煤矿土地复垦植被的研究过程中,选择豆科牧草作为先锋植物,利用豆科牧草–灌木–乔木复合种植的方法,增加植被控制水侵蚀的影响,保证生态系统重建后的稳定性。周莹等(2009)在半干旱区采煤沉陷对地表植被的影响研究中,以猪毛蒿、猪毛菜、糙隐子草、百里香等耐旱植物为建群种,进行了生态修复设计。姚国征(2012)在对神东煤矿区的采煤塌陷区恢复研究中选择沙蒿、沙米、沙地柏进行生态修复。齐贺停等(2014)在陕北红草沟煤矿的生态治理中采用了土壤与植被的治理方法,实行草灌乔混交来治理采煤塌陷区。李永红等(2014)在对陕北神府煤矿区赵家良煤矿采煤塌陷治理中采用了补种沙柳、紫穗槐、沙蒿等方法进行生态恢复。李太启等(2015)认为西部采煤沉陷的治理工程措施施用不当,有可能加剧土体的扰动和水土流失,对该类地区的塌陷区治理,主要以植物修复型为主,并辅以裂缝充填工程措施、采煤塌陷区植物修复型治理技术的关键在于选择与环境相适应的植物种类,科学的群落配置和促进植物生长的种植技术。刘中奇(2015)在哈拉沟煤矿塌陷区植物群落特征及植被恢复技术研究中,运用植物样方调查方法和人工种植试验,以植物群落理论对植被恢复进程进行对比分析,并评价和探讨人工干预对当地植被恢复的积极作用。

综上所述,生态修复较多集中于优势植物的选择,或重点考虑植物的种植技术,未考虑当地植物相互之间的关联程度、每一种地形条件下植物的重要值。在样方调查的基础上,结合种间关联及重要值计算,得出不同地形适宜的植物群落类型,对采煤沉陷区进行生态修复,可为黄土沟壑区采煤塌陷地的生态治理提供科学借鉴。

2. 生态修复技术

1)土地复垦

土地复垦是指对在生产建设过程中,因挖损、塌陷、压占等造成破坏的土地,采取整治措施,使其恢复到可供利用并符合经济、社会、生态效益要求,与周围环境保持协调发展状态的活动。土地复垦是以恢复生态系统功能的土地利用为定义,同时又是一个具有物理学及生态学全过程的宽泛概念(胡振琪 等,2000)。也有学者将矿区土地复垦定义为"按照土地利用原理,结合矿区开采后土地破坏特点,对挖损、塌陷、压占的土地采取工程和生物措施,恢复土地的生产力和矿区生态平衡的活动。"

人类大规模的开发矿产资源造成大量的土地破坏,对受损土地修复及恶化环境治理一直是研究的热点。国外开展土地复垦工作较早,工业发达的国家加速土地复垦法规制定和实践活动。早在 20 世纪初就已经开始了矿区复垦工作。20 世纪 70 年代后,土地复垦发展成为集采矿、地质、农学等多学科和多部门协调的系统工程。进入 20 世纪 80 年代以后,随着科学技术的发展和进步,土地复垦技术和方向均发生了很大的变化,生态环境理念逐步融入土地复垦,促进了土地复垦工作的蓬勃发展。美国最早主要是研究露天煤矿的土地复垦,对复垦土壤的重构与改良、植被恢复等进行深入研究,同时加强了矿山固体废弃物复垦、复垦中有毒元素污染控制等方面的研究。德国关于土地复垦的最早记录出现在 1766 年,20 世纪 20 年代开始系统研究和实践土地复垦。加拿大、英国、澳大利亚、波兰、南非等国家在土地复垦方面也进行了深入研究，开发了大量的先进技术（潘明才，2002）。

我国的土地复垦工作开展较晚，20世纪50年代，一些矿山企业迫于矿区土地紧缺的压力，陆续开展了不同规模的技术粗放的土地复垦工作；50～70年代，仍然是矿山企业对土地复垦的自发探索阶段；直到80年代土地复垦才被真正得到重视，土地复垦从自发、零散状态转变为有组织的复垦阶段。1989年1月1日生效实施的国务院《土地复垦规定》标志着我国土地复垦走上法制的轨道。《土地复垦规定》第二条明确提出："本规定所称土地复垦，是指对在生产建设过程中，因挖损、塌陷、压占等造成破坏的土地，采取整治措施，使其恢复到可供利用状态的活动"；进入90年代后，我国的土地复垦工作蓬勃发展。而随着我国经济的发展和采煤废弃地面积的增加，人地矛盾越来越突出，矿区环境恶化，土地复垦与生态重建也逐渐得到了重视，近年来也取得了明显的经济、社会和环境效益。

复垦技术方面，国外主要以露天矿为主，因此针对土地采用表土剥离保护，同时采用井下煤矸石、河流湖泊河底淤泥等进行人工覆土，同时还有研究采用人造土和生物土等进行表土覆盖手段，有效保持和改善了矿区土壤肥力和生产力。化学技术方面主要采用一系列水土保持措施，防止水土流失，同时采用一些外源保水剂和土壤固着剂等减少水土流失，提高复垦作物的成活率。生物方面，通过动物和微生物或者栽种一系列先锋豆科植物等改善地力，而后促进矿区土地的良性发展（王莉 等，2013）。我国土地复垦露天矿以挖损、占压地和污染地的复垦为主，开采较早的露天煤矿及其他金属和非金属矿多采用外排土方式，采排工作结束后进行复垦工作，近年来逐渐开展了边采边复的技术手段，有效提高了复垦效率，降低了复垦成本。对于被污染的土地，一般对其进行表土覆盖，然后根据情况采取其他复垦措施。

对于采煤塌陷地的复垦工程技术主要采用的是充填复垦和非充填复垦技术（胡振琪等，2008b）。充填复垦主要采用煤矸石、粉煤灰等矿山废弃物进行充填。不过，充填复垦土壤可能存在一些土壤污染等方面的问题。非充填复垦技术依据破坏类型和程度其工程复垦技术主要分为直接利用法、修整法、疏干法、挖深垫浅法等。针对西部干旱、半干旱地区的土地复垦，由于矿区地理、气候条件及其生态的脆弱性，主要以生态修复和重建为主，目前的研究主要侧重于植被快速恢复和保护、植物品种筛选等。近年来，西部矿区开展了一系列的矿区复垦与生态修复工作，积累了大量的经验。研究认为，矿区地表生态具有一定自修复能力，可针对矿区土地受损伤程度及自修复能力进行分区治理等思路，降低复垦成本，提高复垦效率（张建民 等，2013）。另外通过改进开采工艺增加了沉陷区均匀沉降区面积，降低采煤覆岩的损伤程度，尽可能减小地表生态损伤。

2）微生物复垦

采煤塌陷地是严重退化的生态系统，土地塌陷不仅对生态环境造成了负面影响，而且严重影响区域社会和经济发展。因此退化生态系统的生态恢复理论和实践成为生态学研究的前沿和优先领域（Lubchenco et al., 1991）。复垦土壤是经过机械扰动后重新构建的土壤结构或者是受到外界扰动破坏，它不仅贫瘠而且土壤结构不良，压实比较严重。微生物能够分泌出一些多糖类物质,黏结分散的土粒,维持土壤的稳定性,改善土壤的团粒结构,利于植物的定植和对养分的吸收。微生物复垦是利用微生物的接种优势,对矿区土壤进行综合治理与改良的一项生物技术。该技术是对新建植的可与菌根共生的植物上接种微生物(丛枝菌根等),利用植物根际微生物的生命活动改善植物营养条件,促进植物生长发育,使失去微生物活性的矿区土壤重新建立土壤微生物体系,改良矿区土壤的基质,提高土壤肥力,加速植被恢复,进而实现生态系统功能的恢复(杜善周　等,2010)。采煤塌陷区的限制因子主要有土壤肥力和 pH 值太低(Costigan et al., 1981),N、P 和有机质缺乏(Dancer et al., 1977),重金属含量高(Jiang et al., 1993),极端的物理性状等。丛枝菌根真菌(arbuscular mycorrhizal, AM)是自然界中普遍存在的一种土壤微生物,陆地 90%以上的有花植物都能够与它形成菌根共生体(毕银丽　等,2005;Van Der Heijden et al., 1998)。Barea 等(2002)研究证明丛枝菌根真菌能够促进豆科植物结瘤和固氮,增加豆科植物根瘤的数目,提高豆科植物的固氮能力。Clark 等(1998)在实验中发现丛枝菌根真菌可以提高植物抗酸性的能力。Frost 等(2001)实验表明丛枝菌根真菌能够显著改善土壤结构,增加土壤有机质。刘飞等(2009)通过人为接种微生物,利用微生物和植物根际微生物本身的生命活动,能够挖掘复垦基质的潜在肥力,加速植被恢复,改善矿区生态环境,有益于矿区生态系统的可持续发展,是一条经济便捷且安全的途径。Tisdall 等(1979)研究表明,菌根有助于土壤大团聚体的形成,真菌产生的多糖类物质有可能具有增加矿物强度和保持水分的能力,因此菌根具有维持土壤稳定性和改善土壤结构的作用。在菌根植物生长的土壤中,土壤水稳定团聚体、土壤总孔隙度和土壤渗透势都比无菌根植物的土壤状况好。还有研究发现,施用生物菌肥能改善土壤的团粒结构,能迅速熟化土壤、固定空气中的氮素、参与养分的转化、促进作物对养分的吸收、分泌激素刺激作物根系发育、抑制有害微生物的活动等(Miller et al., 1992)。双接种菌根真菌和根瘤菌能活化土壤,显著增加土壤可供植株利用的有效态 N、P 的含量(李建华　等,2009)。许剑敏(2011)采用室内盆栽模拟试验,通过研究 1 年、2 年、3 年矿区复垦土壤中全磷、速效磷、有机质变化,发现加入生物菌肥后,不同年限复垦土壤中全磷、速效磷、有机质明显增加,并且随着复垦年限的增加,土壤肥力增加。岳辉等(2012)利用环境减灾小卫星(HJ-CCD)产品对神东矿区采煤沉陷地微生物复垦的效果进行了监测,证明接菌提高了植被覆盖度和地上植物生物量,有效恢复了地表植被。

　　整体而言,矿区土壤主要存在问题为低肥力、低生物活性、结构性差、恢复植被难度颇大、植被重建的生态效应不明显,缺乏稳定性和可持续性。因此,开展矿区生态恢复工作十分必要,在工程复垦的基础上应注重利用微生物技术,通过接种相关的微生物改良基质,加速植被恢复、改善矿区生态环境。目前矿区微生物修复工作已经得到了一定程度的推广和应用。研究表明白蜡林地内接种丛枝菌根后能够促进植被物种数量及地表生物量增加。接种菌根真菌有利于三叶草干物质的积累,且双接种菌根真菌和根瘤菌对植物的促进作用更加显著(毕银丽　等,2007)。双接种菌根真菌和根瘤菌能活化土壤,显著增加土壤可供植株利用的有效态 N、P 的含量。

　　钱奎梅等(2010)利用粉煤灰、煤矸石和污泥三种配比的复合基质作为试种土壤研究了矿区生态修复过程中丛枝菌根的接种效应。结果表明，接种丛枝菌根明显促进了矿区复合基质中植物的生长，有效增加了宿主植物对营养元素的吸收，增加了矿区复合基质的有机质含量，加速了矿区复合基质的熟化。接种菌根有利于对矿区根际土壤的改良，促进了矿区生态系统稳定，对维持矿区生态系统的可持续性具有重要意义（李少朋 等，2013）。

丛枝菌根能够促进植物生长，同时还能够提高植物的抗旱性和抗逆性（张延旭 等，2015；Gong et al.，2012；Wu et al.，2008）。Latef 等（2011）研究认为丛枝菌根可缓解盐胁迫下对西红柿成株生长、矿物质营养吸收、抗氧化性活性酶及作物产量的消极影响。在不同土壤逆境压力（胁迫）下丛枝菌根对植物生长的贡献作用研究方面，高玉倩 等（2012）认为丛枝菌根可以提高植株在重金属、土壤板结（或压实）、盐碱化和干旱条件下的耐受性，促进植株生长。在铅锌尾矿接种微生物丛枝菌根真菌，结果表明接种处理的八宝景天对铅锌有较好的吸收效果，从一定程度上降低了尾矿中的重金属含量。

另外，从进化角度看丛枝菌根似乎与陆地植物发育有着紧密的联系，因为在泥盆纪早期的植物化石中就发现有重要的 AM 真菌结构（Taylor，1995）。这说明养分从真菌到植物的运输早就存在，或许这就是植物在土地上定殖的前提条件（Pirozynski et al.，1975）。某些真菌在植被演替过程中具有重要作用，大约在志留纪晚期或泥盆纪早期（4 亿年前），这些菌类定殖于土壤中，并与植物关联，参与并促进植物营养的摄取过程（Azcón-Aguilar et al.，1997；Nicolson，1975）。O'Connor 等（2002）对半干旱草原区丛枝菌根对植物多样性和群落结构的影响进行了研究，得出了丛枝菌根对不同种植物的影响作用，同时认为丛枝菌根无法增加植被物种多样性，但可能对增加植物均匀度指数具有一定作用。陶媛 等（2009）也对植物多样性对丛枝菌根多样性的影响进行了研究。

总之，丛枝菌根能够有效地促进植物对各种矿物质的吸收，同时能够增强植物的抗逆抗病等生理作用。此外，丛枝菌根在促进土壤物质循环、改善土壤理化性质、稳定土壤结构、调节植物土壤水关系等方面具有积极的作用。在生态系统尺度上，丛枝菌根是自然生态系统的重要组成部分，在植物群落的发生、演替和区系组成等方面都起着重要作用，并且影响着植物在自然生态系统中的各种生态学过程。

第 2 章　研究区自然地理与地质特征

2.1　位置范围与采掘概况

2.1.1　位置范围

柠条塔煤矿地处陕西省榆林市神木市西北部,距神木镇约 30 km。行政区划隶属神木市神木镇管辖。地理坐标为 110°09′29.515″ ~ 110°16′23.355″E,38°57′24.238″ ~ 39°07′57.126″N。开采深度 1 200~800 m 标高,生产规模 12.00 Mt/年,服务年限 98.3 年。主要开采 $1^{-2上}$、1^{-2}、2^{-2}、$2^{-2下}$、3^{-1}、4^{-2}、4^{-3}、$5^{-2上}$、5^{-2} 煤层,柠条塔煤矿矿井基本建设部分于 2005 年 9 月 15 日开工,2009 年开始试生产,目前矿井正在回采的为 1^{-2} 和 2^{-2} 两层煤。

柠条塔井田范围由 14 个拐点的连线为界圈定,东西宽约 9.9 km,南北长约 19.5 km,面积 119.773 5 km^2,见图 2.1。井田东部与孙家岔井田、张家峁井田相邻,南部与红柳林井田相接,西部与榆神府找煤区相邻,北部与朱盖塔井田预留区毗邻。

柠条塔井田范围内具有采矿许可证的小煤矿共 17 个,见图 2.1,分别为宋家沟煤矿、原庙湾煤矿、冯塔煤矿、井塔煤矿、石窑湾煤矿、边不拉煤矿、河西煤矿、河岔煤矿、原柠条塔乡办煤矿、果树塔煤矿、原沙渠煤矿、刘石畔村办煤矿、崔家沟合伙煤矿、狼窝渠煤矿、阴湾煤矿、隆岩煤矿、创维煤业。这些小煤矿主要分布于井田内考考乌素沟两侧。

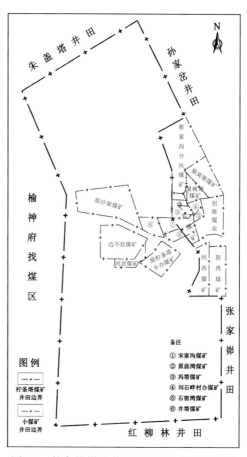

图 2.1　柠条塔煤矿井田范围及小煤矿分布图

2.1.2　采掘概况

矿井采用斜井开拓,综合机械化采煤,全垮落式管理顶板,分两个水平开采,一水平划分 2 个盘区（北一盘区和南一盘区），开采 $1^{-2上}$、1^{-2}、2^{-2}、$2^{-2下}$ 和 3^{-1} 煤层。北一盘区开采一水平北翼，南一盘区开采一水平南翼；二水平划分 2 个盘区（北二盘区和南二盘区），开采 4^{-2}、4^{-3}、$5^{-2上}$、5^{-2} 煤层。

井田内延安组地层含煤层 11 层，分别为 $1^{-2上}$、1^{-2}、2^{-2}、$2^{-2下}$、3^{-1}、4^{-2}、4^{-3}、4^{-4}、$5^{-2上}$、5^{-2}、5^{-3} 煤层，其中：可采煤层为 $1^{-2上}$、1^{-2}、2^{-2}、$2^{-2下}$、3^{-1}、4^{-2}、4^{-3}、$5^{-2上}$、5^{-2} 煤层 9 层，各煤层平均厚度分别为 0.46 m、1.14 m、6.11 m、1.17 m、2.85 m、2.48 m、1.03 m、1.25 m、4.22 m，可采煤层总厚度在 9.23～20.08 m，平均 15.29 m。井田 9 层可采煤层中，1^{-2}、2^{-2}、3^{-1}、4^{-2}、5^{-2} 号煤属厚及中厚煤层，煤层生产能力大；$1^{-2上}$、$2^{-2下}$、4^{-3}、$5^{-2上}$ 号煤属薄煤层，煤层生产能力相对较低。

研究期间矿井正在回采 $1^{-2上}$、1^{-2} 和 2^{-2} 三层煤，北翼开采煤层为 1^{-2} 和 2^{-2}，其中 1^{-2} 煤层已采完 N1106、N1108、N1110、N1112、N1114 共 5 个工作面；正在采掘的为 N1116 和 N1118 工作面；规划开采的是 N1120 工作面。2^{-2} 煤层采完 N1200、N1201、N1202、N1203、N1204、N1205、N1206、N1207、N1209、N1211、N1200-1 共 11 个工作面；正在回采的为 N1208 工作面，正在安装的为 N1213 工作面，规划掘进的为 N1215 和 N1117 两个工作面；南翼已经回采完成的工作面有：2^{-2} 煤层 S1207、S1210、S1217、S1219、S1221。正在回采的为 S1225 工作面。柠条塔煤矿北翼和南翼工作面分布情况见图 2.2 和图 2.3。

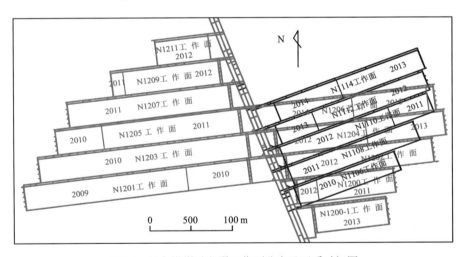

图 2.2　柠条塔煤矿北翼工作面分布及回采时间图

北翼左侧的工作面回采时间较早。N1201 工作面为首采工作面，2009 年 3 月开始回采，2010 年 7 月采完。N1203、N1205、N1207、N1209、N1211 工作面依次从 2010 年至 2012 年回采完成；北翼右侧为 1^{-2} 煤层和 2^{-2} 煤层重叠工作面，两层煤同时开采，先回采上层 1^{-2} 煤，再回采 2^{-2} 煤层工作面。回采时间从 2013 年至今，时间较短；南翼首采工作面 S1210 从 2011 年 5 月开始回采，回采 70 m 后，由于矿井涌水量大，重新开切眼后于 2013 年 3 月开始回采。现南翼已回采完成 5 个工作面。

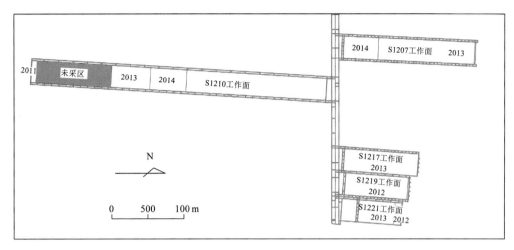

图 2.3　柠条塔煤矿南翼工作面分布及回采时间图

2.2　自 然 地 理

2.2.1　地形地貌

柠条塔井田位于陕北黄土高原北部,毛乌素沙漠东南缘。地形西北、西南高,中部低,最高海拔在庙沟源头柴敖包,标高 1 364.40 m,最低在井田中部的考考乌素沟东边界处,标高 942.2 m,一般标高为 1 200～1 250 m,相对高差为 150～200 m。井田南翼地形总体上西南高东北低,北部考考乌素沟一带最低,中西部较中东部略高,除几条较小支沟外,整体地形较平坦。南翼最高点在中南部的龚家梁,标高 1 328 m,最低点在肯铁令河入考考乌素沟处,标高 1 150 m,一般标高为 1 220～1 280 m,相对最大高差 178 m。井田南翼地表大部分被现代风积沙及萨拉乌苏组沙层所覆盖,局部地表出露第四系黄土及新近系红土;北翼地表大部出露第四系黄土及新近系红土,基岩零星出露于考考乌素沟。风沙区(沙丘沙地和风沙滩地)、河谷区和黄土丘陵沟壑区是该地区主要的三种地貌类型。井田地处风沙地貌向黄土丘陵地貌的过渡带,以考考乌素沟为界,考考乌素沟以北主要为黄土丘陵沟壑区,约占全区面积的 1/3 左右,以南主要为风沙区,占井田面积的 1/2 多,约占南翼面积的 90%左右;河谷区分布在庙沟、考考乌素沟及其支流肯铁令河、新民沟、石峡沟、好赖沟等沟域。

1. 风沙区

主要分布于井田南部,占井田面积的 1/2 多。

(1)沙丘沙地:由流动、固定、半固定沙丘及沙丘链、长条形沙垄,平缓的沙地等交错组成。沙丘、沙垄一般长数十米至百米,底宽数十米,高平均为 10～30 m,在较大沙丘之间有风蚀所成的丘间洼地,沙丘受西北风吹蚀不断向南移动,地表干旱,缺乏水分。

(2)风沙滩地:地表形态主要表现为较平坦的滩地,四周被沙丘包围,形成不规则带状洼地,地下水多向低洼处汇集,因而潜水位埋藏较浅,仅 1~3 m。

2. 黄土丘陵沟壑区

主要分布于考考乌素沟以北,约占全区面积的 1/3,为黄土丘陵沟壑区。其特点是黄土、红土覆盖于基岩之上,厚度较大,一般 50~100 m,由于受外营力作用,形成一系列特殊的黄土地貌,地形复杂,沟谷纵横交错,梁峁相间分布,地形支离破碎,沟谷陡峻狭窄。地表侵蚀强烈,有疏密不等的短小冲沟。现代地貌作用以流水侵蚀为主,植被稀少,水土流失严重,基岩裸露于沟谷两侧,部分塬上分布有半固定沙丘。

3. 河谷区

分布在庙沟、考考乌素沟及其支流肯铁令河、新民沟、石峡沟、好赖沟等沟域,由于河流侵蚀堆积,形成了河谷和河间地块地貌单元,河床、河漫滩和阶地次级地貌单元发育,由冲积、坡积及风积沙土组成。阶地面平缓,呈条带形,以第四系冲积物为主,农作物及植物生长茂盛。

2.2.2　水文地质

1. 水系

柠条塔煤矿属黄河一级支流窟野河流域,区内水系由北向南主要为庙沟、考考乌素沟及其支沟,见图 2.4。

井田北部的庙沟为窟野河二级支流,支沟杜家梁沟、巴兔明沟、长毛沟向北流入庙沟,汇入乌兰木伦河;井田中部的考考乌素沟为窟野河一级支流,由西向东横贯井田中部,其北侧支沟新民沟、石峡沟、好赖沟,南流汇入考考乌素沟。南侧小候家母河沟、肯铁令河北流汇入考考乌素沟;井田南部为窟野河一级支流——麻家塔沟的支沟芦草沟,芦草沟南流汇入井田范围外的麻家塔沟。

(1)庙沟,发源于井田西部的中敖包,呈北东向流经井田北部边界,向东汇入乌兰木伦河,长约 8 km。

(2)考考乌素沟,发源于井田西北边界外的超害石梁附近,由西向东流经井田中部,于陈家沟岔注入窟野河,该河全长 41.9 km,流域宽约 6.2 km,流域面积 259.5 km^2,河道比降为 7.9‰。该河在井田流经长度 10 km,河道比降为 3.4‰,河漫滩及阶地宽 200~400 m。据沙渠和刘家石畔观测:历年平均流量为 0.749 1 m^3/s,最大流量为 26.011 3 m^3/s,最小流量为 0.101 m^3/s;而据该沟上游的乔家塔站观测,历年平均流量为 0.227 7 m^3/s,最大流量为 0.517 1 m^3/s,最小流量为 0.068 5 m^3/s。

(3)肯铁令河,发源于井田西南,自西南向东北流入考考乌素沟,全长约 3 km,切割深 10~30 m,沟宽 50~150 m,系常年性沟流,流量 0.016~0.027 m^3/s,沟口流量为 0.049~0.107 m^3/s。

(4)小候家母河沟,发源于井田中部的西边界,自西南流向东北汇入考考乌素沟,全

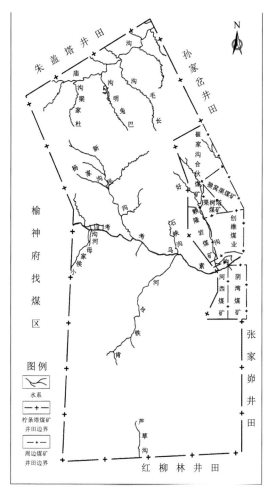

图 2.4　柠条塔煤矿水系分布图

长约 3 km，流量 0.024 3～0.066 8 m³/s，平均流量为 0.037 77 m³/s。

（5）芦草沟，发源于区内南部，自北向南流经井田南界后，折向东南注入麻家塔沟，区内流长 1.6 km，流量 0.013 34 m³/s。

柠条塔煤矿地表水受季节影响较大，一般规律是每年冬末至次年春初和雨季（7～9月）为丰水期，而冬季和春季之交则为枯水期。

2. 地下水

地下水类型主要为第四系松散岩类孔隙、裂隙孔洞潜水和中生界碎屑岩类裂隙潜水。

河谷区冲积层虽然分布面积小、厚度变化较大，但补给来源较为充分，地下水赋存条件较好；北翼黄土丘陵沟壑区地势相对较高，岩性致密，沟谷深切，不利于地下水赋存；南翼风沙区地势平坦，冲湖积堆积物厚度较大，分布连续，有利于大气降水入渗补给及地下水赋存；中生界碎屑岩类除烧变岩裂隙孔洞发育有利于地下水赋存外，其余地下水赋存条件差。

2.2.3　气象条件

柠条塔煤矿地处我国西部内陆,为典型的中温带半干旱大陆性季风气候。春暖干燥,气温回升快,降水较少,多大风及风沙天气,易起沙尘。夏季炎热多雨,昼夜温差悬殊。7、8两个月多雷阵雨及阵性大风天气。秋季凉爽湿润,气温下降快,10月份后降水量速减。冬季寒冷干燥,雨雪稀少。

据榆林市神木市(县)气象站1957年建站以来气象资料,极端最高气温为38.9℃(1996年6月),极端最低气温为−29.0℃(2003年1月),年平均气温为8.8℃。多年平均降水量为436.6 mm,年最大降水量为553.1 mm,日最大降水量为141.1 mm(1991年7月21日)。枯水年降水量为108.6 mm(1965年),丰水年降水量为819.0 mm(1967年),多年平均蒸发量为1 774.1 mm。柠条塔煤矿所在区域年平均降水量在380~415 mm。多年平均绝对湿度为7.6 mbar,平均风速为2.5 m/s,极端最大风速为25 m/s(1970年7月18日)。全年无霜期短,十月初上冻,次年四月解冻,最大冻土深度为146 mm(1968年)。

2.2.4　植被组成

调查区为半干旱气候,位于陕北黄土高原与毛乌素沙漠的过渡地带,同时也是农牧交错和风蚀水蚀过渡带,是我国主要的生态环境脆弱地区。区域内植被覆盖度以中覆盖度、低覆盖度为主,约占区域面积的 79%。由于人类的生产活动,目前大面积的原始植被早已破坏,零星的地块保留原生植被状态。

柠条塔煤矿主要植被类型为草本或灌木植物,优势物种主要有油蒿（*Artemisia japonica* Thunb.）、早熟禾（*Poa annua* L.）、牛枝子（*Lespedeza potaninii* Vass.）、阿尔泰狗娃花（*Heteropappus altaicus*（Willd.）*Novopokr.*）、百里香（*Thymus mongolicus* Ronn.）或糙隐子草（*Cleistogenes squarrosa*（Trin.）*Keng*）等。

近10~20年来人工植被增长明显,人工林由于土壤水分和养分天然不足,大部分生长不良,形成小老树,作为生态建设的林草物种,经济效益不高。乌柳（*Salix cheilophila* C. K. Schneid.）、柠条锦鸡儿（*Caragana korshinskii* Kom.）、紫苜蓿（*Medicago sativa* L.）等灌木、半灌木及草本植物在柠条塔煤矿植被群落构成中处于比较重要的位置。农业植被分布较少,主要分布于黄土峁、沟及滩地,大部分为旱地,主要农作物有玉米、土豆、谷子、糜子、向日葵等,为一年一熟的耕作方式。

2.3　地层构造与煤层

2.3.1　矿井地层

据钻孔揭露及地质填图资料,区内地层由老至新依次主要有:上三叠统永坪组（T_3y）、中侏罗统延安组（J_2y）、中侏罗统直罗组（J_2z）、中侏罗统安定组（J_2a），新近系上新统保德组（N$_2$）及第四系中更新统离石组（Q$_2$l）、上更新统萨拉乌苏组（Q$_3$s）、上更新统马兰组（Q$_3$m）、全新统风积层（Q$_4^{eol}$）及冲积层（Q$_4^{al}$）。矿井地层见表 2.1，由老至新分述如下。

表 2.1　矿井地层一览表

地层				岩性特征	厚度/m	分布范围
界	系	统	组			
新生界	第四系	全新统（Q$_4$）	（Q$_4^{eol}$）（Q$_4^{al}$）	以现代风积沙为主，主要为中细沙及亚砂土，在河谷滩地和一些地势低平地带还有冲、洪积层	0～28.0	考考乌苏沟及主要沟谷下游
		上更新统（Q$_3$）	马兰组（Q$_3$m）	灰黄–灰褐色亚砂土及粉沙，均质、疏松、大孔隙度	0～10.0	井田北部梁峁区及井田西南部
			萨拉乌苏组（Q$_3$s）	灰黄–褐黑色粉细沙、亚砂土、砂质黏土，间夹薄层黑色粉细砂透镜体	0～27.53	井田西南部、考考乌苏沟
		中更新统（Q$_2$）	离石组（Q$_2$l）	浅棕黄色–黄褐色亚黏土为主局部夹灰黄色亚砂土，无层理，质地均一，夹褐棕色古土壤层，上部有零星钙质结核	0～59.26	井田北部梁峁区、井田南部
	新近系	上新统（N$_2$）	保德组（N$_2$b）	浅棕色黏土、亚黏土，夹多层钙质结核，结构较致密，具黏滑感，塑性好	0～107.81	井田北部梁峁区、考考乌苏沟以北
	侏罗系	中侏罗统（J$_2$）	安定组（J$_2$a）	以紫红–暗紫色泥岩、砂质泥岩，紫红色中粗粒长石砂岩为主	20.0	庙沟，杜家梁一带分布（"一孔之见"）
			直罗组（J$_2$z）	上部灰绿或蓝灰色砂质泥岩、粉砂岩，含菱铁矿结核，下部为灰白色巨厚层状中–粗粒长石砂岩	0.58～101.60	井田北部及西南部
			延安组（J$_2$y）	以浅灰白色中细粒长石砂岩、岩屑长石砂岩、灰–黑色砂质泥岩、泥岩及煤层组成	170.52～240.90	全区分布
	三叠系	上三叠统（T$_3$）	永坪组（T$_3$y）	灰绿色巨厚层状细、中粒长石石英砂岩，夹灰绿–灰黑色泥岩、砂质泥岩，泥质胶结	88～200	全区分布

1. 上三叠统永坪组（T$_3$y）

本组地层为煤系沉积基底，井田内地表未见出露。岩性为灰绿色巨厚层状细、中粒长石石英砂岩，夹灰绿–灰黑色泥岩、砂质泥岩，泥质胶结。大型板斜层理及槽状、楔形层理发育。据区域资料，全厚 88～200 m。

2. 中侏罗统延安组（J$_2$y）

本组地层假整合于上三叠统永坪组之上，是井田的含煤地层，厚 170.52～240.90 m，平均厚 214.96 m。井田大部为上覆地层掩盖，仅在沟谷中断续出露该组上部地层。岩性以浅灰白色中细粒长石砂岩、岩屑长石砂岩、灰–黑色砂质泥岩、泥岩及煤层组成。

3. 中侏罗统直罗组（J_2z）

本组地层因受后期剥蚀，区内仅残存下部地层，零星出露，厚 0.58～101.60 m，平均厚 29.95 m。上部为灰绿或蓝灰色砂质泥岩、粉砂岩。下部为灰白色，局部灰绿色中-粗粒长石砂岩，夹绿灰色泥岩，具大型板状斜层理或不显层理，与下伏煤系假整合接触。

4. 中侏罗统安定组（J_2a）

本组地层仅在区内庙沟、杜家梁一带分布，仅保留有下部地层，钻孔中仅在 179 号孔见到有本组地层，厚 20.0 m。其底界与下伏直罗组整合接触，与上覆新近系上新统保德组红土或第四系呈不整合接触。

5. 新近系上新统保德组（N_2b）

本组地层主要分布在黄土梁峁丘陵区下部，厚 0～107.81 m，平均厚 27.51 m，出露于各大沟谷上游，岩性为浅棕红色黏土、亚黏土，黏土层厚度 0.50～2.00 m，呈互层状，结构密实，具黏滑感，塑性好，地貌多为冲蚀"V"型沟谷。

6. 第四系（Q）

（1）中更新统离石组（Q_2l）：厚 0～59.26 m，平均厚 22.06 m，出露于梁峁区。为棕黄色~黄褐色亚黏土，局部夹灰黄色亚砂土。无层理，质地均一，有稀疏的垂直节理。

（2）上更新统萨拉乌苏组（Q_3s）：厚 0～27.53 m，平均厚 7.61 m。上部为黄褐色中细沙与亚砂土互层；中下部为细沙及粉沙互层，间夹薄层粉细沙；底部为黄褐色～灰绿色亚砂土和粉沙，具明显的水平层理和波状层理。

（3）上更新统马兰组（Q_3m）：厚 0～10.0 m，平均厚 4.90 m，分布于梁峁区，灰黄色亚砂土。垂直节理发育，形成陡壁，岩性较均一，结构疏松，具大孔隙。

（4）全新统冲、风积层（Q_4）：风积层（Q_4^{eol}）厚 0～28.0 m，平均厚 7.72 m，为灰黄色半固定沙—流动沙，以细粒沙为主；冲积层（Q_4^{al}）为沙、砾等河流冲积物，分布于考考乌素沟及主要沟谷下游，厚 0～6.05 m。

2.3.2　井田构造

柠条塔煤矿位于鄂尔多斯台向斜的宽缓东翼陕北斜坡北部，地层倾角极其平缓，单斜构造，倾角小于 1°，构造简单。煤层底板等高线显示宽缓的波状起伏，翼宽 250～900 m，幅高 1～4 m，常"凹""凸"成对地略呈雁行状出现。

2.3.3　煤层

本区的含煤地层是延安组，其含煤地层为大型浅水湖泊三角洲沉积，本区延安组地层含可采煤层分别为 $1^{-2上}$、1^{-2}、$2^{-2上}$、2^{-2}、3^{-1}、4^{-2}、4^{-3}、$5^{-2上}$、5^{-2} 煤层，其中主要可采煤层为 2^{-2}、3^{-1}、4^{-2}、5^{-2} 煤层 4 层。各可采煤层的特征分述见表 2.2。

表 2.2　可采煤层特征一览表

煤层编号	层位	厚度/m 最小值~最大值 平均值	标准差	变异系数	间距/m 最小值~最大值 平均值	可采概率	稳定类型	可采性
$1^{-2上}$	第五段上部	0~5.23 1.72	0.98	0.676	0.66~17.10	0.18	不稳定	局部可采
1^{-2}	第五段中部	0~3.15 1.07	0.61	0.571	8.42 3.20~46.24	0.44	较稳定	大部可采
$2^{-2上}$	第四段顶部	0~3.33 1.56	0.76	0.488	26.42 0.66~15.21	0.27	不稳定	局部可采
2^{-2}	第四段顶部	0.7~9.79 5.56	2.34	0.448	3.71 22.60~37.5	0.97	稳定	赋存区全区可采
3^{-1}	第三段顶部	1.82~3.55 2.95	0.29	0.103	28.19 30.71~61.3	0.98	稳定	大部可采
4^{-2}	第二段顶部	0.15~4.97 3.08	0.72	0.232	47.20 1.02~16.74	0.69	稳定	赋存区可采
4^{-3}	第二段中部	0.15~1.98 1.04	0.54	0.517	7.95 34.18~57.7	0.43	较稳定	大部可采
$5^{-2上}$	第一段顶部	0.60~5.41 2.13	0.54	0.261	14.33 1.02~27.10	0.98	稳定	分岔区大部可采
5^{-2}	第一段中上部	0.80~8.15 4.95	1.41	0.341	14.33	1.00	稳定	全区可采

1. $1^{-2上}$煤层

$1^{-2上}$煤层是 1^{-2} 煤层分岔的上分层，分布于考考乌素沟以南，沿北西—南东呈条带状分布。煤厚 0~5.23 m，平均厚 1.72 m，条带中部煤层较厚，向两边尖灭，可采区煤厚 0.80~3.75 m，平均厚 1.94 m，在南翼东南角有煤层自燃区，自燃区面积 1.64 km²。详见图 2.5。

该煤层为薄—中厚煤层，局部可采，厚度变化大，无明显规律，连续性差，煤层结构简单，属不稳定型煤层。

2. 1^{-2}煤层

1^{-2} 煤层位于延安组第五段中上部，在南翼呈北西—南东呈条带状分布。煤厚 0~3.15 m，平均厚 1.07 m，可采厚度 0.80 m~2.50 m，1^{-2} 煤层面积的可采率为 44.39%。含 1~2 层夹矸，夹矸岩性为泥岩及粉砂岩。煤层埋深 27~180.26 m。该煤层位薄—中厚煤

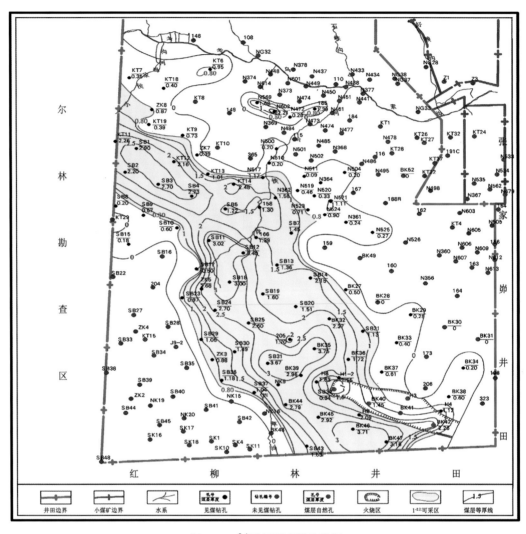

图 2.5 1$^{-2上}$煤层厚度等值线图

层，大部可采，可采区范围内煤层厚度变化较小，且规律性明显，结构简单，属稳定型煤层。详见图 2.6。

3. 2$^{-2上}$煤层

2$^{-2上}$煤层赋存于延安组第四段顶部，为 2^{-2}煤层分岔的上分层，在井田南翼中部偏东呈条带状展布，条带南部连片可采。煤厚 0～3.33 m，平均厚 1.56 m，可采厚度 0.80～2.93 m，平均可采厚度 1.78 m，结构简单，含 1～2 层夹矸。煤层的埋深 49～247.01 m。该煤层为薄—中厚煤层，局部可采，厚度变化大，属不稳定型煤层。详见图 2.7。

4. 2^{-2}煤层

2^{-2}煤层位于延安组第四段顶部，为井田的主要可采煤层，厚 0.70～9.79 m，平均厚

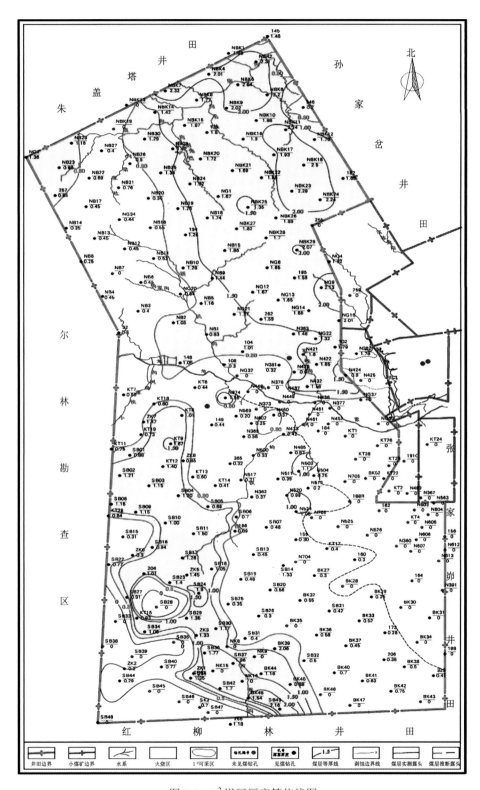

图 2.6　1^{-2} 煤层厚度等值线图

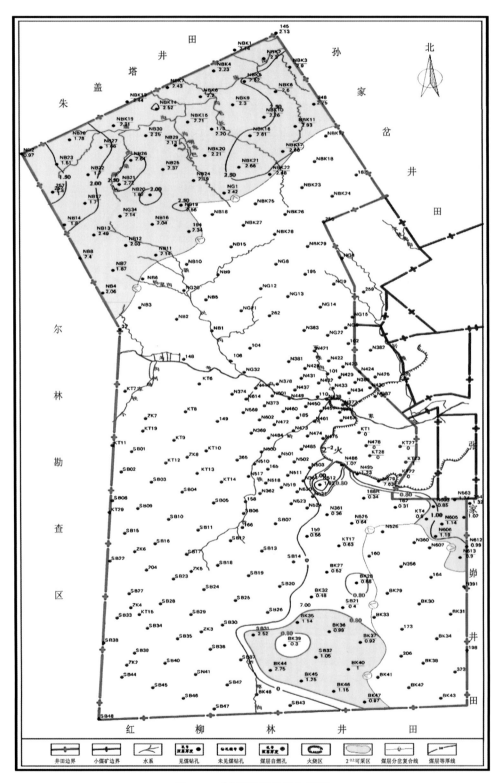

图 2.7　2^{-2} 上煤层厚度等值线图

5.56 m，可采厚度 0.80～9.33 m。煤层由东向西、由南向北变薄，结构简单，局部含 1～2 层夹矸，个别处含 3 层，夹矸厚 0.1～0.56 m，岩性为泥岩、炭质泥岩及粉砂岩。煤层埋深 14～212 m。该煤层为中厚—厚煤层，赋存区全部可采，煤厚变化规律明显，结构简单，煤的灰分、硫分变化小，煤类单一，属稳定型煤层。详见图 2.8。

5. 3^{-1} 煤层

3^{-1} 煤层位于延安组第三段顶部，该煤层在井田中东部的考考乌素沟一带及流水壕地段煤层自燃（自燃区面积 3.6 km^2），可采面积 129.628 km^2。煤层由南向北缓慢变薄，煤层厚 1.82～3.24 m，平均厚 2.85 m，变异系数 0.04，一般不含夹矸，局部含 1 层夹矸，夹矸厚度 0.02～0.22 m，夹矸岩性为泥岩及粉砂岩。煤层顶板一般为砂质泥岩或粉砂岩，局部为细—中粒砂岩，煤层埋深 33.86～287.54 m，底板标高 1 049～1 135 m。该煤层为中厚煤层，大部可采，厚度变化极小，结构简单，煤类较单一，煤的灰分、硫分变化小，属稳定型煤层。详见图 2.9。

6. 4^{-2} 煤层

4^{-2} 煤层位于延安组第二段顶部，大部可采，为主要可采煤层，以中厚煤层为主，局部为厚煤层，煤层厚 0.15～4.97 m，平均厚 3.08 m。煤层由东向西和由南向北变薄，一般不含夹矸，局部含 1～2 层夹矸，厚 0.04～0.60 m，岩性以泥岩为主，局部炭质泥岩。煤层埋深 67～298 m。该煤层为中—厚煤层，大部可采，煤层厚度变化小，规律性明显，结构简单，煤的灰分、硫分变化小，煤类单一，属稳定型煤层。详见图 2.10。

7. 4^{-3} 煤层

4^{-3} 煤层位于延安组第二段上部，井田南翼中东部可采。煤层厚度 0.15～1.98 m，平均厚度 1.04 m。大多为单一煤层，局部含 1～2 层夹矸，夹矸厚 0.03～0.53 m，岩性为泥岩及粉砂岩。该煤层为薄—中厚煤层，大部可采，煤层厚度变化小，结构简单，煤类单一，煤的灰分、硫分变化小，属较稳定型煤层。详见图 2.11。

8. 5^{-2} 煤层

5^{-2} 煤层位于延安组第一段上部，全区可采，为主要可采煤层，为中—厚煤层，北部较薄，南部较厚。煤层的面积可采率为 100%。煤层厚度 0.80～8.15 m，平均厚度 4.14 m。在井田中部考考乌素沟附近向北分岔成 2 层煤。一般不含夹矸，局部含 1～2 层夹矸，夹矸厚 0.04～0.71 m，岩性以泥岩为主，少数为粉砂岩。煤层顶板主要为灰色粉砂岩、细粒砂岩及中粒砂岩、泥岩。煤层埋深 130.83～393.58 m。

该煤层以中—厚煤层为主，全区可采，煤层厚度变化小，且规律性明显，煤层结构简单，煤灰分、硫分变化小，煤类单一，属稳定型煤层。详见图 2.12。

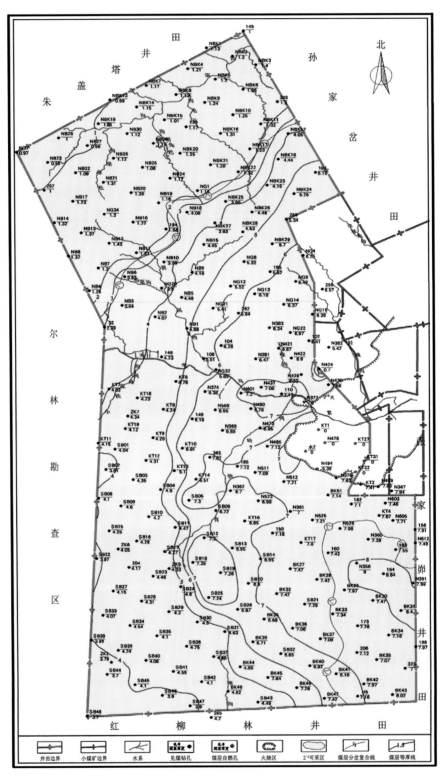

图 2.8　2⁻² 煤层厚度等值线图

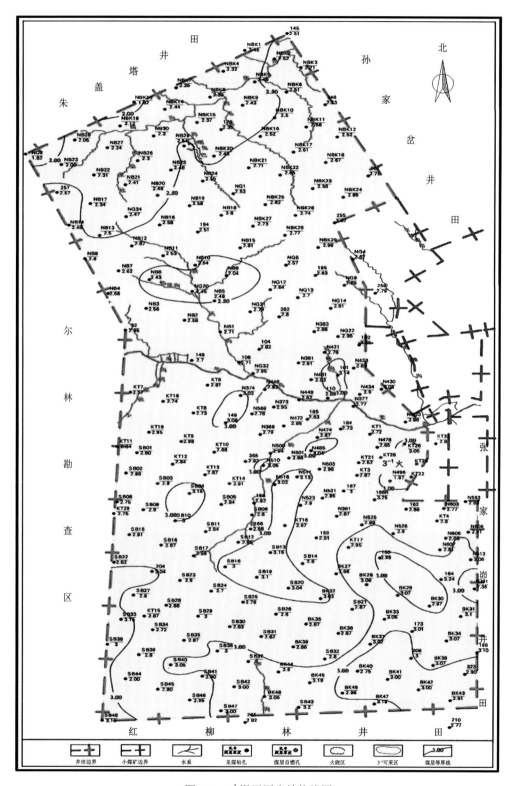

图 2.9　3^{-1} 煤层厚度等值线图

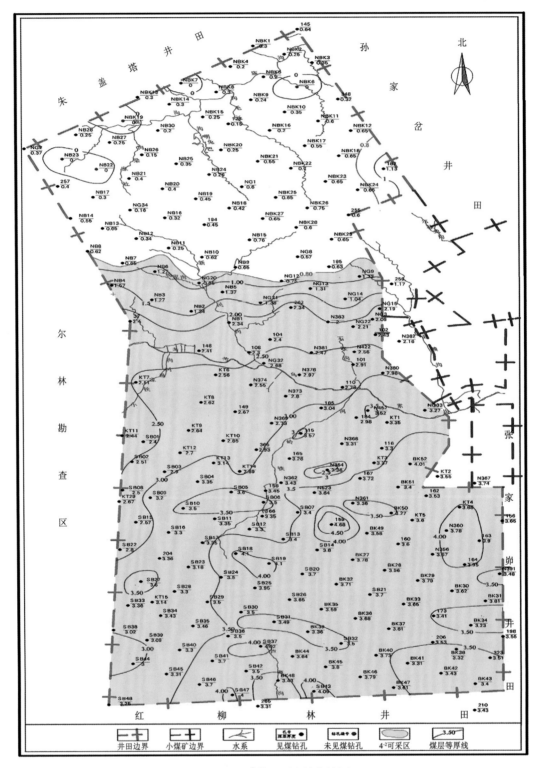

图 2.10　4⁻²煤层厚度等值线图

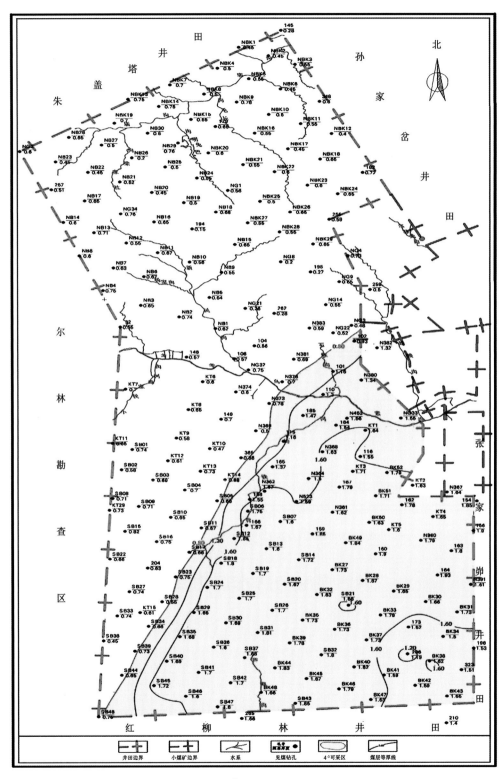

图 2.11　4⁻³煤层厚度等值线图

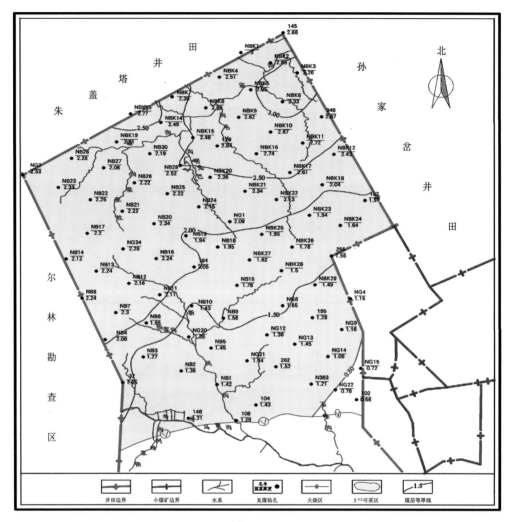

图 2.12　$5^{-2上}$煤层厚度等值线图

2.4　煤层与含水层组合特征

2.4.1　含水层特征

　　矿井主要含水层有第四系松散孔隙潜水含水层、侏罗系中统碎屑岩类风化裂隙含水层、侏罗系中统延安组砂岩承压含水层及烧变岩裂隙孔洞含水层共 4 种含水层。其中潜水含水层包括河谷冲积层潜水和萨拉乌苏组潜水。

1. 第四系松散孔隙潜水含水层

1）第四系全新统冲积层（Q_4^{al}）孔隙潜水含水层

第四系全新统冲积层（Q_4^{al}）孔隙潜水含水层呈条带状断续分布于井田庙沟、考考乌素沟、肯铁令河、小侯家母河沟、芦草沟阶地中,组成河漫滩及堆积阶地。地层厚 0～6.05 m,平均厚 5 m。含水层是中、下部之中、细沙、砾石层,厚 3.05～4.75 m,水位埋深 0.5～4.40 m,平均厚 2 m,以往水文钻孔抽水资料表明:单位涌水量 0.054 6～0.244 L/(s·m)。渗透系数 0.270 6～6.420 0 m/d,水矿化度 244～584 mg/L,水化学类型为 HCO$_3$–Ca 或 HCO$_3$–Na·Ca 型。含水层抽水试验成果见表 2.3。

表 2.3　第四系冲积层孔隙潜水含水层抽水试验成果表

孔号	水位埋深/m	含水层厚度/m	单位涌水量/[L/(s·m)]	统降统径单位涌水量/[L/(s·m)]	涌水量/(L/s)	渗透系数/(m/d)	矿化度/(mg/L)	水化学类型
D1	0.72	4.27	0.054 6	0.018 5	0.186	1.337 0	396	HCO$_3$–Ca
S4	2.55	3.50	0.244 0	0.054 7	0.273	5.490 0	481	HCO$_3$–Ca

2)上更新统萨拉乌苏组冲积、湖积层（Q$_3$s）孔隙潜水含水层

上更新统萨拉乌苏组冲积、湖积层（Q$_3$s）孔隙潜水含水层主要在井田南翼广泛分布,厚 0～39.08 m,平均厚 10～15 m,低洼区堆积厚,梁峁区薄,沉积厚度与中更新世晚期古地形相一致,在分水岭附近零星缺失。总结南翼钻孔资料,该地层在井田南翼分水岭以南大面积不含水,仅在芦草沟附近零星分布有含水区。大部含水区分布于南翼东北部靠近考考乌素沟及流水壕一带,含水层厚 0～24.70 m,平均厚 10 m,水位埋深 2.8～10.5 m。沙层结构松散,大孔隙,透水性强,易于接受大气降水补给,储集条件良好。地下水的赋存受古地形的严格控制,地下水在侧向运动中补给下伏含水层,尤其是烧变岩主要靠萨拉乌苏组地下水的转化补给,由于受下伏土层起伏形态制约,含水区主要位于隐伏沟谷区,潜水由南向北潜流,是区内良好的含水层和透水层。该含水层抽水试验成果见表 2.4。

表 2.4　萨拉乌苏组含水层抽水试验成果表

孔号	水位埋深/m	含水层厚度/m	单位涌水量/[L/(s·m)]	统降统径单位涌水量/[L/(s·m)]	涌水量/(L/s)	渗透系数/(m/d)	矿化度/(mg/L)	水化学类型
SB23	6.25	3.33	0.005 99	0.006 810	0.091	1.080 7	255	HCO$_3$–Ca·Na
SB46	9.13	6.42	0.138 38	0.046 360	0.869	3.719 3	276	HCO$_3$–Ca
KT20	10.50	6.60	0.004 60	0.001 376	0.018	0.044 8	257	HCO$_3$–Na
KT34	5.49	16.55	0.481 00	0.250 900	3.523	3.340 0	180	HCO$_3$–Ca
KT33	5.37	24.70	1.413 20	0.322 000	8.047	5.904 0	187	HCO$_3$–Ca
N702	7.09	16.41	1.151 50	0.271 600	4.652	6.883 0	195	HCO$_3$–Ca

据以往水文孔抽水试验,涌水量为 0.018～8.047 L/s,单位涌水量为 0.004 6～1.413 2 L/(s·m),渗透系数为 0.044 8～6.883 0 m/d。矿化度为 180～342 mg/L,水化学类型以 HCO$_3$–Ca 型为主。

总体来看,萨拉乌苏组含水层在井田南翼厚度不大,在小侯家母河沟、肯铁令河附近和煤矿南部的芦草沟附近,含水层厚度稍大、岩性粗、孔隙率高、水泉密度大、流量较大,

富水性中等；在分水岭附近，含水层厚度较小，一般不足 5 m，岩性细，富水性弱，很少有水泉出露。

2. 侏罗系中统碎屑岩类风化裂隙含水层

侏罗系中统安定组（J_2a）、直罗组（J_2z）碎屑岩风化裂隙含水层分布较普遍，位于侏罗系安定组、直罗组、延安组顶部，均受到不同程度的风化，该组地层分布普遍，零星出露于考考乌素沟一带。由于上部岩石受到不同程度的风化，岩石结构杂乱，松软易碎，孔隙度增大，岩石透水性增强，节理裂隙显现。岩石风化程度受出露条件和岩性影响，安定组、直罗组岩层的风化程度比延安组岩层严重，风化程度表现为上强下弱。风化层厚度一般 30 m 左右，其岩性由一套黄绿色、紫杂色泥岩、粉砂层和灰白色砂岩组成。含水层为底部中粗粒含砾长石砂岩，厚层状，泥质胶结，底部偶有 0.50～1.00 m 砾岩，结构疏松，孔隙度增大，岩石透水性增强，裂隙较发育。赋存于风化裂隙中的地下水，在高地势区为潜水水力特征，在河谷区则常具有承压水特征。地下水多以下降泉的形式排泄。泉水流量为 0.08～0.506 L/s，平均为 0.2 L/s。据以往水文孔抽水试验结果：涌水量为 0.039～3.14 L/s，单位涌水量为 0.000 87～0.446 1 L/（s·m），渗透系数为 0.002 8～2.277 m/d，矿化度为 212～423 mg/L，水化学类型为 HCO₃–Ca·Mg 或 HCO₃–Ca·Na 型。该含水层富水性弱到中等。抽水成果见表 2.5。

表 2.5　风化裂隙潜水含水层抽水试验成果表

孔号	含水层厚度/m	涌水量/（L/s）	单位涌水量/[L/（s·m）]	统降统径单位涌水量/[L/（s·m）]	渗透系数/（m/d）	矿化度/（mg/L）	水化学类型
NBK5	25.20	0.039 0	0.000 870	0.000 596	0.002 8	228	OH·Cl–Na·Ca
SB01	15.19	0.445 0	0.042 390	0.033 340	0.353 3	258	HCO₃–Ca
SB26	12.41	0.102 0	0.001 770	0.007 630	0.013 6	300	HCO₃–Ca·Na
C34	33.76	0.506 0	0.032 000	0.018 030	0.111 0	228	HCO₃–Ca·Na
N479	27.84	0.240 0	0.018 600	0.013 030	0.056 6	212	HCO₃–Ca·Mg
BK28	47.50	0.325 0	0.009 456	0.006 467	0.017 9	366	HCO₃–Ca·Na
J15	18.02	2.940 0	0.446 100		2.133 3	243	HCO₃·SiO₃–Ca·Na·Mg
K3-1			0.122 000		2.277 0		
J11	22.26	3.140 0	0.145 700		0.727 0		HCO₃·SiO₃–Ca·Na·Mg
ZK1	19.00	1.207 8	0.135 400	0.092 600	0.533 6	290	HCO₃–Ca
ZK2	23.70	0.610 7	0.062 600	0.044 100	0.234 6	299	HCO₃–Ca
ZK3	22.80	0.462 7	0.036 000	0.027 100	0.141 7	423	HCO₃·SO₄–Na·Ca
ZK4	29.00	1.039 3	0.047 400	0.033 600	0.103 0	269	HCO₃–Ca
ZK6	26.00	0.897 0	0.097 500	0.064 000	0.356 0	259	HCO₃–Ca
ZK7	21.00	0.155 0	0.005 200	0.003 500	0.021 9	295	HCO₃–Ca

3. 侏罗系中统延安组砂岩承压含水层

侏罗系中统延安组为含煤地层，据以往钻孔揭露，地层厚 170.52～240.90 m，平均厚203～215 m；按煤层赋存情况划分为 4 个含水岩段，含煤地层抽水试验成果见表 2.6。现将各主要可采煤层含水岩段叙述如下。

表 2.6　含煤地层基岩含水层抽水试验成果表

抽水层段	孔号	涌水量 / (L/s)	单位涌水量 / [L/ (s·m)]	渗透系数 / (m/d)	矿化度 / (mg/L)	水化学类型	备注
$J_2z\sim 2^{-2}$	NB02	0.008 100	0.000 498 0	0.000 606 0	296	HCO_3–Na·Ca	
	NB25	0.080 000	0.003 739 0	0.004 777 0	349	HCO_3–Ca·Mg	
	N705	0.000 700	0.000 065 2	0.000 300 0	288	HCO_3–Na·Ca	
	BK49	0.430 000	0.014 882 0	0.033 000 0	296	HCO_3–Ca·Mg	
	ZK2	0.454 000	0.015 700 0	0.020 900 0	349	HCO_3–Ca·Na	
	ZK3	0.039 000	0.002 800 0	0.003 000 0	252	HCO_3–Ca·Na	
	ZK6	0.186 000	0.003 400 0	0.002 700 0	326	HCO_3–Na	
$2^{-2}\sim 3^{-1}$	N569	0.018 000	0.003 900 0	0.001 200 0	747	HCO_3–Na	
	N452	0.011 000	0.000 410 0	0.001 700 0	152	HCO_3–Na·Ca	
	BK38	0.018 000	0.000 350 0	0.001 900 0	329	HCO_3–Na·Ca	
	N569	0.018 000	0.003 900 0	0.001 170 0	747	HCO_3–Na	
	N452	0.011 000	0.000 410 0	0.001 730 0	152	HCO_3–Na·Ca	
	S4	0.174 000	0.090 000 0	0.100 100 0	725	HCO_3–Na·Ca	
$3^{-1}\sim 4^{-2}$	NG4	0.000 816	0.000 018 0	0.000 024 4	235	HCO_3–Na	
	KT14	0.091 000	0.001 810 0	0.005 400 0	4 367	Cl–Na·Ca	
$4^{-2}\sim 5^{-2}$	KT5	0.080 000	0.001 900 0	0.005 500 0	993	HCO_3·CL–Na	
	S4	0.104 000	0.004 500 0	0.005 500 0			为 $4^{-3}\sim 5^{-2}$ 抽水层段
	NB11	0.014 000	0.001 174 0	0.002 870 0	852	Cl–Na·Ca	为 $3^{-1}\sim 5^{-2}$ 抽水层段
	NB25	0.010 500	0.000 482 0	0.000 596 8	355	HCO_3–Ca·Mg	为 $3^{-1}\sim 5^{-2}$ 抽水层段
$4^{-3}\sim 5^{-2}$	BK31	0.039 000	0.000 473 0	0.001 200 0	294	HCO_3–Na·Ca	
	N452	0.022 000	0.000 300 0	0.000 907 0	14 500	Cl–Na·Ca	

1）J_2z–2^{-2} 煤层含水岩段

J_2z–2^{-2} 煤层含水岩段为 2^{-2} 煤层直接充水含水层，该段厚 2.95～70.00 m，平均厚36.77 m，含水层厚 4.10～46.82 m，平均厚 24.98 m。该含水层是以裂隙承压水为主，局部为潜水，但含水微弱。单位涌水量 0.000 065 2～0.015 7 L/ (s·m)，渗透系数 0.000 3～0.033 m/d，矿化度为 252～349 mg/L，水化学类型以 HCO_3–Na·Ca 型为主。

2）2^{-2}–3^{-1} 煤层承压含水岩段

3^{-1} 煤层直接充水含水层，本段厚 27.19～64.08 m，平均厚 40 m，含水层厚 5～27 m，平均厚 15 m。单位涌水量 0.000 35～0.09 L/（s·m），渗透系数 0.001 2～0.100 1 m/d，水化学类型 HCO_3–Na 或 HCO_3–Na·Ca 型。

柠条塔煤矿中央运输大巷及南翼运输大巷布置在考考乌素沟南岸 2^{-2} 煤火烧区之下的 3^{-1} 煤层中，在井巷开拓过程中涌水量较大，并伴有 H_2S 气体自井巷涌水中逸出现象，以往在 3^{-1} 煤层中做过专门的抽水试验工作，其抽水成果见表 2.7。

表 2.7　3^{-1} 煤层顶板抽水试验成果表

孔号	水位埋深/m	含水层厚度/m	水位降深/m	单位涌水量 /［L/（s·m）］	渗透系数 /（m/d）	影响半径/m
水 1	41.32	2.99	10.21	0.021 600	0.718 8	86.56
水 3	76.57	2.97	22.18	0.000 631	0.017 9	29.71
水 4	28.92	2.76	30.78	0.000 715	0.023 5	47.18

3）3^{-1}–4^{-2} 煤层承压含水岩段

4^{-2} 煤层直接充水含水层，本段厚 34.54～70.98 m，平均厚 50 m。含水层厚 12～35 m，平均厚 20 m，含水微弱。据肯铁令勘探中的 KT14 号钻孔的抽水成果，单位涌水量 0.001 81 L/（s·m），渗透系数 0.005 4 m/d，矿化度 4 367 mg/L，水化学类型为 Cl–Na·Ca 型。

值得一提的是，在南翼东区补勘施工的 BK36 号钻孔，实施抽水试验情况来看，该水层含水量极其微弱，不满足正常抽水试验条件。综合分析得出结论：该含水层不仅含水微弱，且含水层在平面的分布不均一。

4）4^{-2}–5^{-2} 煤层承压含水岩段

5^{-2} 煤层直接充水含水层，全段厚 17.56～70.98 m，平均厚 46 m，含水层厚 8～36 m，平均厚 24 m，单位涌水量 0.000 482～0.004 5 L/（s·m），渗透系数 0.000 596 8～0.005 5 m/d，矿化度 355～14 500 mg/L，水化学类型为 Cl–Na·Ca 或 HCO_3·Cl–Na 型，本段含水微弱，水质差。

综上所述，延安组煤层直接充水含水层岩性以细、中粒砂岩为主，泥质胶结，具斜层理，裂隙不发育，富水性极弱。

4. 烧变岩裂隙孔洞含水层

1）烧变岩裂隙孔洞潜水含水层

烧变岩裂隙孔洞潜水区主要在煤矿南翼的东北部，分布有不规则的烧变岩区，煤层自燃边界线迂回曲折，与南翼北部形成了宽度不等的烧变岩区。烧变岩主要为 2^{-2} 煤层自燃形成，局部小范围存在 3^{-1} 煤层自燃形成的烧变岩区。烧变岩厚 6.24～84.66 m，平均厚 30～40 m，2^{-2} 煤层烧变岩面积约 4.80 km²，3^{-1} 煤层烧变岩面积约 1.60 km²，2^{-2}、3^{-1} 煤层烧变岩重叠区面积 1.60 km²。以往钻探施工中，烧变岩钻孔大都发生不同程度的漏水和严重漏水，有钻具陷落、掉块、卡钻等现象。漏水层段厚 3.74～49.54 m。据水文测井，烧变岩潜水井液电阻率曲线 ρ 反映很明显。

烧变岩在形成过程中，产生大量的气孔、烧变裂隙及炉渣状构造的空洞。据统计烘烤岩与烧结岩面裂隙率为 7.15%～12.09%。烧变岩岩体破碎，岩石呈不规则块状、片状，烧变岩具有大量的气孔、烧变裂隙及炉渣状构造的空洞。烧变岩裂隙呈不规则的交错网状、裂隙一般上部窄小、中下部稍大。含水层主要在下部，其导水性强，储水空间开阔，补泄通畅，故成为区内一个特殊而重要的含水层。烧变岩区分布面积较广、较大，但含水面积不大，主要是其富水性取决于补给条件及储水条件。考考乌素沟以南由于 2^{-2} 和 3^{-1} 煤层重迭燃烧，使其底板埋藏在侵蚀基准面以下，形成储水构造，由于有萨拉乌苏组潜水的充足补给，有烧变岩的导水及储水空间，在地形上具备大的似盆状的汇水范围，形成了极强富水区。

分布于煤矿南翼东北部的 2^{-2} 及 3^{-1} 煤层烧变岩含水层具潜水水力特征，地下水常以下降泉的形式排泄，故泉水出露较多，考考乌素沟从沙渠到四门沟地段，烧变岩泉水总流量为 90.635～102.503 L/s，其中沙渠及水头两大泉合计平均流量达 65.167 L/s，据露天勘探阶段资料，2^{-2} 煤北部烧变岩区地下水静储量约 433 万 m³，烧变岩地下水的来源主要靠南部沙层潜水的侧向补给。1990 年在沙渠附近施工的 N478 号孔，含水层厚 4.225 m，静止水位深度 45.22 m，单位涌水量 77.34 L/(s·m)，渗透系数 1316.44 m/d，水矿化度 189 mg/L，水化学类型为 HCO₃–Ca 型。烧变岩含水层抽水试验成果见表 2.8。

表 2.8　烧变岩裂隙孔洞潜水含水层抽水试验成果表

孔号	含水层厚度 /m	涌水量/(L/s)	单位涌水量 /[L/(s·m)]	渗透系数 /(m/d)	矿化度 /(mg/L)	水化学类型
NG39	3.570	0.303	0.150 000	4.203 00	489	HCO₃·SO₄–Na·Ca·Mg
N478	4.225	7.734	77.340 000	1 316.44	189	HCO₃–Ca
BK42	18.650	0.734	0.107 400	0.522 00	242	HCO₃–Ca
SK 水 1	8.420	1.405	0.179 898	1.648 90	275	HCO₃–Ca
SK 水 2	11.000	1.350	0.172 414	2.092 30	236	HCO₃–Ca·Mg

根据烧变岩水位观测资料，1990 年烧变岩潜水位标高为 1 144.67 m；2006 年水文补勘成果显示：由于小煤矿采动影响，3^{-1} 煤以上的地下水自然流场已经变动，导水裂隙已与烧变岩水沟通，导致烧变岩水流入采空区，水头和沙渠两泉干枯，烧变岩潜水位大致在 1 137 m 处，烧变岩区浅部地下水南高北低，水位有所降低。据 BK52 号钻孔揭露烧变岩情况来看，该处烧变岩含水层中的地下水已被附近小煤矿泄漏干枯；同时又在 BK52 号钻孔附近民井（J01）中实施抽水试验，抽水试验资料显示：单位涌水量 1.046 39 L/(s·m)，渗透系数 3.895 9 m/d。综合分析：本水井静止水位低于该处烧变岩底板标高，但烧变岩底板低洼地带仍然有一定的净储量，沿着煤层燃烧时形成的烘烤裂隙补给该水井。所以特

别提醒，矿井生产部门在开采此地段下伏煤层时，应引起高度注意，不容忽视地势低洼地带隐伏的烧变岩含水体。

2）烧变岩裂隙孔洞承压含水层

南翼东区补充勘探中查明在井田的东南角分布有 $1^{-2\,上}$ 煤层自燃区，主要分布在 SB32 号钻孔以东南，呈 U 型展布，轴心大致以 27 勘探线为中心，面积约 1.64 km²。该区烧变岩系 $1^{-2\,上}$ 煤层自燃后，经后期沉积作用覆盖形成的封闭区域，烧变岩厚度不大，风化岩直接覆盖在烧变岩之上，碎屑岩类风化裂隙水和烧变岩孔隙裂隙水水力联系较密切，形成了同一含水层，且上覆较厚黏土层，具有较高的水头压力。据钻孔抽水资料，含水层厚 8.42～18.65 m，平均厚 12.69 m，水位埋深 31.59～54.02 m，水位标高 1 250.41～1 254.44 m，水头高度 53.70～60.95 m，单位涌水量 0.107 4～0.179 9 L/（s·m），渗透系数 0.522 0～2.092 3 m/d，矿化度 242～275 mg/L，水化学类型以 HCO_3–Ca 型为主，富水性中等。

综上所述，柠条塔井田全区总体以碎屑岩类风化裂隙承压水为主。在井田南翼局部以碎屑岩类风化裂隙承压水和 $1^{-2\,上}$ 煤层火烧区烧变岩承压水为主，次为南翼东北部萨拉乌苏组孔隙潜水及第四系冲积层潜水。纵观延安组整个地层，其含水层均为中、细粒砂岩，其结构致密，含水性能差。参照水文地质剖面图及钻孔抽水资料，可见在垂向上，延安组由上至下，含水层具不连续性，含水性能逐渐变差，水化学类型越复杂；在横向上含水层厚度、富水性具不均匀性。另外，矿井南翼地表广为第四系松散沙层覆盖，其岩性多为细沙，松散沙层孔隙率高，适宜降水入渗，接受大气降水补给地下水。

2.4.2　隔水层特征

1. 第四系中更新统离石组（Q₂l）黄土相对隔水层

第四系中更新统离石组（Q₂l）在井田北翼基本全区分布，大部分地段出露，连片状分布，厚 0～59.26 m，平均厚 22 m；在井田南翼不连续分布，厚度变化较大。岩性以黄褐色亚黏土、亚砂土为主，其中夹数层灰褐色古土壤层，含大量钙质结核，局部钙质结核成层分布，视为相对隔水层。

2. 新近系上新统保德组（N₂b）红土相对隔水层

新近系保德组红土在全区基本连续分布，在考考乌素沟南岸及龚家梁一带零星出露，厚 0～107.81 m，变化较大，一般在 30～60 m。岩性为棕红色黏土、亚黏土，烧变岩区呈砖红、褐红色，多含钙质结核或夹钙质结核层。红土一般结构致密，裂隙较少，为一相对较好的隔水层。保德组红土夹多层钙质结核，呈不等厚互层状，钙质结核层厚 0.2～1.0 m，平均厚 0.4 m，该段相对为含水层段。村民在该层掘井取水，矿化度 202 mg/L，水化学类型为 HCO_3–Ca 型。

2.4.3 组合特征

　　井田范围内煤层与含水层赋存总的特点是煤水共生,水在上、煤在下。根据井田的实际情况将煤水组合关系依据含水层、隔水层厚度、组合及平面分布特点可分成 4 种类型。因马兰黄土在井田范围内分布较少,故将其归为含水层中。该地区的含水层为第四系风积层、冲积层、萨拉乌苏组、马兰黄土。

　　(1)第一类(I):含水层为第四系的冲积层几乎全部分布在沟谷底部,沿岸高处相对隔水层的离石黄土、三趾马红土。详见图 2.13,此类型分布在庙沟沟谷谷底。

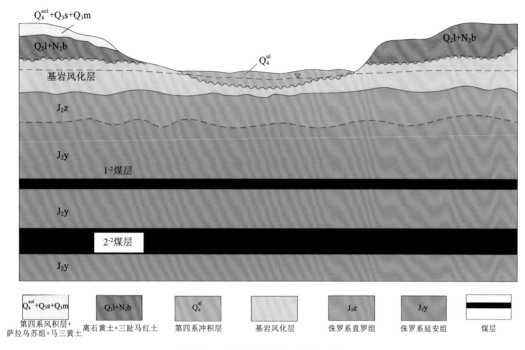

图 2.13 I 类煤水组合类型示意图

　　(2)第二类(II):含水层(第四系风积层、萨拉乌苏组及马兰黄土)、黏土隔水层(离石黄土、三趾马红土)均大面积分布,见图 2.14。

　　厚度变化均较大,此类型在井田南翼大面积分布,主要分布在北翼的长毛沟及巴兔明沟之间的一部分区域,杜家梁沟的西南角及长毛沟以东的部分区域。

　　(3)第三类(III):含萨拉乌苏组与烧变岩复合含水层,见图 2.15。主要分布在石峡沟、考考乌苏沟、好赖沟的沟谷两岸,烧变岩含水层上与风积沙、萨拉乌苏组、下与煤层直接接触。

　　(4)第四类(IV):含水层大面积分布,煤层与含水层之间无单一的土层隔水层,见图 2.16。

　　煤层上覆复合隔水岩组厚度一般为 30～120 m。此类型在柠条塔井田中极少分布,主要分布在井田南翼的第23条勘探线右下角的164钻孔及N391钻孔之间的一小部分区域。

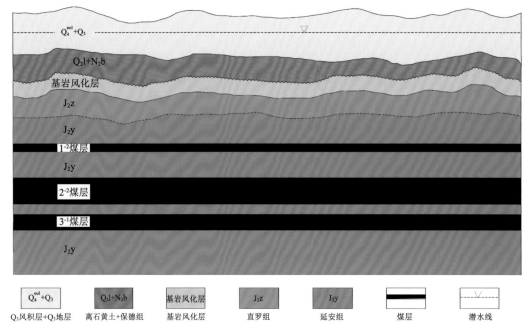

图 2.14　II 类煤水组合类型示意图

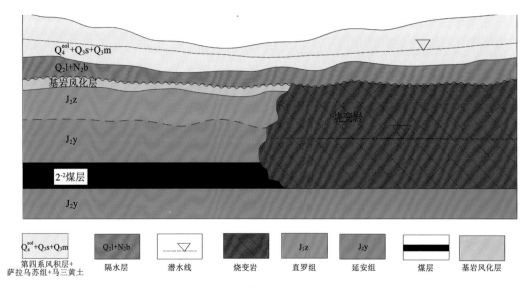

图 2.15　III 类煤水组合类型示意图

柠条塔井田内煤水关系较复杂，煤层的开采对含水层的影响差异较大。大面积含水区，在无单一土层隔水层的情况下，采煤将导致地下水位的区域性下降，进而影响河川径流量，导致流域生态变异和恶化。含水层、土层隔水层均大面积分布时，采煤不会导致地下水位的明显下降，但会引起地表变形。在烧变岩含水体附近采煤会造成烧变岩和补给水位下降，因此，必须留设一定宽度的防水煤柱。

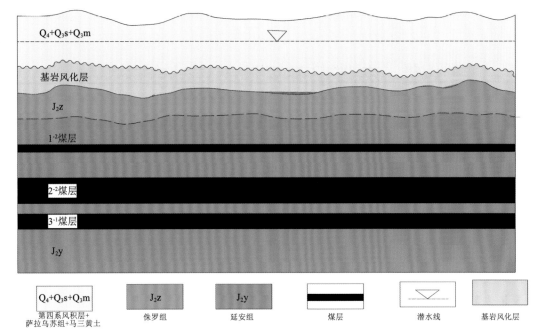

图 2.16 IV 类煤水组合类型示意图

第3章 多煤层开采地表移动变形规律

3.1 观测区地形与地质条件

3.1.1 观测区地形地貌

本次进行地表移动变形观测的区域为柠条塔井田 N1114 工作面与 N1206 工作面。柠条塔井田地貌单元可分为风沙区、河谷区和黄土丘陵沟壑区三种地貌类型,其中以风沙区和黄土丘陵沟壑区为主,见图 3.1。

图 3.1 柠条塔井田总体地形地貌

柠条塔煤矿 N1114 工作面位于北翼 1-2 煤层生产系统以东,北为实煤区,东临崔家沟合伙煤矿井田边界,南为 N1112 回采工作面。该工作面地表位于柠条塔村以北约 3 000 m处,地面为黄土梁峁沟壑区,冲沟发育,地形破碎,其西为新民沟的一条支沟——喷素叶沟的上游支沟,东为好赖沟的支沟——崔家沟的上游支沟,地表海拔高程 1 240～1 320 m。

N1206 工作面地表位于考考乌素沟以北井田东翼,北翼回风斜井东侧;井下位于井田北翼 2-2 煤层生产系统以东,N1205 工作面东侧,为北翼盘区东翼第 4 个工作面;可采走向长约 2 020 m,工作面长 300 m。该工作面地表为黄土梁峁沟壑区,冲沟发育,梁峁地形居多,其位于喷素叶沟、石峡沟之间,大气降水形成的地表面流将通过冲沟汇集到喷素叶沟和石峡沟,地表海拔高程 1 220～1 335 m。

3.1.2　地质采矿条件

1. 煤层赋存条件

柠条塔煤矿 N1114 工作面开采煤层为 1^{-2} 煤层，煤层厚 0.40～1.92 m，平均厚 1.85 m，工作面煤层底板高程 1 164～1 176 m，该煤层为近水平煤层，地质构造简单。

N1206 工作面开采煤层为 2^{-2} 煤层，煤层厚 4.9～6.4 m，平均厚 5.9 m，煤层总体上东、南稍厚，西、北稍薄，工作面西部不含矸，东部于煤层中上部含夹矸一层，厚 0.2 m，岩性为粉砂岩。煤层赋存稳定，地质构造简单，工作面底板高程 1 125～1 137 m。

2. 煤层顶底板情况

N1114 工作面煤层顶板为粉砂岩或细砂岩，厚 3.43～12.16 m；底板为粉砂岩、泥岩、粉砂质泥岩，厚 0.34～16.48 m。煤层埋藏深度 64～156 m，其中：基岩厚 54～66 m，土层厚 10～90 m。

N1206 工作面直接顶为粉砂质泥岩互层，厚 1.45～2.84 m；底板为泥岩、粉砂岩，含植物根茎化石及泥质包裹体，厚 3.96～9.33 m。煤层赋存稳定，埋藏深度 83～205 m，其中：土层厚 10～100 m，沟谷区薄，梁峁区厚；基岩平均厚 73～100 m，其厚度变化与土层厚度变化大体相当。

3. 构造

N1114 工作面位于井田北翼一隆起构造的北西侧，煤层近水平，无断层，节理裂隙构造局部发育，局部有砂岩体冲蚀，地质构造简单。

N1206 工作面整体位于井田北翼鼻状构造的西侧，东高、西低，为近似水平的单斜；工作面前半段为一近水平的向北西倾伏的向斜，后半段为一宽缓的背斜、向斜相连的褶皱构造；无断层，节理裂隙构造局部发育，地质构造简单。

4. 水文地质情况

柠条塔煤矿含（隔）水层从上向下主要的含水层如下。

1）第四系全新统冲积层孔隙潜水含水层

第四系全新统冲积层孔隙潜水含水层呈条带状断续分布于新民沟等沟谷中，组成河漫滩及堆积阶地，地层厚 0～6.05 m，含水层厚 3.05～4.75 m，单位涌水量 0.054 6～0.244 L/(s·m)，渗透系数 1.337～6.420 m/d，水化学类型为 HCO_3–Ca 或 HCO_3–Na·Ca 型。

2）第四系中更新统离石黄土和新近系上新统保德组红土相对隔水层

第四系中更新统离石黄土和新近系上新统保德组红土相对隔水层除沟谷外全区分布，厚度为 10～100 m，沟谷区薄，梁峁区厚。

3）侏罗系中统直罗组裂隙潜水含水层

侏罗系中统直罗组裂隙潜水含水层厚 20.58～86.92 m，平均厚 51.00 m。上部岩石多受到不同程度的风化,岩石结构松散,透水性强,含水层为底部裂隙较发育的中粗粒砂岩。该含水层在部分地区具微承压性,单位涌水量 0.018 6～0.032 L/(s·m),渗透系数 0.056 59～0.111 m/d,水化学类型为 HCO_3–Ca·Mg 或 HCO_3–Ca·Na 型。

4)侏罗系中统延安组裂隙承压含水层 J_2z–2^{-2} 煤层含水岩段

侏罗系中统延安组裂隙承压含水层 J_2z–2^{-2} 煤层含水岩段为 2^{-2} 煤层直接充水含水层,岩段厚 42.08～53.43 m,含水层平均厚 41.4 m,单位涌水量 0.000 065 2～0.000 58 L/(s·m),渗透系数 0.111 269～0.001 123 m/d,水化学类型以 HCO_3–Ca·Na 型为主。

5. 观测区工作面开采顺序及方法

观测方案设计期间,1^{-2} 煤层正在开采的工作面为 N1114 工作面,该煤层的工作开采顺序为 N1108 工作面、N1110 工作面、N1112 工作面、N1114 工作面和 N1116 工作面;2^{-2} 煤层正在开采的工作面为 N1206 工作面,该煤层的工作开采顺序为 N1102 工作面、N1204 工作面、N11206 工作面和 N1208 工作面。

3.1.3　覆岩条件

观测区域的覆岩岩层由上向下依次为:第四系中更新统离石组(Q_2l),新近系上新统保德组(N_2b),侏罗系中统直罗组(J_2z),侏罗系中统延安组(J_2y)第五段、第四段。

1. 第四系中更新统离石组(Q_2l)

为黄色、褐黄色沙质黏土、亚黏土,含钙质结核。厚 0～9 m,平均厚 4.5 m。

2. 新近系上新统保德组(N_2b)

为红色、棕红色黏土,夹多层钙质结核,具可塑性。厚 2.7～35 m,平均厚 16.15 m。

3. 侏罗系中统直罗组(J_2z)

上部为灰黄色、灰色粉砂岩夹深灰、灰绿色、棕褐色泥岩,岩石风化,局部呈片状碎块状。下部为灰、浅灰、灰白色细、粗粒砂岩,粒度上细下粗,矿物成分以石英、长石为主,含少量暗色矿物及云母,分选性中等、较差,次棱角状,泥钙质胶结,局部波状层理。厚 20.58～86.92 m,平均厚 51.00 m。

4. 侏罗系中统延安组(J_2y)第五段

第五段为含煤地层,由上向下依次如下所示。

J_2z 底—1^{-2} 煤层顶板:以浅灰—深灰色粗、细粒砂岩为主夹深灰色泥岩、1^{-2} 煤层。砂岩完整性好,局部波状层理、小型交错层理,含植物化石碎片。厚 0～15.24 m,平均厚 7.40 m。

1^{-2} 煤层,厚 1.67～2.13 m,平均厚 1.85 m。局部含矸 1～2 层,夹矸为粉砂岩。

灰、浅灰色细粒长石砂岩局部夹砂质泥岩、粉砂岩及煤线，具波状层理。在该层顶部局部有 3～4 m 厚的灰黑色泥岩，含植物化石。厚 7.56～13.87 m，平均厚 11.37 m。

细—粗粒砂岩：灰、浅灰色细—粗粒长石砂岩，上细下粗，局部夹灰黑色泥岩，成分以石英为主，长石次之，含少量暗色矿物及白云母，分选性较差，次棱角状，泥钙质胶结，具波状层理、小型交错层理。

5. 侏罗系中统延安组(J₂y)第四段

2^{-2} 煤层以半亮型煤为主，厚 4.9～6.4 m，平均厚 5.9 m。N1206 工作面东部不含矸，西部含夹矸一层，厚 0～0.2 m，由东南向西北增厚，岩性主要为粉砂岩。

3.2　观测站布设及地表移动观测

3.2.1　地表移动观测站布设

1. 设置地表移动观测站的目的

设置地表移动观测站的目的为获得地表受 N1114 和 N1206 工作面采动影响移动变形的第一手资料，分析得出柠条塔煤矿的超前影响角、边界角、移动角等岩移参数和柠条塔煤矿 N1114 和 N1206 工作面叠置开采地表移动变形规律。获取岩移参数时不仅要考虑开采 1^{-2} 煤层和 2^{-2} 煤层时地表的岩移参数，同时还要分析 N1114 工作面和 N1206 工作面叠置开采地表的移动变形规律，因此观测站布设必需考虑上述因素。

2. 地表移动观测站设计

根据研究区 N1114 工作面和 N1206 工作面开采影响区域的地质、地形及开采煤层条件分析，观测区煤层最大埋深 205 m，综合分析本区覆岩岩性与相近矿区的观测研究成果，在设计地表观测站时按：松散层及土层移动角 $\varphi_0=45°$ 取值；基岩移动角 $\delta_0=72°$ 取值。综合分析取该区域的采矿地质条件，松散层及土层厚度取 105 m，基岩厚度取 100 m，按上述提供的边界角进行计算，则开采影响半盆地长度为

$$r=r_0+r_1=\frac{H_0}{\tan\varphi_0}+\frac{H_1}{\tan\delta_0}=\frac{105}{1}+\frac{100}{3.07}=105+33\approx138\,\text{m} \tag{3.1}$$

式中：H_1 为基岩的厚度，m；H_0 为松散层及土层的厚度，m。

考虑开采影响的随机性，取开采影响半盆地宽约为 150 m。

虽然观测区煤层为近水平煤层，但该区域地面为黄土梁峁沟壑区，黄土沟壑对地表移动变形规律影响较大，加之两个工作面斜交叠置和地面测点布置受地形的限制等因素，故地表移动观测站设计不能仅仅布置走向和倾向两条测线。

为了能够使观测线有效地控制开采影响半盆地，同时确保较详细地研究 N1114 和 N1206 工作面开采时地表沿走向和倾向两个方向的移动变形规律，观测站拟布置 5 条观测线，如图 3.2 所示。

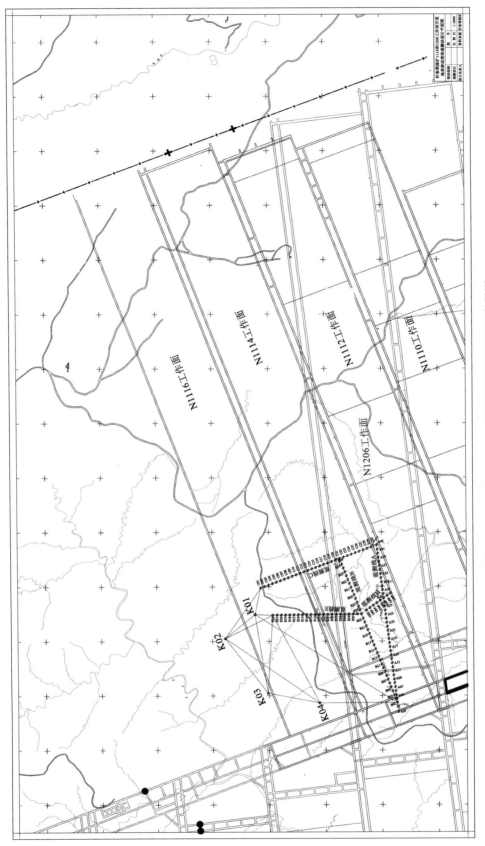

图 3.2 N1114 和 N1206 工作面开采地表采观测站布置图

1）走向观测线布置

布置两条走向观测线：A 观测线和 B 观测线。

A 观测线布置在 N1206 工作面中部，设计布置 42 个测点，其中与 D 观测线和 B 观测线分别交于 D06（A29）和 B01（A03）。由于 A 观测线布设区域地面的沟壑较多，较难布置测点，实际布设 31 个测点。

B 观测线布置在 N1114 工作面中部，设计布置 38 个测点，其中与 C 观测线、D 观测线和 E 观测线分别交于 C21（B39）、D01（B24）和 E01（B24），由于 B 观测线布设区域地面的沟壑较多，实际布设 21 个测点。

2）倾向观测线布置

布置三条倾向观测线：C 观测线、D 观测线和 E 观测线。

在 N1114 工作面沿倾向布置一条 C 观测线，该观测线不仅控制 N1114 工作面开采在倾向方向半盆地的移动变形情况，还可以有效地控制在 N1114 工作面和 N1206 工作面开采后倾向半盆地的移动变形情况。C 观测线布置在距 N1114 工作面停采线 400 m 的位置，垂直于 N1114 工作面的两个顺槽，并且沿 N1114 工作面运输顺槽向外延伸约 177 m，设计布置 30 个测点，其中与 A 观测线交于测点 A42（C30），与 B 观测线交于测点 B39（C21），C21 测点位于 N1114 工作面倾向主断面的中点。考虑到 C 观测线地面地形的因素，实际布设 21 个测点。

考虑 N1114 工作面与 N1206 工作面斜交叠置的关系，结合 N1206 工作面地表分布特征，且倾斜观测线相对较难布置，故分别在倾向方向布置 D 观测线和 E 观测线。

D 观测线布置在 N1114 工作面和 N1206 工作面叠置区域上方沟壑区顶部塬上，为分析叠置区的最大下沉量及沟壑区坡体的滑移量提供依据，设计共布置 9 个测点，实际布设 9 个测点。E 观测线布置在 N1206 工作面运输顺槽侧，距 N1206 工作面停采线约 228 m，与 N1206 工作面停采平行线夹角约 6.177°，并与 N1206 工作面运输顺槽垂直相交，为分析该区域在倾向方向的影响范围、最大下沉量及沟壑区坡体的滑移量提供依据，设计布置 22 个测点，考虑 E 观测线地面地形的因素，实际布设 20 个测点。

以上所述 5 条观测线与 N1114 工作面和 N1206 工作面停采线的距离、夹角见图 3.2。

通过 N1114 工作面和 N1206 工作面开采的分期观测成果，应用半剖面叠加方法，就能进一步求取观测区域的岩移参数。

3. 地表观测线布设

1）控制点布设方法

根据开采盘区地表地形分析，拟在开采区之外根据地表已有永久控制点确定观测线的控制点至少 3～4 个（K01～K04）并与走向和倾向观测线相连接。工作测点的外端点距控制点间距离及控制点与控制点间的距离以不小于 50 m 进行布设。

2）观测点实地标定方法

对照井上下对照图进行观测线测点布设,由于受地形及观测线长度的限制,每条测线两端无法布置该测线的控制点,只能通过在井上下对照图纸上量取各个测点的坐标,分别放样出 A 观测线、B 观测线、C 观测线、D 观测线、E 观测线的测点。所用材料为木桩和钉子,每个测点(木桩)须用红记号笔写上编号,在以后正式埋设时要予以保留,防止再测量时漏点和便于记数。N1114 工作面煤层埋藏深度为 64～156 m,N1206 工作面煤层埋藏深度为 83～205 m,根据 1983 年煤炭工业部编制的《煤矿测量手册》,测点间距宜取 15 m。在实际埋设测点时,若遇到特殊地形可适当加以调整,但应尽量保证同一条观测线上的测点在一条直线上,且倾向观测线与走向观测线垂直。

为保证观测点实地放样的准确性,必须抽取部分测点进行检核,测量其坐标,看其是否和图纸量测坐标基本相符,以保证放样的准确性。

3）测点制作和埋设方法

测点和控制点可采用混凝土就地浇筑,也可埋设预制混凝土测点,其测点结构及尺寸大小见图 3.3（a）,中间用长度 30 cm,直径 2 cm 的铁杆做标志,标志的顶部加工成球形或平面状,并刻画一个深为 2 mm 的十字线,十字线交点的直径为 1～2 mm,其为测点标志中心。如果采用其他结构必须保证测点和地表土层或松散层有足够的摩擦力,使之成为一个整体。为了保证观测点的可靠性,对观测点采取一定的保护措施,使之免遭破坏。

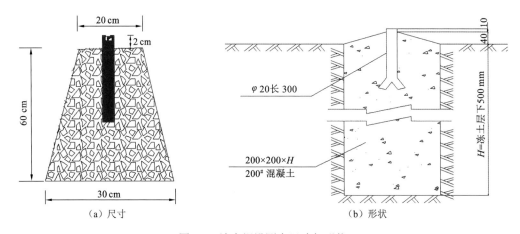

（a）尺寸　　　　　　　　　　（b）形状

图 3.3　地表埋设测点尺寸与形状

观测点的埋设深度应在冻土层以下 0.5 m,标志周围填紧土石和冻土隔离,使之免受冻土影响。埋设测点时,在标定的位置挖一个直径 30～35 cm 的坑,深度不小于 50 mm,将测量标志点埋设于地下。这里测点混凝土桩高度为 60 cm,控制点混凝土桩高度为 100 cm,见图 3.3（b）。

3.2.2 地表移动变形观测

1. 概述

采动地表移动观测是研究岩层与地表移动规律的基本工作,在观测中严格按照规程要求进行观测,保证观测数据的准确、翔实。观测工作分为全面观测和日常观测两部分。柠条塔煤矿 N1114 工作面和 N1206 工作面开采地表移动观测从 2013 年 11 月至 2015 年 3 月进行了 2 次全面观测,9 次日常观测,共 11 次地表移动观测工作。同时在工作面开采期间,对地表裂缝破坏、裂缝特征参数及裂缝分布情况进行了量测和统计,完成了地表移动的野外观测工作。

2. 连接测量

在观测点埋设好 10~15 天、点位固结后,测站地区未被采动之前应完成连接测量工作。连接测量是通过矿区控制网来确定测站控制点的平面位置和高程,然后根据它确定其余控制点和测点的平面位置及开采工作面与测站之间的相互关系。连接测量的目的就是将矿区控制网与测站联系起来,以确定井上下的对应关系。连接测量需独立进行两次。连接测量按 5″导线测量的精度要求确定,点位误差小于 7 cm。

3. 全面观测

为了准确地确定工作测点在地表移动开始前的空间位置,在连接测量后,地表移动开始之前,应独立进行两次全面观测,时间间隔不超过 5 天。全面观测的内容包括测定各测点的平面位置和高程。在未受采动影响之前,独立进行两次全面观测,两次观测同一点高程差不大于 10 mm,点位坐标互差不超过 20 mm,取平均值作为观测站的原始(初始)观测数据。

为了确定移动稳定后地表各点的空间位置,须在地表稳定后进行最后一次全面观测(称为末次观测)。地表移动稳定的标志是:连续 6 个月观测地表各点的累计下沉值均小于 30 mm。

1)观测阶段

根据本项目开采实施条件,项目观测分为以下几个阶段:

(1)在 N1114 工作面开采未影响到 A 观测线和 C 观测线之前,进行初次全面观测,形成初次全面观测成果;

(2)随着工作面推进至 A 观测线和 C 观测线约 140 m 范围时,进行首次日常观测;

(3)根据工作面的实际推进度,约每隔半月进行一次水平与高程测量;

(4)观测区地表移动进入衰减期后,每隔 2~3 个月进行一次日常观测;

(5)观测区地表移动基本稳定后(连续 6 个月观测地表各点的累计下沉值均小于 30 mm),进行末次全面观测。

2）全面观测要求

全面观测需按以下要求进行。

（1）所需设备：高精度全站仪、水准仪、对中杆、温度计、气压计、小钢尺、对讲机等。

（2）高程测量：采用常规水准测量法。各控制点和观测点的高程测量应组成水准网，按三等水准测量的要求进行，经平差后求得各点的高程。

（3）平面测量：将全站仪架在控制点上对准后视控制点，将观测线上一些观测点作为导线点组成闭合导线，每一站至少测定两个测回。再以一个导线点作为支点，利用地形测量中碎布点的测量方法依次测出其他近距离观测点的平距和水平角，每一个碎布点至少测定一个测回。每次测量时须加上全站仪的温度和气压改正值。

平面测量的精度要求：本测区各个控制点距离较短，一般为 15 m 左右，观测点的水平移动观测可用光电测距仪按二级导线的要求进行。精度要求为：测距相对中误差为 1/20 000，导线全长相对闭合差为 1/10 000。

4. 日常观测工作

所谓日常观测工作，指的是首次和末次全面观测之间适当增加的水准测量工作，当开采工作面推进长度达到采深 0.2～0.5 倍后，在预计可能先发生下沉的地区，选择几个工作测点每隔几天进行一次水准测量，监控地表是否开始移动。在地表移动过程中，要进行日常观测工作，即交替进行高程测量与全面观测。重复测量的时间间隔，视地表的下沉速度而定，一般是达到充分采动前，每隔半个月观测一次，达到充分采动后，每隔 1～2 个月观测一次。在移动活跃阶段，还应在下沉较大的区段，增加水准观测次数。采动过程中的水准测量应按四等水准测量的精度要求进行，观测点的水平移动观测可用光电测距仪按四等光电测边距的要求进行。

在每次观测时，要实测相应工作面位置、实际采出厚度、工作面推进速度及顶板陷落、煤层产状、地质构造、水文条件。同时测量地表受采动影响后产生的裂缝位置和塌陷要素，采区附近建筑物、路面、高压线、河流等地物变化情况，特别是工作面附近 150 m 范围内的建筑物变形情况及其特征，并注明发现日期。每次观测结束后，要及时将有关开采要素（开采高度、深度，工作面推进速度，工作面位置和日期等）、地面损害特征要素（地表裂缝、塌陷坑、滑坡点，损坏的房屋及保护物等）标注到采掘工程平面图上，以便进行分析。

5. 测点遗失补救措施

由于观测时间较长，观测区的观测点有丢失的可能，为了能够较为精确地得到柠条塔煤矿 N1114 工作面和 N1206 工作面的相关岩移参数，这里给出测点的遗失补救措施。

1）补救办法

通过观测地表各个测点的三维坐标进行计算机反演，求取柠条塔煤矿 N1114 工作面和 N1206 工作面的相关岩移参数，如果不能准确地获得各个测点的三维坐标，由于地表移动变形具有可叠加性，可以利用这一特性通过各个测点的相对坐标来求取，一旦哪个测点遗失，可以通过观测与其相邻测点的相对坐标，利用地表移动变形的可叠加性原理，进一步反演求取相关的岩移参数。

2）岩移参数的求取

根据每次观测的结果，通过开采损害预计评价系统软件，就可绘制地表的移动变形曲线图，通过该曲线图就能清楚地描述观测线（主断面）的移动和变形的分布特征及其发展过程，然后根据地表移动变形的特征值进一步求取观测区的岩移参数。

3.3　观测数据计算与分析

3.3.1　现场观测

完成地表的观测任务后，需要依据观测数据和观测区的基本地质、采矿、地形地貌等条件进行详细的计算分析（也称作室内处理计算）。观测数据是计算分析地表移动变形的主要依据，同时在数据处理后，应对地表观测的时间、过程及观测区开采工作面的位置、开采速度、开采强度和煤层上覆的基岩岩性和土层厚度，地形地貌等影响因素进行综合对比分析，才能够较准确地给出地表岩层移动参数，准确分析给出地表移动变形规律，为矿区今后的"三下"开采和安全煤柱留设提供依据。

1. 全面观测

为了准确地确定工作测点在地表移动前的空间位置，在连接测量后、地表移动开始前，必须独立进行两次全面观测。2013 年 11 月 7 日完成了地表岩移观测控制网、观测线的连测工作后，独立进行了两次全面观测，取两次高程测量的平均值作为各测点的原始高程，同时依据两次观测的边长和支距的测量数据校核修正了观测坐标，完成了首次全面观测。当观测区地表移动基本稳定后，2015 年 3 月 24 日进行末次全面观测。

以上的全面观测成果符合《煤矿测量规程》《工程测量规范》的要求。N1114 工作面和 N1206 工作面地表观测测线实际分布情况详见 N1114 工作面和 N1206 工作面地表观测测线实际分布图（图 3.2）。

2. 日常观测

除两次全面观测外，在 N1114 工作面和 N1206 工作面开采期间分别进行了 9 次日常观测工作，具体观测时间如下：

（1）2014 年 4 月 9 日进行首次日常观测，此时 N1114 工作面推进至 1 482 m，其距离 C 观测线约 80 m，N1206 工作面推进至 1 180 m；

（2）2014 年 5 月 10 日进行第二次日常观测，此时 N1114 工作面推进至 1 620 m，N1206 工作面推进至 1 411 m；

（3）2014 年 6 月 1 日进行第三次日常观测，此时 N1114 工作面推进至 1 760 m，其距 A 观测线约为 12 m，N1206 工作面推进至 1 560 m；

（4）2014 年 6 月 17 日进行第四次日常观测，此时 N1114 工作面推进至 1 840 m，N1206 工作面推进至 1 790 m；

（5）2014 年 7 月 12 日进行第五次日常观测，此时 N1114 工作面已经开采结束，N1206 工作面推进至 1 920 m；

（6）2014 年 7 月 22 日进行第六次日常观测，N1206 工作面于 7 月 23 日推采完成，停采位置为 2 020 m；

（7）此后，约每隔一个月对观测区进行一次日常观测，共观测了 3 次，分别在 2014 年 8 月 27 日进行第七次日常观测、2014 年 9 月 28 日进行第八次日常观测、2014 年 11 月 14 日进行第九次日常观测。

这 9 次观测成果符合《煤矿测量规程》《工程测量规范》的要求。

在观测区工作面开采过程及观测工作中，对于地表出现的明显裂缝和裂缝发展过程及裂缝分布形态进行了详细的测量和描述，同时对应井下开采工作面的开采位置、时间进行了必要的分析，并详细记录这些信息，为准确分析观测成果和采动地表移动变形规律和破坏情况提供更多的信息。

3.3.2　观测成果角量

研究地表移动规律的主要方法是通过实地测量得到地表移动数据，再经过整理、分析得出在该地质条件下的一些角量值，它反映了工作面回采后地表移动特征点与回采工作面的几何关系，并为该区"三下"采煤及保安煤柱的留设提供参考依据。

1. 超前影响角的确定

为了掌握工作面推进过程中前方地表开始下沉的位置，了解采动地表动态的影响情况，需要确定开采超前影响角。一般将工作面前方地表开始移动的点与当时工作面的连线和水平线在矿柱一侧的夹角称为超前影响角，计算公式为

$$\omega = \text{arccot}\frac{l}{H_0} \tag{3.2}$$

式中：l 为超前影响距，m。

超前影响角 ω 的大小与采动程度、工作面开采速度及采动次数有关，超前影响角在工作面开采未达到充分采动时随着开采进行而增大，当达到充分采动时会趋于一个稳定值。

2014 年 4 月 9 日的观测结果表明：N1114 工作面此时推进距离为 1 482 m，距离 C 观测线约 80 m（小于设计的影响半径 150 m），但由于 C 观测线地表产生的最大下沉量小于 10 mm，说明地表还未发生移动，影响半径应小于 80 m。2014 年 5 月 10 日 N1114 工作面推进距离为 1 620 m，C 观测线位于 N1114 工作面下沉盆地中的 C13～C23 测点的地表下沉量均超过了 10 mm，最大下沉量达 1 176 mm。此时为了进一步分析超前影响角和超前影响距，通过 C 观测线附近的 B 观测线进行分析。根据 B 观测线的观测结果可知：B32 点处地表下沉值为 11 mm，说明此点附近地表开始移动，此时 N1114 工作面前方地表移动的超前影响距约为 32 m，见图 3.4。

超前影响角为 $\omega = 75.4°$，计算方法为

$$\omega = \operatorname{arccot} \frac{32}{123} = 75.4° \qquad (3.3)$$

2. 最大下沉速度、滞后角的确定

地表点的下沉速度计算公式为

$$v_n = \frac{\Delta w_n}{t} \qquad (3.4)$$

式中：Δw_n 为地表 n 点在两次观测中得到的下沉差，mm；t 为两次观测的间隔时间，d。

地表最大下沉一般发生在工作面推过该点以后，通常以最大下沉速度滞后距离 L 及最大下沉速度滞后角来描述，其关系为

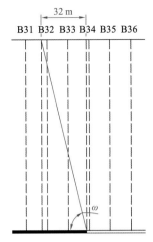

图 3.4　N1114 工作面开采的超前影响

$$\Phi = \operatorname{arccot} \frac{L}{H_0} \qquad (3.5)$$

式中：L 为最大下沉速度点滞后工作面的距离，m；H_0 为开采区的平均采深，m；Φ 为最大下沉速度滞后角，°。

由于观测研究区为 N1114 工作面和 N1206 工作面的叠置区，且两个工作面同时进行开采，考虑上、下两工作面开采的相互影响，在计算最大下沉速度和滞后角时，选取沿 N1114 工作面走向主断面布置的 B 观测线和沿 N1206 工作面走向主断面布置的 A 观测线进行分析计算。

2014 年 6 月 1 日，N1114 工作面推进至 1 760 m，N1206 工作面推进至 1 560 m，此时 N1206 工作面还未影响到 B 观测线，故选取此次的观测数据来分析计算 N1114 工作面的最大下沉速度与滞后角。由 2014 年 5 月 10 日与 6 月 1 日的观测数据可知：B31 测点的下沉差为最大下沉差，即 $\Delta w_{\max} = 1313 - 7 = 1306 \, \mathrm{mm}$，两次观测的时间间隔为 20 d，则最大下沉速度为

$$v_{\max} = \frac{1306}{20} = 65.3 \, \mathrm{mm/d} \qquad (3.6)$$

因此取 B31 测点到 N1114 工作面的水平距离作为最大下沉速度点滞后距，该滞后距约为 96 m，具体见图 3.5。故 N1114 工作面的最大下沉速度滞后角为

$$\Phi = \operatorname{arccot} \frac{96}{123} = 52.0° \qquad (3.7)$$

2014 年 6 月 17 日，N1114 工作面推进至 1 840 m，N1206 工作面推进至 1 790 m，此时可根据 A 观测线的观测数据分析计算叠置区的最大下沉速度与滞后角。由 2014 年 6 月 1 日与 6 月 17 日的观测数据可知：A34 测点的下沉差为最大下沉差，即 $\Delta w_{\max} = 4671 - 295 = 4376 \, \mathrm{mm}$，两次观测的时间间隔为 16 d，则最大下沉速度为

$$v_{\max} = \frac{4376}{16} = 273.5 \, \mathrm{mm/d} \qquad (3.8)$$

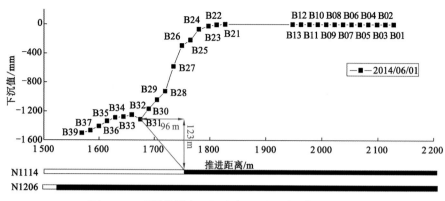

图 3.5　B 观测线最大下沉速度滞后开采工作面关系图

因此取 A34 测点到 N1206 工作面的水平距离作为叠置区的最大下沉速度点滞后距,该滞后距约为 117 m,具体见图 3.6。故叠置区的最大下沉速度滞后角为

$$\Phi = \mathrm{arccot}\frac{117}{162} = 54.2° \tag{3.9}$$

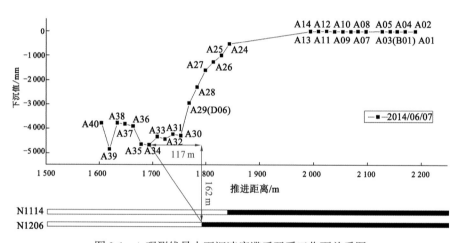

图 3.6　A 观测线最大下沉速度滞后开采工作面关系图

最大下沉速度滞后工作面的距离主要取决于工作面推进速度、开采深度、覆岩岩性及重复采动等因素。一般工作面推进越快、开采深度越大、覆岩越硬,则地表点最大下沉时距工作面就越远,最大下沉速度滞后角也越小。

掌握了地表最大下沉速度滞后角的变化规律,可以确定在回采过程中对应地表移动变形剧烈的时间和位置,这些参数对保护地面对象和采动损害防治具有重要的实践意义。

3.3.3　地表移动稳定后角值

1. 边界角、移动角及裂缝角

(1)边界角:用来确定下沉影响范围及边界。指在充分采动或接近充分采动的情况下，移动盆地主断面上的盆地边界点和采空区边界点的连线与采空区外侧水平线的夹角称为边界角。由于柠条塔煤矿煤层为近水平赋存，则下山边界角 β_0、上山边界角 γ_0、走向边界角 δ_0 可以认为近似相等。

（2）移动角：指在充分采动或接近充分采动的情况下，移动盆地主断面上的临界变形值的点和采空区边界的连线与水平线之间在煤壁一侧的夹角，下山、上山、走向移动角分别用 β、γ、δ 表示。

（3）裂缝角：指在充分采动或接近充分采动的情况下，采空区上方地表最外侧的裂缝位置和采空区边界点的连线在采空区外侧的夹角，下山、上山、走向裂缝角分别用 β''、γ''、δ'' 表示。

1）边界角确定

（1）N1114 工作面边界角。黄土沟壑区下进行煤层开采，受坡体滑移的影响，地表移动变形值大于水平地表条件下的移动变形值，由于 B01～B11 测点受坡体影响，B 观测线在求取 N1114 工作面的边界角时会出现较大误差，选取倾向的 C 观测线求取 N1114 工作面的边界角。根据 C 观测线下沉剖面曲线图，按下沉 10 mm 为下沉边界点来确定 N1114 工作面的边界角，具体分析过程如下。

对比 9 次日常观测和末次全面观测数据，2015 年 3 月 24 日（末次观测）相比 2014 年 11 月 14 日（第 9 次日常观测）的观测数据中，C 观测线上 C01～C19 相比前一次发生 10～89 mm 的整体下沉，而从 2014 年 7 月 12 日～2014 年 11 月 14 的数据可知，这些测点已经基本稳定。结合该处地形地貌（C 观测线位于坡体上）可以判定，该处测点整体下沉增加的原因是由于采动坡体自身稳定性差，坡体在雨水等作用下发生滑移，在对 C 观测线进行研究时，为避免坡体自身滑移对采动地表移动研究的影响，选取 2014 年 11 月 14 日的观测结果进行分析计算。

沿倾向的 C 观测线，根据其测点移动变形可以给出 N1114 工作面的采动影响下的边界角，按照下沉 10 mm 为下沉边界可知：边界点位于 C08 测点处，从图中量取边界点到 N1114 工作面顺槽上方水平距离为 $L=72$ m，见图 3.7。取平均采深 $H=123$ m，依据下式计算得

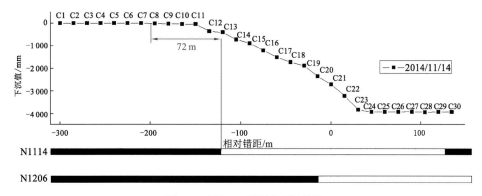

图 3.7 倾向 C 观测线下沉曲线

$$\beta_0 = \arctan\frac{123}{72} = 59.7° \qquad (3.10)$$

由于 N1114 工作面煤层属于近水平煤层,通过综合分析可以确定 N1114 工作面走向和倾向地边界角为 59.7°。

（2）N1206 工作面边界角。对于沿 N1206 工作面倾向的 E 观测线,由于其移动变形受 N1114 工作面采动影响较大,此处仅选取沿走向的 A 观测线进行 N1206 工作面边界角的求取。由于 N1206 工作面的停采线位于坡脚处,A 观测线受坡体的影响较大,通过对比 2014 年 7 月 22 日至 2015 年 3 月 24 日的观测数据可知,2014 年 8 月 27 日相对于 2014 年 7 月 22 日,A01～A14 测点发生整体台阶下沉,下沉量超过 100 mm,可以认为在此阶段内坡体发生了滑移导致测点下沉量增大。为了减小坡体对 A 观测线的影响,在此选取 2014 年 7 月 22 日 A 观测线的观测数据进行 N1206 工作面边界角的分析计算。

沿走向的 A 观测线,按照下沉 10 mm 为下沉边界可知边界点位于 A06 测点处,从图中量取边界点到 N1206 工作面停采线上方水平距离为 $L=84$ m,见图 3.8。取平均采深 $H=162$ m,依据下式计算得

$$\beta_0 = \arctan\frac{162}{84} = 62.6° \qquad (3.11)$$

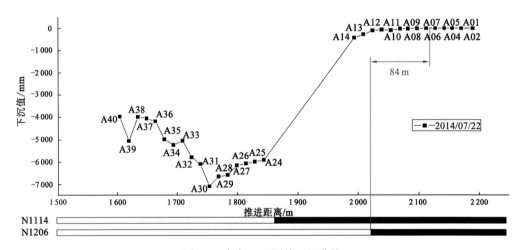

图 3.8　走向 A 观测线下沉曲线

由于 N1206 工作面煤层属于近水平煤层,通过综合分析可以确定 N1206 工作面走向和倾向的边界角为 62.6°。

由于 A 观测线上 A01～A14 测点所在坡体受 N1206 工作面采动的影响发生滑移,测点下沉量增大,工作面的影响半径也增大。考虑 A 观测线测点的实际布设情况,从图中量取 A01 测点（A01 测点最终下沉 116 mm）到 N1206 工作面停采线上方水平距离为 $L=158$ m,求取的边界角为 45.7°,但实际上,A01 测点仍处于采动影响范围之内（即 A01 点还不是影响边界位置）,故在坡体影响下的 N1206 工作面的边界角仍小于 45.7°。

综上所述,在不考虑坡体影响时,N1206 工作面的边界角为 62.6°,考虑坡体影响时,边界角小于 45.7°。

2）移动角

N1114 工作面、N1206 工作面的移动角采用临界变形条件（i=3 mm/m；ε=2 mm/m；K=±0.2×10^{-3}/m）进行求取。N1114 工作面与 N1206 工作面移动角的确定与其边界角的确定采用同样的观测线进行分析计算。

（1）N1114 工作面移动角的确定。鉴于 N1114 工作面停采线附近的地形地貌复杂，沿走向的 B 观测线在该区域不易布置测点，故在此仅选取倾向的 C 观测线进行 N1114 工作面移动角值的求取。

沿倾向的 C 观测线，根据其测点移动变形可以给出 N1114 工作面的采动影响下的移动角，按照倾斜临界值 i=3 mm/m、水平变形临界值 ε=2 mm/m 和曲率临界值 K=±0.2×10^{-3}/m 为界可知：边界点均位于 C09、C10 测点之间，从图中量取边界点到 N1114 工作面顺槽上方水平距离，见图 3.9—图 3.11。取平均采深 H=123 m，具体计算见表 3.1。

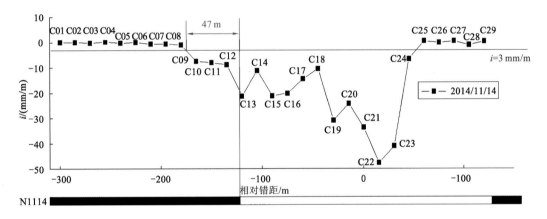

图 3.9　C 观测线地表倾斜变形曲线

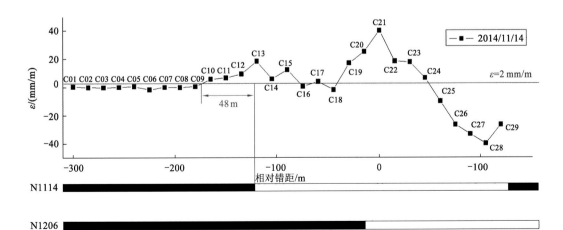

图 3.10　C 观测线地表水平变形曲线

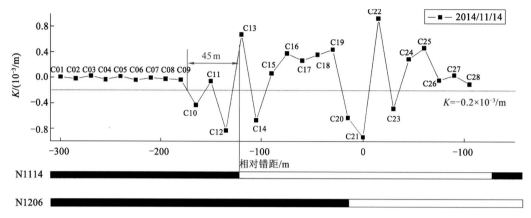

图 3.11 C 观测线地表曲率变形曲线

表 3.1 C 观测线地表走向移动角计算表

临界条件	临界点到采空区的距离/m	平均采深/m	移动角值（β）
i–3 mm/m	47	123	69.1°
ε=2 mm/m	48	123	68.7°
K=±0.2×10⁻³/m	45	123	69.9°

按照倾斜临界点计算：$\beta=\arctan\dfrac{123}{47}=69.1°$。

按照水平变形临界点计算：$\beta=\arctan\dfrac{123}{48}=68.7°$。

按照曲率临界点计算：$\beta=\arctan\dfrac{123}{45}=69.9°$。

因此，确定 C 观测线移动角为 68.7°。由于煤层为近水平煤层，综合分析可以确定 N1114 工作面走向和倾向的移动角为 68.7°。

（2）N1206 工作面移动角。对于沿 N1206 工作面倾向的 E 观测线，由于其移动变形受 N1114 工作面采动影响较大，此处仍仅选取沿走向的 A 观测线进行 N1206 工作面移动角的求取。为了减小坡体对 A 观测线的影响，选取 2014 年 7 月 22 日 A 观测线的观测数据进行 N1206 工作面移动角的分析计算。

对于走向的 A 观测线，按照倾斜变形临界值 i=3 mm/m、水平变形临界值 ε=2 mm/m 和曲率临界值 K=±0.2×10⁻³/m 为界可知：边界点均位于 A08、A09 测点之间，从图中量取边界点到 N1206 工作面停采线上方水平距离，见图 3.12—图 3.14。取平均采深 H=162 m，具体计算见表 3.2。

按照倾斜临界点计算：$\delta=\arctan\dfrac{162}{41}=75.8°$。

按照水平变形临界点计算：$\delta=\arctan\dfrac{162}{50}=72.8°$。

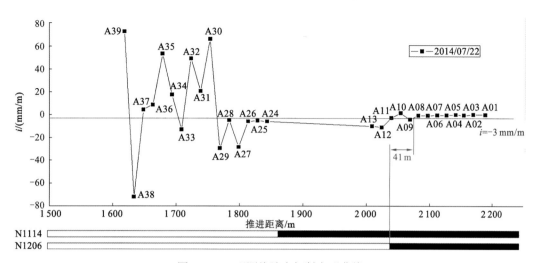

图 3.12　A 观测线地表倾斜变形曲线

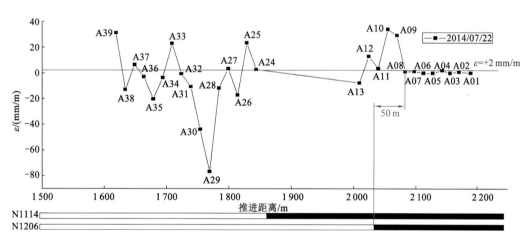

图 3.13　A 观测线地表水平变形曲线

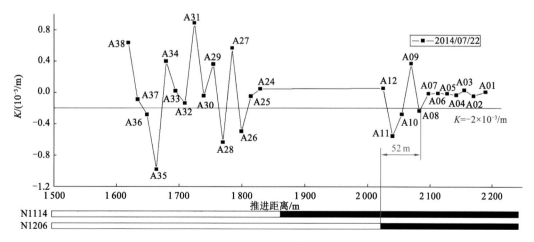

图 3.14　A 观测线地表曲率变形曲线

表 3.2　A 观测线地表倾向移动角计算表

临界条件	临界点到采空区的距离/m	平均采深/m	移动角值（β）
$i=3$ mm/m	45	162	75.8°
$\varepsilon=2$ mm/m	50	162	72.8°
$K=\pm0.2\times10^{-3}$/m	52	162	72.2°

按照曲率临界点计算：$\delta=\arctan\dfrac{162}{52}=72.2°$。

故确定 N1206 工作面的移动角为 72.2°。由于煤层为近水平煤层，综合分析可以确定 N1114 工作面走向和倾向的移动角为 72.2°。

3）裂缝角

（1）N1114 工作面裂缝角。选取沿倾向的 C 观测线对 N1114 工作面进行裂缝角值的求取。根据现场勘测 N1114 工作面最外侧的裂缝位于 C10 测点处，见图 3.15。该裂缝距 N1114 工作面顺槽 37 m，故裂缝角按下式计算（取平均采深 $H=123$ m）：

$$\beta''=\arctan\frac{123}{37}=73.3° \tag{3.12}$$

故确定 N1114 工作面的裂缝角为 73.3°。由于煤层为近水平煤层，综合分析可以确定 N1114 工作面走向和倾向的移动角为 73.3°。

（2）N1206 工作面裂缝角。此处仍仅选取沿走向的 A 观测线进行 N1206 工作面裂缝角的求取。根据现场勘测 N1206 工作面最外侧的裂缝位于 A10 测点处，见图 3.16。

图 3.15　C10 测点地表裂缝　　　　　　　图 3.16　A10 测点地表裂缝

该裂缝距 N1206 工作面停采线 23 m，故裂缝角按下式计算（取平均采深 $H=162$ m）：

$$\beta''=\arctan\frac{162}{23}=81.9° \tag{3.13}$$

故可确定 N1206 工作面的裂缝角为 81.9°。由于煤层为近水平煤层，综合分析可以确定 N1206 工作面走向和倾向的移动角为 81.9°。

2. 最大下沉角、充分采动角

1）最大下沉角

最大下沉角是指在移动盆地的倾斜主断面上，采空区的中心点与地表最大下沉点的连线与水平线之间在下山方向的夹角，用 θ 表示。

由观测资料可知：在叠置区内 D05 测点为采空区地表最大下沉点，D05 测点到采空区中心点的水平距离为 33.8 m，见图 3.17。选取平均采深 H=162 m，按照下式计算得出叠置区最大下沉角为 78.2°。

$$\theta=\arctan\frac{162}{33.8}=78.2° \tag{3.14}$$

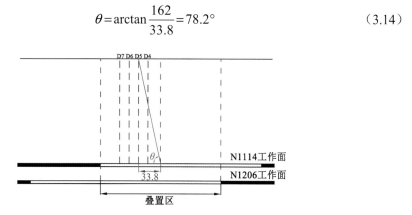

图 3.17　叠置区最大下沉角

2）充分采动角

充分采动角是指充分采动下沉盆地主断面上平底的边缘点与开采边界线和矿层间的夹角，用 ψ 表示。根据观测资料可知：叠置区的充分采动下沉盆地的平底主要位于 D04～D07 测点之间。

根据 2015 年 3 月 24 日测量数据分析可知：位于叠置区中部的 D 观测线，其地表移动变形主要受 N1114 和 N1206 两个工作面的采动影响，其充分采动下沉盆地平底边缘点位于测点 D04 与 D07 处，量取 D07 测点到叠置区顺槽上方水平距离为 28.8 m，取平均埋深 H=162 m，见图 3.18。充分采动角计算为：$\psi=\arctan\dfrac{162}{28.8}=79.9°$。

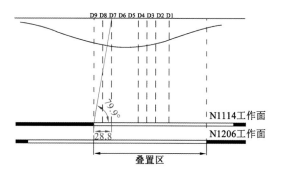

图 3.18　叠置区充分采动角

3.3.4　地表裂缝发育特征及原因

1. 地表裂缝特征

采动引起的地表裂缝通常表现为两种形式：一种是超前开采工作面并平行于开采工作面的动态裂缝，这种裂缝一般在超前工作面按一定步距出现，随工作面继续推进逐渐发展变宽，当工作面推过地表裂缝位置时，裂缝达到最宽，此后随时间延续逐渐有所闭合，所以也称为闭合裂缝；另一种是当工作面推进到一定距离（一般在老顶初次断裂之后持续3～5 d），在地表移动开始后，逐渐在沿采空区边界略偏外的位置出现3～5 条裂缝，这类裂缝位于下沉盆地的拉伸区，特性为张口特征的随时间延续持续发展扩大的永久裂缝。有时永久裂缝与闭合裂缝间断的连接在一起，有时并无直接联系，这主要取决于基岩厚度与开采高度及其采空区的长宽比。

当 N1114 工作面推进约 1 620 m 时，地表观测区产生下沉并出现地表裂缝，随着工作面的不断推进，地表裂缝越来越大，且随着周期来压，地表周而复始地出现大小、长短不一的裂缝数条。

在 N1114 工作面和 N1206 工作面开采叠置区内，由于煤层开采厚度较大，地表沉陷较为严重，对地表的破坏也较大。因此，在叠置区沉陷盆地内出现的裂缝较大，裂缝宽度也较宽，裂缝宽度约为 10～30 cm，深度最大约 150 cm，见图 3.19。

（a）照片 01（D04、D05 测点塌陷区地表裂缝）　　　（b）照片 02（A28 与 A29 测点之间裂缝）

（c）照片 03（A30 与 A31 测点之间裂缝）

图 3.19　N1114 工作面和 N1206 工作面叠置区地表裂缝特征

在 N1114 工作面和 N1206 工作面开采边界处,C 观测线和 E 观测线上均出现了数条平行于工作面走向的裂缝,出现这些裂缝主要是由地表下沉盆地的拉伸作用引起的。其中在 C9~C12 和 E10~E15 之间,由于其位于采空区边界位置,受拉伸变形较大,此处的地表裂缝也相比较大,裂缝宽度约为 10~30 cm,深度最大约 150 cm,见图 3.20。

（a）照片 04（C11 测点附近水平裂缝）　　　　　（b）照片 05（E11 测点附近裂缝）

图 3.20　N1114 工作面和 N1206 工作面开采边界地表裂缝特征

当 N1114 工作面和 N1206 工作面开采完毕后,在 A 观测线和 B 观测线前部均出现数条裂缝,其中在 A10 处出现了 1.5 m 的台阶裂缝,造成较大台阶裂缝的原因主要有:①受地表下沉盆地的拉伸作用;②受坡体的滑移作用而导致裂缝宽度较大且裂缝长度较长。同时,对于山坡背向一侧所出现的裂缝则主要是因为坡体滑移所致,裂缝相对较小（图 3.20 中照片所示）。上述地表裂缝的分布情况及图 3.21 表明:

（1）采空区地表裂缝基本与工作面的走向和倾向方向平行;

（2）在叠置区裂缝较大,且裂缝长度较长;

（3）在山坡顶部裂缝较多且裂缝长度与宽度较大;

（4）在坡底位置裂缝较少,且裂缝较小;

（a）照片 06（A10 测点处台阶下沉）　　　　　（b）照片 07（A10 与 B08 测点附近裂缝）

图 3.21　N1114 工作面和 N1206 工作面停采线西侧测点的地表裂缝特征

（c）照片 08（A07 测点南部坡体）

图 3.21　N1114 工作面和 N1206 工作面停采线西侧测点的地表裂缝特征（续）

（5）地表裂缝与坡体沟壑的展布有关，一般坡体上的裂缝较集中，且地表下沉量大，而沟壑区沟谷处的裂缝较少。

从地表裂缝的分布特征可知，地表裂缝也与地形变化有关，山脚位置由于受挤压，裂缝宽度较小且裂缝长度较短；而在山坡顶部，受拉伸变形的影响较大，导致裂缝宽度较大且裂缝长度较长。

上述研究结果表明：地表产生裂缝不仅与煤层开采深度、覆岩岩性结构及工作面老顶断裂运动有关，而且与地表坡体的展布形态及方向存在较大的关系；地表沉陷破坏形式为非连续台阶裂缝破坏，台阶下沉最大高度约 1.5 m，位于沟壑边缘位置，相对于平地破坏较严重些。

2. 黄土沟壑区对地表移动变形的影响

1）沟壑区坡体的稳定性分析

黄土沟壑区位于黄土高原，黄土的特性决定了其在雨水的冲刷下地表沟壑到处可见，在黄土沟壑区下进行煤层开采，由于地表植被较差、水土流失严重，容易使坡体发生滑移，严重的可能造成滑坡、坍塌等灾害。因此分析黄土沟壑区下煤层开采地表移动变形特征，不仅涉及黄土层下煤层开采的地表损害特征，还需要考虑在沟壑区条件下地表移动变形的附加变形量（即：采动引起的滑移量），沟壑区采动引起的滑移量的大小，主要取决于沟壑区坡体自身的稳定性，坡体的稳定性评价可通过下式进行计算分析：

$$G = T/S = \frac{h \times r \times \sin(2\delta)}{2 \times [C + h \times r \times \cos(2\delta) \times \tan\varphi]} \qquad (3.15)$$

式中：G 为坡体自身的稳定性判别系数；δ 为坡体的角度，°；h 为表土层的厚度，m；r 为土体的密度，kg/m³；C 为土体的内聚力，Pa；φ 为土体的内摩擦角，°。

判断坡体自身的稳定性通过 G 的取值来进行判断。当 G 的取值 $\geqslant 1.0$ 时，坡体自身就不稳定，随其取值的增加，坡体自身的稳定性就越差；当 $0.83 \leqslant G < 1.0$ 时，坡体存在滑坡的可能；$G < 0.83$ 时，坡体发生滑坡的可能性较小，随着其取值的减小，坡体则不会发生滑坡。

坡体滑移引起的移动附加量,具体公式如下:

$$\Delta w(x) = G \times \sin \delta \times \left[w(x) \times \sin \delta + u(x) \times \cos \delta \right] \qquad (3.16)$$

式中:$\Delta w(x)$ 为坡体滑移引起的下沉附加量,mm;$w(x)$ 为下沉量,mm;$u(x)$ 为水平移动量,mm。

2)沟壑区坡体对影响半径的影响

以 A、B 观测线所在坡体为例进行分析。通过观测区的井上下对照图可知,A01~A14 测点位于观测区的一个坡体上,其中 A08 测点位于坡体的顶部,其余各测点位于坡体的两侧坡面上,见图 3.22。

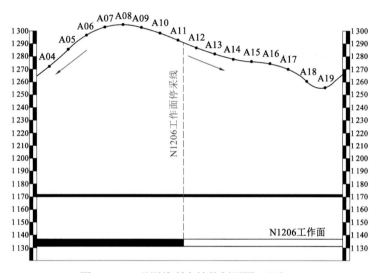

图 3.22　A 观测线所在坡体剖面图(局部)

根据观测区地质资料可知,该坡体的表土层厚度约为 $h=80$ m,西部坡体角度约为 $\delta=24°$,东部坡体角度约为 19°,土层的密度为 $r=1\,600$ kg/m³,土体的内聚力为 $C=10$ kPa,内摩擦角为 $\varphi=20°$。现判断该坡体的稳定性,具体结果如下:

$$G_1 = T/S = \frac{80 \times 1\,600 \times \sin 48°}{2 \times \left[10\,000 + 80 \times 1\,600 \times \cos 48° \times \tan 20°\right]} = 1.15 \qquad (3.17)$$

$$G_2 = T/S = \frac{80 \times 1\,600 \times \sin 38°}{2 \times \left[10\,000 + 80 \times 1\,600 \times \cos 38° \times \tan 20°\right]} = 0.84 \qquad (3.18)$$

故该坡体存在滑坡的可能性。由于 N1206 工作面的停采线在该坡体的坡脚处,工作面的开采可能会引起该坡体产生滑移。

沟壑区坡体在煤层开采的影响下破坏了其原始的稳定状态,其地表移动变形不仅具有平地地表移动变形的特征,同时还会伴随产生坡体的滑移,严重的可能会导致滑坡。沟壑区坡体在采动影响下的地表移动变形具有它的特殊规律,水平地表下煤层开采,地表的水平移动方向总是指向下沉盆地平底方向,表土层的滑移方向一般是指向下坡方向且与坡体走向垂直。但在沟壑区坡体下进行煤层开采,由于坡体自身稳定性差且受到工作面的采动影响,沟壑区坡体可能会向采空区相反方向发生滑移,在该条件下进行煤层开采,地表移动变形影响的范围也会加大,煤层开采对地表的影响半径也会随之增加。例如:在 A 测线处的观测区域,地表 A01~A14 测点沿着坡体的两侧均产生了水平移动,导致影响范围随之增加,见图 3.22。

　　3) 沟壑区坡体对地表下沉的影响

　　通过对观测数据的分析可知,2014 年 7 月 22 日 N1206 工作面刚刚回采结束,其对坡体的影响较小,仅影响坡体面向工作面停采线方向的坡面,导致此坡面上的测点(A08~A14)下沉有所增加,而背向工作面停采线方向的坡体坡面上的测点(A01~A07)的下沉增量很小,均小于 10 mm。

　　由于地表产生的移动变形滞后于工作面回采一段时间,2014 年 8 月 27 日的观测数据显示,A01~A14 测点的下沉增量均发生一定的台阶式上升,下沉增量大于 100 mm,说明此时工作面的开采已经波及该坡体,破坏了坡体的稳定性,使其两侧产生了缓慢的滑移。在现场勘测过程中,A08 测点、A10 测点附近出现了水平裂缝,见图 3.23—图 3.24。这是由于在坡顶位置会有拉伸破坏,从而产生了水平裂缝。

图 3.23　A08 测点附近裂缝　　　　　　　　图 3.24　A10 测点附近裂缝

　　以 A08 测点为例,分析坡体对地表下沉的影响。由 2015 年 3 月 24 日的观测数据可知:A08 测点最终下沉值为 146 mm,其在 A 观测线方向的水平移动值为 71.90 mm,按式(3.16)计算出 A08 测点的下沉附加量为

$$\Delta w(A08)=1.15\times\sin24°\times(146\times\sin24°+71.9\times\cos24°)=58.6\ \text{mm} \qquad (3.19)$$

　　A08 测点距 N1206 工作面停采线的距离为 70 m,由地表移动变形分布函数可知 A08 测点的无因次量为 0.019,则 A08 测点在水平地表下的理论下沉值为 w_0'=0.019×5 900× 0.73=81.83 mm(下沉系数详情见 3.5.3 小节内容),故 A08 测点在坡体上的理论下沉值为 w=58.6+81.83=140.43 mm,与实测下沉值 146 mm 基本吻合。

3.3.5　采动过程地表移动特征

　　地下矿层采出后引起地表沉陷是一个时间和空间的动态过程。在这个过程中地表出现复杂的移动变形,在移动盆地的形成过程中地表各个点都经历了拉伸、压缩、弯曲等复杂的移动变形。因而研究采动过程中的地表移动变形规律意义重大。

1. 叠置区地表点的下沉速度及下沉曲线

在开采进行过程中随着采空区面积的增大,地表各点的下沉速度逐渐增大,并且在这个过程中地表各个点的下沉速度也是不相等的。当工作面开采达到充分采动后地表各个点的下沉速度基本相同,并随开采的进行下沉速度逐渐变小,直到开采停止后一段时间地表各点的下沉速度会趋于零。总体经历了开始下沉——达到最大下沉速度——下沉速度逐渐减小——下沉结束的过程。

从图 3.25 中可以看出随着工作面的推进,A34 测点的下沉速度与下沉值有明显的对应关系。当工作面回采未影响到 A34 测点时其下沉值较小,同样下沉速度也小,随着工作面的不断推进,下沉速度有一个很明显的增加,并不断增大,当达到最大下沉速度后又开始下降,并且降低过程较增大过程要稍缓一些,经历的时间更长。这是由于最大下沉速度滞后于工作面一段距离,这段时间顶板要悬空一定的长度,上覆岩层的下沉会明显一些,当悬空距离达到顶板来压步距时直接顶随之冒落并充填采空区,下沉速度开始降低,

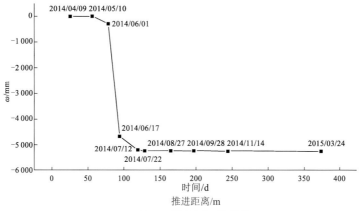

（a）A34 测点地表下沉曲线

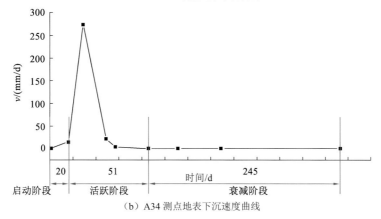

（b）A34 测点地表下沉速度曲线

图 3.25　A34 测点地表下沉曲线及下沉速度曲线

由于采空区矸石压实有个过程,下沉速度降低会有一个时间过程,并最终随着下沉趋于稳定后接近于零值。

从地表开始移动到移动停止要经历三个阶段:启动阶段、活跃阶段、衰减阶段,如图 3.25(b)所示,其中在开始阶段和衰减阶段地表下沉速度 v≤1.67 mm/d,活跃阶段地表下沉速度 v>1.67 mm/d。图中横坐标表示时间 d,纵坐标表示下沉速度 v。

根据测量数据,2014 年 5 月 10 日 N1114 工作面推进至 1 620 m(距离 A34 测点约 48 m),A34 测点下沉值为 2 mm。2014 年 6 月 1 日 N1114 工作面推进至 1 760 m,N1206 工作面推进至 1 560 m,此时 A34 测点受 N1114 工作面的采动影响发生下沉,下沉值为 295 mm,选取此阶段进行启动阶段的计算,计算公式如下:

$$v=(295-2)/20=14.65\,\text{mm/d} \tag{3.20}$$

可见,此阶段平均下沉速度大于 1.67 mm/d,故认为柠条塔煤矿叠置区下沉盆地主断面地表点移动的启动阶段小于 20 d。

2014 年 8 月 27 日进行第 7 次日常观测,经过计算可知,在 7 月 22 日到 8 月 27 日之间 A34 测点的下沉增量为 3 mm,下沉速度为 v=3/36=0.083 3 mm/d。由于 0.083 3 mm/d<1.67 mm/d,故认为 A34 测点于 2014 年 7 月 22 日进入衰减阶段。所以确定柠条塔煤矿叠置区下沉盆地主断面地表点移动的活跃阶段为 2014 年 6 月 1 日至 2014 年 7 月 22 日,活跃期为 51 d。

2015 年 3 月 24 日对观测区进行末次全面观测,观测数据表明,此时观测区地表移动变形基本停止(2014 年 7 月 22 日至 2015 年 3 月 24 日地表累计下沉量为 18 mm<30 mm),所以确定柠条塔煤矿叠置区下沉盆地主断面地表点移动的衰减阶段为 2014 年 7 月 22 日至 2015 年 3 月 24 日,衰减期为 245 d。

根据本次观测结果显示,叠置区地表移动持续时间较短,在工作面开采六个月后地表下沉基本完成,达到稳态下沉盆地状态。经过分析主要有以下两个原因:

(1)埋深较浅且有厚松散层覆盖,松散层平均厚度约为 66 m,致使地表下沉速度很快,移动盆地范围较小,因此可在短时间内完成下沉;

(2)观测区处于柠条塔煤矿 N1114 工作面和 N1206 工作面的叠置区,由于工作面的重复采动,其上覆岩层加速破断,地表下沉速度加快。

根据图 3.25 计算分析得出地表 A34 测点不同移动期的移动量、移动速度、时间等参数列于表 3.3。

表 3.3　地表 A34 测点下沉持续时间和下沉量统计表

观测点	总下沉量/mm	最大下沉速度/(mm/d)	下持续时间/d	启动阶段				活跃阶段				衰退阶段			
				天数/d	%	下沉量/mm	%	天数/d	%	下沉量/mm	%	天数/d	%	下沉量/mm	%
A34	5252	273.5	316	20	6	293	5.58	51	16	4941	94.08	245	78	18	0.34

2. 地表点的下沉特征分析

（1）柠条塔煤矿叠置区下沉盆地主断面地表 A34 测点移动的初始阶段持续 20 d 左右；活跃阶段持续 51 d 左右；衰退阶段持续 245 d 左右。地表移动持续的总时间在 316 d。见图 3.26。

（2）地表点移动的初始阶段的下沉量占总下沉量的 5.58%左右；地表点移动的活跃阶段下沉量占总下沉量的 94.08%左右；地表点移动的衰退阶段的下沉量占总下沉量的 0.34%左右。见图 3.27。

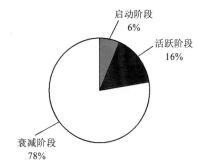

图 3.26　A34 测点移动持续时间比例图

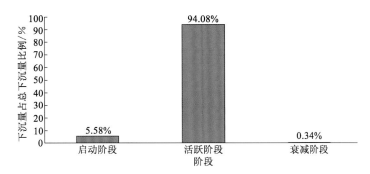

图 3.27　A34 测点各持续时间下沉量三维柱状图

（3）由于柠条塔煤矿特殊的地质条件，地表活跃期（阶段）地表移动剧烈，两次观测时间内最大下沉速度达到了 273.5 mm/d，而地表的实际最大下沉速度受地形地貌、工作面上覆岩层岩石性质及观测间隔时间等多方面的影响，对于地表台阶下沉往往都是在很短的时间段内完成的，而实际观测是很难观测到的，实际最大下沉速度远大于 273.5 mm/d。

3.4　地表移动变形规律

3.4.1　地表移动预计

设置地表移动观测站的目的首先是根据实测资料求取各种角值量，移动角、边界角、超前影响角等可用于安全煤柱的留设和确定地面移动盆地的边界等。另外一个重要的目的是进行地表移动变形的预计，根据实地测量数据得到移动变形预计各个参数并为矿区以后的地表移动变形预计提供参考。

目前，国内外比较广泛使用的地表移动计算方法有三类：理论法、典型曲线法、剖面函数法。

开采沉陷的随机介质理论于 20 世纪 50 年代由波兰学者李特维尼申提出后，60 年代初期中国学者刘宝琛（1995）、廖国华（1990）在随机介质理论基础上解决了地表移动平面预计问题。近 30 年来，又成功地解决了地表移动预计空间问题、覆岩内移动预计问题、露天开采移动预计问题，发展的概率积分法特殊地表地形问题的预计体系，目前已成为我国较为成熟、应用最广泛的预计方法之一。

3.4.2　概率积分法预计理论

1. 基本原理

概率积分法认为开采引起地表岩层移动属于随机事件，从统计观点看，任意开采条件下都可以把整个开采分解成许多微小单元的开采，整个开采对于岩层和地表的影响等于所有单元开采的影响总和。试验表明下沉盆地的剖面在理想情况下，曲线是正态分布，且与概率密度的分布一致。概率积分法是以正态分布函数为影响函数用积分表示地表下沉盆地剖面的方法。

2. 地表移动盆地的移动变形预计

大量观测实践表明，采动影响区地表沉陷速度随时间呈负指数曲线衰减，主要与开采深度、覆岩岩性、开采速度等因素有关。同时，它又是各开采块段在不同的时间、不同的地质采矿条件、应用不同开采方法等因素对地表产生影响的综合。据此，可将预计采动地表沉陷的通用数学模型写为

$$Y(x,y,z)=\sum_{i=1}^{j}C_i\sum_{i=1}^{k}\int_{q_k}^{q_{k+1}}F_1(R_k,z)F_2(q)\mathrm{d}q \tag{3.21}$$

式中：(x,y,z) 为计算点的坐标；C_i 为时间影响系数；j 为计算块段数目；k 为计算开采任一块段的拐点数；q_k 为使用计算的直角坐标系中 x 轴与通过计算点和拐点 h 连线间的夹角；其中 F_1、F_2 分别为运算函数；$R_k=R_k(q,x,y)$ 为极坐标半径：

$$R_k=\frac{(x_k-x)(y_{k+1}-y_k)-(y_k-y)(x_{k+1}-x_k)}{(y_{k+1}-y_k)\cos q-(x_{k+1}-x_k)\sin q} \tag{3.22}$$

以上述模型为基础，经推导可以得出图 3.28 中开采区域内点 $p(x,y)$ 的下沉值预计表达式：

$$w(x,y,t)=\frac{w_{\max}}{2\pi}C_i\sum_{i=1}^{k}\int_{q_k}^{q_{k+1}}\left[1-\mathrm{e}^{-\pi\frac{R_k^2}{r^2}}\right]\mathrm{d}q \tag{3.23}$$

式中：$w_{\max}$ 为充分采动的最大下沉值；$C_i=(1-\mathrm{e}^{ct_i})$ 为采深、覆岩岩性和开采速度决定的下沉时间系数。查阅文献得到，c 值的界定值为：当采深较浅，覆岩松散较软时 c 为 2.5～3.0；采深较浅，覆岩较硬时 c 为 2.0～2.5；采深较大，覆岩较软时 c 为 1.5～2.0；采深大，覆岩硬时 c 为 1.0～1.5；在重复采动下 c 值一般小于 1。

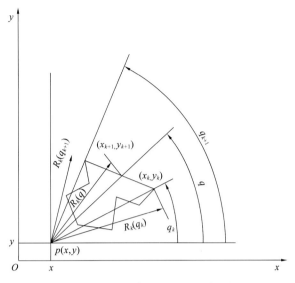

图 3.28　极坐标闭合积分示意图

由式（3.23）可以推导出预计地表动态沉陷引起的倾斜 (i_x,i_y)、曲率 (K_x,K_y)，水平移动 (u_x,u_y) 和水平变形 $(\varepsilon_x,\varepsilon_y)$ 等各个分量表达式：

$$i_x = \frac{w_{\max}}{r} \sum_{i=1}^{j} C_i \sum_{i=1}^{k} \int_{q_k}^{q_{k+1}} f_1\left(\frac{R_k}{r}\right)\cos q\,\mathrm{d}q \qquad (3.24)$$

$$i_y = \frac{w_{\max}}{r} \sum_{i=1}^{j} C_i \sum_{i=1}^{k} \int_{q_k}^{q_{k+1}} f_1\left(\frac{R_k}{r}\right)\sin q\,\mathrm{d}q \qquad (3.25)$$

$$K_x = \frac{w_{\max}}{r^2} \sum_{i=1}^{j} C_i \sum_{i=1}^{k} (P_k - Q_k) \qquad (3.26)$$

$$K_y = \frac{w_{\max}}{r^2} \sum_{i=1}^{j} C_i \sum_{i=1}^{k} (P_k + Q_k) \qquad (3.27)$$

$$u_x = w_{\max} \sum_{i=1}^{j} b_i C_i \sum_{i=1}^{k} \int_{q_k}^{q_{k+1}} f_1\left(\frac{R_k}{r}\right)\cos q\,\mathrm{d}q \qquad (3.28)$$

$$u_y = w_{\max} \sum_{i=1}^{j} b_i C_i \sum_{i=1}^{k} \int_{q_k}^{q_{k+1}} f_1\left(\frac{R_k}{r}\right)\sin q\,\mathrm{d}q \qquad (3.29)$$

$$\varepsilon_x = \frac{w_{\max}}{r^2} \sum_{i=1}^{j} C_i b_i \sum_{i=1}^{k} (P_k - Q_k) \qquad (3.30)$$

$$\varepsilon_y = \frac{w_{\max}}{r^2} \sum_{i=1}^{j} C_i b_i \sum_{i=1}^{k} (P_k + Q_k) \qquad (3.31)$$

式中：$f_1(s)=s\mathrm{e}^{-\pi s^2} - \int_0^s \mathrm{e}^{-\pi t^2}\mathrm{d}t$；$f_2(s)=\pi s^2 \mathrm{e}^{-\pi s^2}$；$f_3(s)=1-\mathrm{e}^{-\pi s^2}-\pi s^2 \mathrm{e}^{-\pi s^2}$；$P_k = \int_{q_k}^{q_{k+1}} f_2\left(\frac{R_k}{r}\right)\mathrm{d}q$；$Q_k = \int_{q_k}^{q_{k+1}} f_3\left(\frac{R_k}{r}\right)\cos(2q)\,\mathrm{d}q$。

3.4.3　地表移动参数计算

使用概率积分法预计采动地表移动变形时,首先要确定 5 个预计参数:下沉系数 η、主要影响角正切值 $\tan\beta$、拐点偏移距 d、水平移动系数 b,通过对实测数据的分析计算得到 5 个预计参数。

求取参数最重要的是确定最大下沉值,在充分采动的条件下(确保在走向和倾向两个方向均达到充分采动时才可以称为充分采动)通过移动观测站观测数据得到各个测线的最大下沉值。

1. 下沉系数 η

下沉系数 η 是在充分采动条件下,由地表出现的最大下沉值与平均开采厚度之比来确定,它与顶板管理方法及覆岩岩性有关,计算公式为

$$\eta = \frac{w_{\max}}{m\cos\alpha} \tag{3.32}$$

式中: $w_{\max}$ 为最大下沉值,m; m 为工作面平均开采厚度,m; α 为煤层倾角,(°)。

由于所布设的观测线的最大下沉值主要位于叠置区,在计算下沉系数时,需考虑 N1114 工作面和 N1206 工作面的相互影响,下沉系数计算分析如下。

(1) 由 2014 年 5 月 10 日的观测数据可知:N1114 工作面开采已经推过 C 观测线,但 N1206 工作面对 C 观测线影响较小,此时 C 观测线的下沉可以看作由 N1114 工作面的采动引起的,由于该处 C20 的最大下沉值为 1 168 mm,采高为 1.85 m(近水平煤层,倾角取 α =0°),故其下沉系数为

$$\eta = \frac{w_{\max}}{m\cos\alpha} = \frac{1.168}{1.85} \approx 0.63 \tag{3.33}$$

(2) 对于 N1206 工作面的下沉系数,由于受 N1114 工作面开采的相互影响,无法直接求取,现通过下述方法确定其下沉系数。

A24~A32 测点均位于坡体上,在重复采动的影响下,坡体的自身稳定性被破坏,导致坡体发生滑移,故该部分测点下沉量增大;而 A28~A31 及 D07~D09 测点处地势较为平缓,受坡体的影响较小,为了减小 N1114 工作面和 N1206 工作面的重复采动影响,故选取 D09 测点(D09 位于 N1114 工作面拐点处,该处的下沉值为最大下沉值的一半)进行计算,重复采动系数为 1.13(该值由计算机反演分析求取),D09 处下沉值为 5 547 mm,故其仅受 N1206 工作面采动影响下的最大下沉值按照下式计算得

$$w_{\max} = \frac{5\,547 - 0.50 \times 1\,850 \times 0.63 \times 1.13}{1.13} = 4\,326 \text{ mm} \tag{3.34}$$

由于 N1206 工作面的采高为 5.90m(近水平煤层,倾角取 α =0°),其下沉系数为

$$\eta = \frac{w_{\max}}{m\cos\alpha} = \frac{4.326}{5.90} \approx 0.73 \tag{3.35}$$

鉴于上述下沉系数受两个工作面的相互影响,因此该采矿地质条件进行单一煤层开采,下沉系数略小于上述计算结果。

2. 主要影响角正切值 tanβ

主要影响角正切值的大小与覆岩岩性有密切关系,是反映覆岩岩性和采深关系的一个参数,覆岩岩性愈软,tanβ 值愈大,反之亦然。将连接主要影响范围的边界点与开采边界连线与水平线所成夹角 β 称为主要影响角,计算公式为

$$\tan \beta = \frac{H}{r} \tag{3.36}$$

式中: H 为采深, m; r 为主要影响半径, m。

N1114 工作面的主要影响半径为 72 m,平均埋深为 123 m,故可计算出 N1114 工作面的主要影响角正切值为 1.52,主要影响角为 56.6°。

$$\tan \beta = \frac{H}{r} = \frac{123}{72} = 1.52 \tag{3.37}$$

N1206 工作面的主要影响半径为 84 m,平均埋深为 162 m,故依据式(3.36)可计算出 N1206 工作面的主要影响角正切值为 1.93,主要影响角为 62.6°。

$$\tan \beta = \frac{H}{r} = \frac{162}{84} = 1.93 \tag{3.38}$$

3. 拐点偏移距 d

当回采空间沿两个方向均为充分采动时,将下沉值为 $0.5w_{max}$ 处(同时倾斜 i 和水平移动 u 达到最大值)定义为下沉盆地拐点位置,拐点位置到最近煤壁的距离称为拐点偏移距。拐点偏移距的大小与开采深度、覆岩岩性和矿层的硬度等有关,开采深度越大、覆岩岩性及矿层越坚硬则拐点偏移距越大,反之越小。

由 N1114 工作面下沉系数的确定可知,C 观测线 $0.5w_{max}$ 的拐点位置约在 C13 测点与 C14 测点之间,它距 N1114 工作面顺槽的距离为 15.1 m,故 N1114 工作面的拐点偏移距为 d=15.1 m=0.12 H(H 为 N1114 工作面的平均采深 123 m)。

根据 2015 年 3 月 24 日 E 观测线的观测数据可知,E 观测线 $0.5w_{max}$ 的拐点位置约在 E04 测点处,它距 N1206 工作面顺槽的距离为 24.6 m。考虑 A 观测线布设区域的地形地貌,确定 A 观测线的最大水平移动值在 A13 测点处,它到 N1206 工作面停采线的距离为 21.8 m。由于 E 观测线受 N1114 工作面的影响较大,在此确定 N1206 工作面的拐点偏移距为 d=21.8 m=0.13 H(H 为 N1206 工作面的平均采深 162 m)。

4. 水平移动系数 b

水平移动系数是反映最大水平移动值与最大下沉值关系的系数,在充分采动条件下,由下式求得

$$b = \frac{u_{max}}{w_{max}} \tag{3.39}$$

式中: u_{max} 为最大水平移动值, mm; w_{max} 为最大下沉值, mm。

对于 N1114 工作面,由观测数据可知:C13 测点的水平移动值最大,为 339 mm;同时为了减小 N1206 工作面的影响,确定 C16 测点为最大下沉点,其值为 1 206 mm,由式(3.39)

可得出 N1114 工作面的水平移动系数为

$$b = \frac{u_{max}}{w_{max}} = \frac{339}{1\,206} = 0.28 \tag{3.40}$$

对于 N1206 工作面,由观测数据可知:N1206 工作面的最大下沉值为 6 711 mm(A29 测点),最大水平移动值为 1 287 mm(A13 测点)。由于 A29 测点受两个工作面重复采动的影响,其下沉值还需考虑 N1114 工作面开采的影响,计算得其无因次量约为 0.691 9(A29 测点距离 N1114 工作面开采边界约 0.2r),故其仅在 N1206 工作面采动影响下的最大下沉值为: $w_{max} = (6\,711 - 1850 \times 0.63 \times 1.13 \times 0.6919)/1.13 = 5132\ mm$,由式(3.39)可计算出 N1206 工作面的水平移动系数为 0.25。上述计算所得的 N1114 工作面与 N1206 工作面开采概率积分参数见表 3.4。

$$b = \frac{u_{max}}{w_{max}} = \frac{1\,287}{5\,132} = 0.25 \tag{3.41}$$

表 3.4　N1114 工作面与 N1206 工作面开采概率积分参数汇总表

工作面编号	下沉系数 η	tanβ	拐点偏移距 S/H	水平移动系数 b
N1114	0.63	1.52	0.12	0.28
N1206	0.73	1.93	0.13	0.25

3.4.4　概率积分理论拟合度分析

大量实测数据表明:厚松散层薄基岩条件下煤层开采,地表移动变形具有一定的规律可循,然而在黄土沟壑区下进行煤层开采,其引起的地表移动变形与其开采区域的地形地貌有很大的关系。依据实测地表移动变形数据并结合地表移动变形规律和概率积分理论,根据计算机反演模拟,分别给出了 N1114 工作面与 N1206 工作面在单一工作面开采及重复采动下的概率积分预计参数,见表 3.5。

表 3.5　计算机反演模拟求解的概率积分预计参数

工作面编号	下沉系数 η	tanβ	拐点偏移距 d/H	水平移动系数 b
N1114	0.60	1.52	0.12	0.28
N1206	0.71	1.88	0.13	0.25
N1114(重复)	0.67	1.55	0.12	0.28
N1206(重复)	0.80	1.90	0.13	0.26

通过计算机反演分析可知,N1114 工作面的重复采动系数为 0.67/0.60=1.13,N1206 工作面的重复采动系数为 0.80/0.71=1.13。

按照上述参数进行计算机反演模拟给出 N1114 工作面与 N1206 工作面开采的预计地表下沉等值线,见图 3.29。理论预计的下沉盆地边界位于 A06 测点、C08 测点、E15 测点处,这与实测数值相吻合。通过图 3.29 给出的下沉值,结合现场实测的观测数据,如:N1114

工作面工作开采，C15 测点、C16 测点和 C17，现场实测值分别为 915 mm、1 228 mm 和 1 524 mm，计算机反演分析下沉值分别为 1 000 mm、1 200 mm 和 1 400 mm，可见在不受黄土沟壑坡体影响下，计算机反演结果与实测数据基本吻合。但在黄土沟壑坡体处，计算机反演结果需考虑坡体的影响，现以 D 观测线为例进行分析。

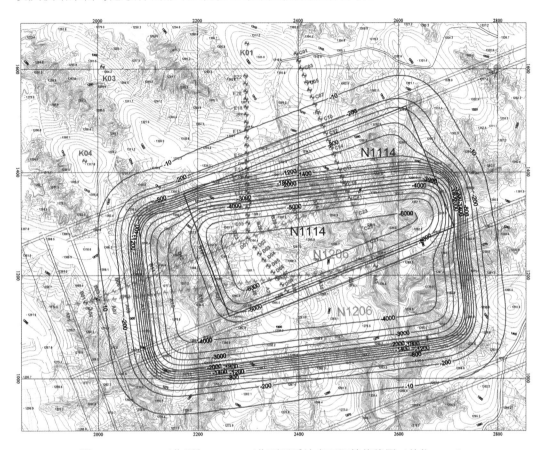

图 3.29　N1114 工作面与 N1206 工作面开采地表下沉等值线图（单位：mm）

　　D 观测线位于一坡顶之上，见图 3.30。通过稳定性分析得出该坡体的稳定性系数，由观测区地质资料可知：该坡体的角度约为 $\delta=21°$，按照式（3.15）计算出该坡体的稳定性系数为 0.96。可知该坡体自身稳定性较差，易受外界的影响而发生滑移。

$$G=\frac{T}{S}=\frac{80\times1\,600\times\sin42°}{2\times[10\,000+80\times1\,600\times\cos42°\times\tan20°]}=0.96 \qquad（3.42）$$

　　经过对 D 观测线观测数据的分析可知，在坡体稳定性未破坏之前，D 观测线的下沉规律符合一般的地表移动变形规律，而当坡体稳定性被破坏后，D 观测线的下沉量剧增，2015 年 3 月 24 日对 D 观测线观测，由观测数据可知：D 观测线中，D05 测点下沉值为 7 112 mm，水平移动值为 830 mm，依据式（3.16）可求取 D05 测点的下沉附加量为

$$\Delta w(\text{D05})=0.96\times\sin21°\times(7112\times\sin21°+830\times\cos21°)=1141\,\text{mm} \qquad（3.43）$$

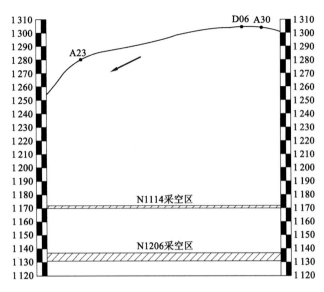

图 3.30 D 观测线所在坡体剖面图（局部）

通过图 3.29 可知：理论预计下的 D05 测点下沉值为 6 000 mm，考虑该点下沉附加量，得出 D05 测点的预计下沉量为 7 141 mm，与实测的 7 122 mm 相吻合。同理，计算 D04、D03 测点的下沉附加量为

$$\Delta w(D04) = 0.96 \times \sin 21° \times (7\,046 \times \sin 21° + 679 \times \cos 21°) = 1\,085\,\text{mm} \quad (3.44)$$

$$\Delta w(D03) = 0.96 \times \sin 21° \times (6\,643 \times \sin 21° + 420 \times \cos 21°) = 952\,\text{mm} \quad (3.45)$$

得出 D04 测点、D03 测点的预计下沉量分别为 7 085 mm、6 952 mm。D04 测点、D03 测点实际观测值分别为 7 046 mm 和 6 643 mm，通过对比可知，预计下沉量与实测值基本吻合。对于 D 观测线的其他测点，由于受坡体影响较小，其预计下沉量与实测值基本吻合。

综上所述，在不考虑坡体对地表移动变形的影响时，理论预计参数能够满足柠条塔矿区地质采矿条件下应用概率积分法预计的要求；若考虑坡体沟壑对地表移动变形的影响时，需要分析坡体自身的稳定性，地表实际的移动变形值是在理论预计结果的基础上，再增加坡体自身滑移产生的附加量。

3.4.5 工作面斜交叠置开采规律

通过对柠条塔煤矿 N1114 和 N1206 工作面叠置开采地表移动变形规律研究可得出如下结论。

（1）上下两工作面斜交叠置开采较上下两重复煤层开采，由于受上下两工作面斜交的影响，采动影响范围增大。

（2）上下两工作面斜交叠置开采较上下两重复煤层开采，在叠置区地表下沉速度、地表移动时间、地面损害程度基本相同。

（3）在非叠置区，由于该区域上下两层煤开采时间间隔相对较长，且上部煤层开采厚度较小，该区域在重复采动的情况下，斜交叠置开采较上下两重复开采地面损害程度较小。

（4）从防止地面黄土沟壑区产生滑坡或滑移方面，斜交叠置开采较上下两重复开采对地面黄土沟壑区产生的损害程度较小。

第 4 章　多煤层开采地面塌陷裂缝发育规律

根据研究区生产实际及综采工作面布设情况,进行工作面地表裂缝观测与填图,研究黄土沟壑区 1^{-2} 煤层、2^{-2} 煤层开采,以及风沙滩地区 2^{-2} 煤层开采地表裂缝发育规律,研究黄土沟壑区双煤层叠置开采地表裂缝发育规律,为土壤与植被影响研究中样地选择提供依据。

4.1　地面塌陷类型与特点

4.1.1　塌陷裂缝观测与填图

使用 Trimble GeoXH3000 定位仪（10cm 定位精度）进行工作面地表裂缝填图。在1:2 000 比例尺井上下对照图上填绘裂缝位置,测量裂缝宽度、长度、间距,记录裂缝形状、走向等特征,拍摄裂缝照片。观测工作面切眼、顺槽及停采线位置地表裂缝;观测工作面内地表裂缝产生及稳定过程,观测坡面、峁顶、沟谷等地形裂缝形态特征;观测双煤层叠置开采区 2^{-2} 煤层采动时,1^{-2} 煤层地表裂缝的变化情况。在研究工作后期使用大疆Phantom 3 无人机对工作面地表裂缝进行了辅助验证。

本书完成对黄土沟壑区 N1110（2014 年 7 月）、N1112（2014 年 7 月）及 N1114（2013年 11 月,2014 年 4～8 月、11 月）3 个 1^{-2} 煤层工作面地表裂缝观测与填图;对 N1201（2012年 8 月）、N1206（2013 年 11 月,2014 年 4～8 月、11 月）及 N1209（2012 年 12 月）3个 2^{-2} 煤层工作面地表裂缝观测与填图;对 N1112 与 N1206（2013 年 11 月,2014 年 6 月）、N1114 与 N1206（2014 年 6～8 月、11 月）2 个双煤层叠置区地表裂缝观测填图。

本书完成对风沙滩地区 S1210（2013 年 11 月）与 S1207（2013 年 11 月）2 个 2^{-2}煤层工作面地表裂缝观测填图。使用无人机在 2015 年 10 月拍摄了黄土沟壑区 N1114 工作面地表裂缝,风沙滩地区 S1225 工作面新形成的地表裂缝。

4.1.2　塌陷裂缝类型与特点

按照裂缝平面展布形态、力学性质、两盘的位移情况、组合形式、与切眼及顺槽的关系、与工作面的位置关系、动态变化特征等调查总结了研究区综采工作面地表裂缝的类型与特点。

1. 裂缝平面展布形态

由于井下回采速度、采煤机机头机尾位置、初次来压、周期来压、煤层埋藏深度及厚度、地形地貌及地质条件等因素综合作用，综采工作面地表裂缝呈现不同的平面展布形态。

1）直线型裂缝

直线型裂缝一般比较短，见图 4.1（a）和图 4.1（b）。直线型裂缝大多在弧线裂缝上局部展现，在接近边坡位置由于双向张力作用均衡而发育的一种地表裂缝。

（a）N1114 直线型裂缝（20140407）

（b）N1114 直线型裂缝（20140407）

（c）S1210 弧线型裂缝（20131110）

（d）N1206 弧线型裂缝（20140406）

（e）N1202 弧线型裂缝（20121219）

（f）N1114 弧线型裂缝（20151004）

图 4.1　直线型、弧线型及锯齿型裂缝图

（g）N1114 锯齿型裂缝（20140407）　　　　　　　　（h）N1112 锯齿型裂缝（20121219）

图 4.1　直线型、弧线型及锯齿型裂缝图（续）

2）弧线型裂缝

弧线型裂缝呈弧形弯曲。弧线垂直于工作面开采方向，在地表平行排列，弧线型裂缝是研究区综采工作面地表的主要裂缝形态，见图 4.1（c）—图 4.1（f）。图 4.1（c）为风沙滩地区 S1210 工作面切眼外围地表裂缝，图 4.1（d）和图 4.1（e）为黄土沟壑区工作面内平行排列的弧线型裂缝，图 4.1（f）为无人机拍摄的 N1114 工作面地表裂缝。

3）锯齿型裂缝

锯齿型裂缝见图 4.1（g）和图 4.1（h）。锯齿型裂缝为在坡面中部分布较多，裂缝延伸方向与坡向垂直，坡体上的力与裂缝拉张力综合作用而发育的一种地表裂缝形态。

4）分叉型裂缝

分叉型裂缝见图 4.2（a）—图 4.2（f）。在黄土沟壑地形的沟谷、坡体边缘位置，由于边缘位置拉张力作用，弧线型与锯齿型裂缝的局部位置出现分叉现象。分叉型裂缝一般较短，一般在沟谷处、坡脚消失。

（a）N1114 分叉型裂缝（20140407）　　　　　　　　（b）N1114 分叉型裂缝（20140407）

图 4.2　分叉型裂缝与拉张型裂缝

　　（c）N1114 分叉型裂缝（20140407）　　　　　　　　（d）N1114 分叉型裂缝（20140407）

　　（e）N1206 分叉型裂缝（20140719）　　　　　　　　（f）N1206 分叉型裂缝（20140726）

　　（g）N1114 拉张型裂缝（20140407）　　　　　　　　（h）N1114 拉张型裂缝（20140411）

图 4.2　分叉型裂缝与拉张型裂缝（续）

2. 裂缝力学性质

按照作用于裂缝两侧的力学性质可将裂缝划分为拉张型裂缝与挤压型裂缝。

1）拉张型裂缝

拉张型裂缝见图 4.2（g）和图 4.2（h）。裂缝两侧反向拉张力作用形成拉张型裂缝。一般超前于工作面回采位置发育，随工作面推采逐渐变化为其他形态；或发育于平坦地形。

2）挤压型裂缝

挤压型裂缝常分布于山间平台或下坡坡面、坡脚位置。图 4.3（a）为 N1206 工作面

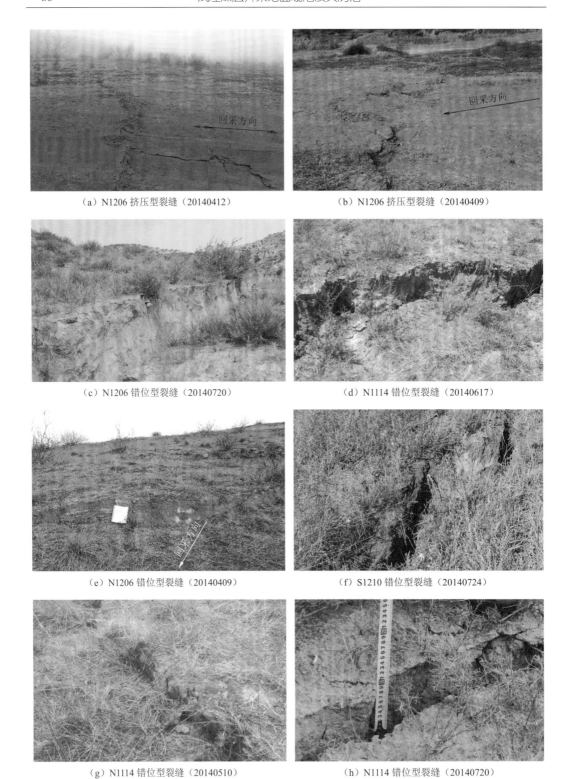

（a）N1206 挤压型裂缝（20140412）　　　　　（b）N1206 挤压型裂缝（20140409）

（c）N1206 错位型裂缝（20140720）　　　　　（d）N1114 错位型裂缝（20140617）

（e）N1206 错位型裂缝（20140409）　　　　　（f）S1210 错位型裂缝（20140724）

（g）N1114 错位型裂缝（20140510）　　　　　（h）N1114 错位型裂缝（20140720）

图 4.3　挤压型裂缝与错位型裂缝

山间平台上超前发育的挤压型裂缝,图 4.3(b)为下坡坡脚位置发育的挤压型裂缝。挤压型裂缝在平坦地形会进一步发育成拉张型裂缝。

3. 裂缝两盘的位移情况

按照裂缝两盘的位移情况,裂缝可划分为无错位裂缝、有错位裂缝。无错位裂缝如图 4.2(g)和图 4.2(h)所示,有错位裂缝见图 4.3(c)—图 4.3(h)。有错位裂缝按照台阶方向与坡向的关系分为正台阶裂缝和负台阶裂缝。

1) 正台阶裂缝

正台阶裂缝见图 4.3(c)和图 4.3(d)。正台阶裂缝发育于平坦地形,以及相对于回采方向上坡开采的坡面上,或相对于回采方向下坡开采的缓坡坡面上,台阶倾向与回采方向一致,在工作面地表平行排列。图 4.3(c)为 N1206 工作面地表山间平台位置发育的正台阶裂缝,图 4.3(d)为 N1114 工作面地表坡面上发育的正台阶裂缝。

2) 负台阶裂缝

负台阶裂缝主要发育在相对于回采方向下坡开采的坡度较大的坡面上,台阶方向与正台阶相反。图 4.3(e)为 N1206 工作面内地表下坡开采的负台阶裂缝,图中坡面上有多条负台阶裂缝发育。

图 4.4 为黄土沟壑区首采工作面 N1201 地表裂缝沿回采方向在不同坡向上的发育的有错位裂缝,坡度越大,裂缝错位越大。沿回采方向,裂缝在缓坡下坡坡面及上坡坡面上呈正台阶平行分布。

图 4.4　N1201 工作面地表裂缝分布图(20120815)

4. 裂缝组合形式

按照裂缝的组合形式,可划分为塌陷槽、平行并列式裂缝、弧形并列式裂缝。

1) 塌陷槽

塌陷槽主要分布在缓坡或相对于回采方向下坡开采的坡中位置,见图 4.5(a)—图 4.5(h)。图 4.5(a)和图 4.5(b)为 N1114 工作面地表塌陷槽,图 4.5(a)为缓坡位置发育的塌陷槽,图4.5(b)为接近沟谷边缘下坡位置发育的塌陷槽,宽50 cm,错位20 cm。图4.5(c)和图4.5(d)为N1206工作面地表坡面上发育的塌陷槽,宽100 cm,错位40 cm。图4.5(e)为N1205工作面地表已经稳定的塌陷槽,错位20 cm。图4.5(f)为N1201工作面地表已经稳定的塌陷槽,错位20 cm。图4.5(g)和图4.5(h)为风沙滩地区工作面地表发育塌陷槽,图4.5(g)为S1225工作面新形成塌陷槽,宽120 cm,错位10 cm;图4.5(h)为S1207工作面已稳定塌陷槽,宽150 cm,错位5 cm。

（a）N1114塌陷槽（201400407）

（b）N1114塌陷槽（20140719）

（c）N1206塌陷槽（20140719）

（d）N1206塌陷槽（20140409）

（e）N1205塌陷槽（20120810）

（f）N1201塌陷槽（20120810）

图4.5　塌陷槽

（g）S1225 塌陷槽（20150728）　　　　　　　（h）S1207 塌陷槽（20131109）

图 4.5　塌陷槽（续）

2）平行并列式裂缝

平行并列式裂缝在工作面地表平行排列，见图 4.2（f），图 4.4 中坡面裂缝。图 4.4 为 N1201 工作面在回采完成 3 年后地表裂缝呈现的平行并列式特征。

3）弧形并列式裂缝

弧形并列式裂缝见图 4.1（d）—图 4.1（f）。裂缝在坡面上呈弧线型平行排列。这一类型裂缝在黄土沟壑及风沙滩地区工作面地表分布较多。

5. 裂缝与切眼、顺槽的关系

按照裂缝与综采工作面切眼、顺槽的位置关系，可将裂缝划分为平行顺槽裂缝、垂直回采方向裂缝。

1）平行顺槽裂缝

平行顺槽裂缝见图 4.1（c）、图 4.6、图 4.7（f）。平行顺槽裂缝分布在工作面顺槽位置，与顺槽平行。这一类型裂缝分布较少，但裂缝宽度较大，以黄土沟壑区 2^{-2} 煤层工作面地表最为明显。

图 4.6　N1206 工作面地表裂缝分布图

（a）N1114 动态裂缝（20140720）　　　　（b）N1206 动态裂缝（20140409）

（c）N1206 切眼裂缝（20140406）　　　　（d）N1206 停采线裂缝（20141115）

（e）N1114 顺槽裂缝（20140407）　　　　（f）N1206 顺槽裂缝（20140406）

（g）S1210 切眼裂缝（20131110）　　　　（h）S1207 切眼裂缝（20131109）

图 4.7　动态及边界裂缝图

2）垂直回采方向裂缝

垂直回采方向裂缝见图 4.1（d）—图 4.1（f）、图 4.2（f）、图 4.3（c）—图 4.3（h）、图 4.4。这一类型裂缝在工作面地表数量最多。裂缝垂直于回采方向，随工作面推采，裂缝在工作面地表依次发育，平行分布。

6. 裂缝与工作面位置

根据裂缝与工作面位置关系，可将裂缝分为内部裂缝与边界裂缝。

1）内部裂缝

内部裂缝为工作面内部对应的地表裂缝，图 4.1（d）—图 4.1（f）、图 4.2（f）、图 4.3（c）—图 4.3（h）、图 4.4 中的裂缝都在工作面内部发育，工作面走向中心线位置裂缝宽度和错位最大，向两侧逐渐减小，至接近顺槽位置宽度与错位最小。

2）边界裂缝

边界裂缝为工作面地表边缘位置发育的裂缝，与工作面内部裂缝相比较，宽度和错位大。分别为切眼裂缝、顺槽裂缝及停采线（回撤通道）裂缝。

（1）切眼裂缝。切眼裂缝发育在工作面外围，为工作面回采时地表形成的第一条裂缝，宽度及错位最大。图 4.7（c）为黄土沟壑区 2^{-2} 煤层 N1206 工作面地表切眼裂缝，已填埋，可观测到裂缝宽度为 80 cm，错位台阶向工作面内侧下沉，错位高度 120 cm。图 4.7（g）和图 4.7（h）为风沙滩地区 S1210 工作面、S1207 工作面地表切眼裂缝。

（2）顺槽裂缝。顺槽裂缝与平行顺槽裂缝一致。分布在工作面走向两侧边缘位置。图 4.7（e）为黄土沟壑区 1^{-2} 煤层 N1114 工作面地表顺槽裂缝，图 4.7（f）为黄土沟壑区 2^{-2} 煤层 N1206 工作面地表顺槽裂缝，1^{-2} 煤层与 2^{-2} 煤层顺槽裂缝规模差异明显。

（3）停采线裂缝。停采线裂缝见图 4.7（d）。工作面回采完成后，在停采线（回撤通道）位置发育的最后一条较大裂缝，一般在其外围有 3～4 条较小的拉张型裂缝发育。

7. 裂缝宽度随时间的变化

根据裂缝宽度随时间的变化特征，可将裂缝分为动态裂缝与静态裂缝。

1）动态裂缝

动态裂缝与工作面内部平行裂缝一致。随着工作面推采，裂缝逐渐发育，宽度及错位由小变大，推采过裂缝位置后，宽度及错位逐渐由大变小。图 4.7（a）为 N1114 工作面地表新形成的拉张型裂缝，图 4.7（b）为 N1206 工作面地表新形成的挤压型裂缝，随工作面推进，裂缝高度和宽度发生变化。

2）静态裂缝

与边界裂缝一致。地表拉伸变形较大，与动态裂缝逐渐弥合相对比，静态裂缝随工作面推采，如果不进行人工填埋，裂缝规模达到最大后不再发生变化。

4.2　单煤层工作面地表裂缝发育规律

4.2.1　黄土沟壑区 1^{-2} 煤层

1. N1110 工作面

N1110 工作面地面高程 1 215.5～1 333.2 m，工作面煤层底板标高 1 166～1 175 m。煤层总体近水平，局部有起伏。煤层厚 1.24～2.30 m，平均厚 1.92 m。煤层直接顶为灰、深灰色粉砂岩和粉砂质泥岩，或为浅灰–灰白色粉砂岩、细砂岩互层，厚 0～1.51 m。老顶为细砂岩，厚 3.43～12.16 m。底板为灰、深灰色粉砂岩或泥岩，局部为黑色炭质泥岩，厚 0.37～4.92 m。工作面倾向长度 245 m，走向长度 1 900 m，煤层埋深 48～160 m，其中基岩厚 48～60 m，土层厚 0～100 m。N1110 工作面于 2011 年 11 月开始推采，至 2012 年 5 月回采完毕。

选取 N1110 工作面坡面位置进行裂缝观测填图，填图区域裂缝分布见图 4.8。

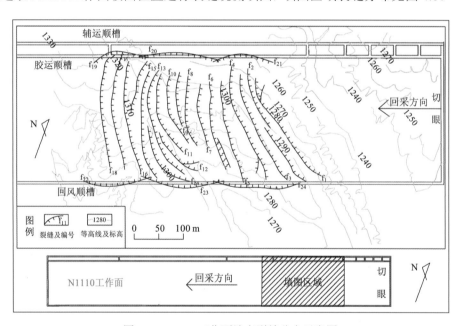

图 4.8　N1110 工作面地表裂缝分布示意图

（1）内部裂缝。内部裂缝呈正台阶裂缝平行分布，裂缝宽度最大为 10 cm，错位高度最大为 10 cm，裂缝间距 6～9 m，多数裂缝发育至工作面两侧边界处，工作面走向中心位置裂缝宽度和错位高度最大，至两侧边界处逐渐减小并消失。由于黄土沟壑地形影响，裂缝在局部位置发生变化，在沟谷边缘位置发育有分叉型裂缝 f_1、f_4、f_{12}；在右侧沟谷影响下，裂缝 f_1—f_3 方向沿沟谷边缘方向分布。在填图区域中下位置，地形沿回采方向先下坡后上坡，在下坡坡面中部有塌陷槽 f_6 分布，宽度和高度为 20 cm。

（2）顺槽位置边界裂缝。工作面两侧各发育有并列分布有 3 条顺槽位置边界裂缝，呈台阶状，台阶倾向工作面，裂缝下错高度最大为 20 cm，宽度最大为 20 cm，距工作面开采边界最大距离 10 m，裂缝展布在工作面顺槽上方，呈弧线型并列相交。

2. N1112 工作面

N1112 工作面地面高程 1 230～1 345 m，煤层底板标高 1 164～1 176 m。煤层厚 0.40～2.10 m，平均厚 1.8 m。煤层直接顶为灰、深灰色粉砂岩和粉砂质泥岩，或为浅灰–灰白色粉砂岩、细砂岩互层，厚 0～1.51 m，老顶为细砂岩，厚 3.43～12.16 m。底板为灰、深灰色粉砂岩或泥岩，局部为黑色炭质泥岩，厚 0.37～4.92 m。工作面倾向长度 245 m，走向长度为 1 922 m。煤层埋深 50～150 m，其中基岩厚 48～60 m，土层厚 10～100 m。N1112 工作面于 2012 年 4 月开始推采，至 2013 年 3 月回采完毕。

选取 N1112 工作面坡面及峁顶位置进行裂缝观测填图，填图区域裂缝分布见图 4.9。

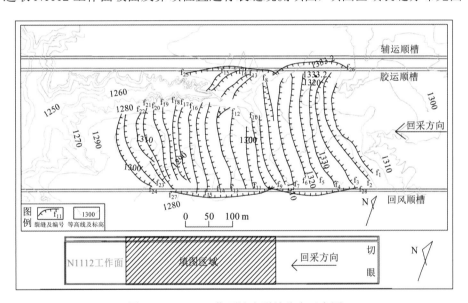

图 4.9　N1112 工作面地表裂缝分布示意图

（1）内部裂缝。内部裂缝呈正台阶裂缝平行分布，裂缝间距 7～10 m，宽度最大为 10 cm，错位高度最大为 10 cm，填图区域右侧裂缝发育至工作面两侧边界处，工作面走向中心位置裂缝宽度和错位高度最大，至两侧边界处逐渐减小并消失。在下坡坡面靠近沟头位置发育有塌陷槽 f_8，宽度 40 cm。由于地形的影响，在上坡部分位置出现反向弧线型裂缝 f_{19}、f_{20}，f_{12}–f_{15} 裂缝在沟谷处消失，过沟后继续发育；沟谷边缘发育有分叉型裂缝 f_{13}。坡面上裂缝宽度较大，在左侧峁顶位置裂缝较小。

（2）顺槽位置边界裂缝。工作面两侧各并列发育有 2 条顺槽位置边界裂缝，呈台阶状，台阶倾向工作面，裂缝宽度最大为 25 cm，错位高度最大为 25 cm，距工作面开采边界最大距离 15 m。裂缝展布在工作面外围，呈弧线型并列并在工作面内相交。

3. N1114 工作面

N1114 工作面地面高程 1 240～1 320 m。工作面煤层底板标高 1 164～1 176 m。煤层厚 0.40～1.92 m，平均厚 1.71 m。煤层顶板为粉砂岩或细砂岩，厚 3.43～12.16 m；底板为粉砂岩、泥岩、粉砂质泥岩，厚 0.34～16.48 m。工作面倾向长度 245 m，走向长度 1 922 m，煤层埋深 64～156 m，其中基岩厚 54～66 m，土层厚 10～90 m。N1114 工作面自 2013 年 6 月开始回采，至 2014 年 6 月回采完毕。根据矿压报告监测数据，N1114 工作面回采时老顶初次来压步距 21.2 m，直接顶初次垮落步距为 11.59 m，基本顶初次来压步距为 5.30～10.6 m。

N1114 工作面选择从切眼外围到工作面内的沟谷及坡面区域进行裂缝观测填图，见图 4.10、图 4.11。

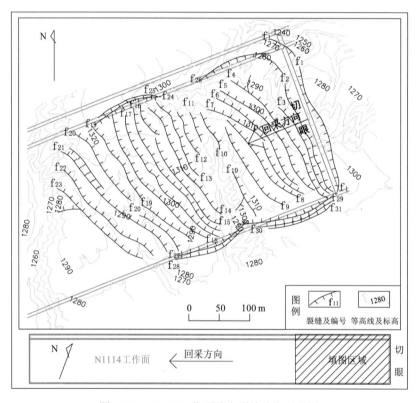

图 4.10　N1114 工作面地表裂缝分布示意图

（1）切眼位置边界裂缝。切眼位置边界裂缝呈台阶状，工作面走向中心线位置宽度和错位最大，两侧逐渐向工作面内顺槽位置延伸，裂缝宽度及高度逐渐减小。裂缝宽度最大 30 cm，错位高度最大 40 cm，见图 4.10 中裂缝 f_1 和图 4.11（a），裂缝距离切眼最远距离为 22 m，调查时裂缝大段已被填埋。

（2）内部裂缝。内部裂缝呈正台阶裂缝平行分布，裂缝间距 8～9 m。第 2 条裂缝出现在工作面内，见图 4.10 中裂缝 f_2 和图 4.11（c），宽度最大 30 cm，错位高度最大 30 cm，

（a）切眼裂缝（20131108）　　　　　　　　　（b）塌陷槽（20140407）

（c）内部裂缝（20131108）　　　　　　　　　（d）内部裂缝（20131108）

（e）内部裂缝（20140407）　　　　　　　　　（f）内部裂缝（20131108）

（g）内部裂缝（20131108）　　　　　　　　　（h）边界裂缝（20140407）

图 4.11　N1114 工作面地表裂缝图

与裂缝 f_1 同时出现,裂缝 f_1 与 f_2 间距最大达 10 m,与直接顶初次垮落步距、基本顶初次来压步距基本一致。其余裂缝宽度最大为 20 cm,高度最大为 20 cm,见图 4.11（b）。由于地形的影响,在部分位置会出现反向弧线型裂缝 f_{20}、f_{21},或直线型裂缝 f_{10};在下坡坡面上分布有塌陷槽 f_{21},宽度 30～50 cm,高度小于 10 cm。裂缝基本呈现弧线等间距平行排列,工作面走向中心线位置裂缝宽度和错位高度最大,至两侧边界处逐渐减小,或与平行顺槽裂缝相交后消失,或在沟谷处分叉、消失。

（3）顺槽位置边界裂缝。工作面两侧各发育多条并列台阶型裂缝,台阶倾向工作面,靠近工作面内侧的裂缝 f_{24}、f_{26}、f_{27}、f_{29} 最大,宽度最大 30 cm,错位高度最大 30 cm。距工作面开采边界最大距离 12 m,见图 4.11（h）,其外围发育有 1～2 条裂缝,裂缝宽度和错位高度由 10 cm 向外逐渐减小。

4. 裂缝动态特征

为掌握 1^{-2} 煤层工作面在回采过程中地表裂缝的动态变化特征,选择在 N1114 工作面回采至 1 490 m 时,对地表裂缝进行多次观测并进行填图,发现 N1114 工作面裂缝为滞后煤层开采位置发育。为进一步验证,在回采至 1 620 m,1 750 m 时进行了不同地形情况地表裂缝连续观测,见图 4.12～图 4.14。

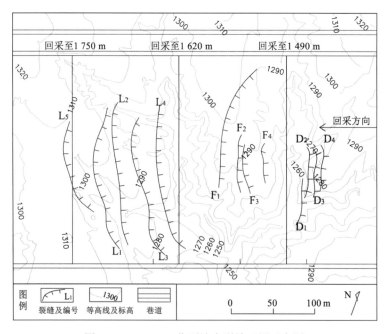

图 4.12　N1114 工作面地表裂缝观测示意图

当煤层回采至 1 490 m 时,相对回采方向为下坡开采,在后方发育的裂缝 D_1 为出现的最新一条裂缝,滞后 13 m 发育,4 条裂缝间隔 7 m,4 条裂缝滞后裂缝角由约 25° 减小为 11°。当煤层回采至 1 620 m 时,在后方发育的裂缝 F1 为最新出现的裂缝,滞后 25 m 发育,裂缝间隔 6～15 m,裂缝滞后裂缝角由 42° 减小到为 32°。当煤层回采至 1 750 m 时,

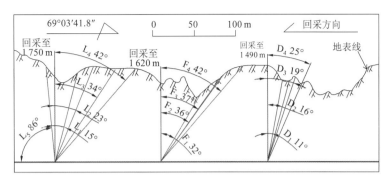

图 4.13　N1114 工作面地表裂缝观测剖面图

（a）N1114 动态裂缝（20140409）　　　　　　（b）N1114 动态裂缝（20140409）

（c）N1114 动态裂缝（20140619）　　　　　　（d）N1114 动态裂缝（20140620）

（e）N1114 动态裂缝（20140521）　　　　　　（f）N1114 动态裂缝（20140522）

图 4.14　N1114 工作面地表动态裂缝图

（g）N1114 动态裂缝（20140619）　　　　　　　（h）N1114 动态裂缝（20140620）

图 4.14　N1114 工作面地表动态裂缝图（续）

L_5 为超前出现的最新一条裂缝，裂缝超前 10 m 发育。地表裂缝滞后发育的原因比较复杂，裂缝发育位置取决于工作面回采速度、煤层开采深度、覆岩岩性等因素。结合剖面图 4.13，可能由于 1^{-2} 煤层相对埋深小，当工作面推进较慢时，裂缝受右侧沟谷影响，沟谷挤压力、拉张力及沉陷力综合作用影响裂缝滞后发育。而在 1 750 m 时由于距离沟谷较近，坡度较大，主要为沉陷力作用，裂缝超前发育。

　　图 4.14 为野外观测时不同时间地表裂缝的变化情况。图 4.14（a）和图 4.14（b）为煤层开采时地面开始发育的挤压型裂缝，间距 1～3 m。图 4.14（c）和图 4.14（d）为上坡坡面裂缝在 1 天的变化情况，裂缝从宽度 2 cm 增加到 2.5 cm。图 4.14（e）和图 4.14（f）为下坡坡面裂缝在一天的变化，错位高度由 2 cm 增加到 12 cm。图 4.14（g）和图 4.14（h）为沟谷边缘裂缝，由于沟谷影响，裂缝在 1 天时间变化较大，错位高度增加到 30 cm，在 1～2 天时间裂缝发育达到最大。

4.2.2　黄土沟壑区 2^{-2} 煤层

1. N1201 工作面

　　N1201 工作面地表高程 1 189～1 282 m，煤层底板标高 1 115～1 125 m。煤层厚 2.99～5.55 m，平均厚 3.90 m，煤层总体呈水平。煤层埋深 50～170 m，顶板基岩厚 3.04～111.39 m。煤层直接顶为细粒砂岩，厚 0～6.2 m。老顶为粉砂岩、中细砂岩，厚 14.30～21.54 m。工作面走向长度 2 740 m，倾斜长度 295 m。N1201 工作面为黄土沟壑区首采工作面，于 2009 年 3 月开始回采，至 2010 年 3 月回采完毕。

　　N1201 工作面由于开采完成时间较长，裂缝已经稳定。选择从切眼到工作面内沟谷及坡面进行裂缝观测填图，见图 4.15、图 4.16。N1201 工作面切眼位于坡面及沟谷处，主要为沙土覆盖，在切眼外围调查中，未发现切眼裂缝，可能已被沙土覆盖。

　　（1）内部裂缝。内部裂缝呈正台阶裂缝平行分布，裂缝宽度最大 40 cm，错位高度最大 40 cm，间距 9～12 m。填图区域左侧中部由于东西向沟谷影响，裂缝局部位置出现反向弧线型裂缝 f_1—f_6。在下坡坡面上分布有塌陷槽 f_{18}、f_{19}、f_{20}，宽度 30～60 cm。图 4.16 中（c）—（h）为不同地形下工作面内部裂缝，较多裂缝已经弥合。

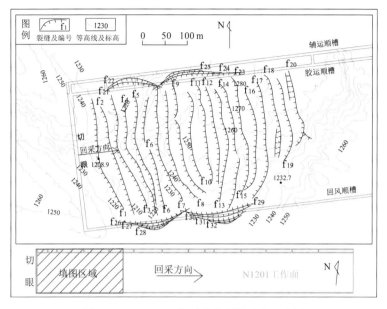

图 4.15　N1201 工作面地表裂缝分布示意图

（a）N1201 边界裂缝（20140725）　　　　　　（b）N1201 边界裂缝（20140725）

（c）N1201 上坡裂缝（20140725）　　　　　　（d）N1201 下坡裂缝（20140725）

图 4.16　N1201 工作面地表裂缝图

（e）N1201 台阶型裂缝（20140725）　　　　　（f）N1201 台阶型裂缝（20140725）

（g）N1201 弥合裂缝（20140725）　　　　　（h）N1201 弥合裂缝（20140725）

图 4.16　N1201 工作面地表裂缝图（续）

（2）顺槽位置边界裂缝。工作面两侧各发育多条并列台阶裂缝，台阶倾向工作面，靠近工作面内侧的裂缝 f_{21}、f_{23}、f_{26}、f_{29}，宽度最大为 40 cm，错位高度最大为 60 cm，距工作面开采边界最大距离为 25 m，见图 4.16（a）和图 4.16（b）。裂缝 f_{26}、f_{29} 外发育有 3～4 条裂缝，裂缝宽度和错位高度由 30 cm 向外逐渐减小。

2. N1209 工作面

N1209 工作面地表高程 1 000～1 238 m，煤层底板标高 1 164～1 176 m。煤层厚 5.10～6.38 m，平均厚 5.87 m。老顶为灰白色细粒砂岩，局部夹深灰色泥岩，厚 4.61～11.92 m。直接顶为灰、深灰色粉砂岩夹细砂岩薄层，厚度约 0～1.6 m。煤层底板为粉砂岩及泥岩，厚 1.10～10.59 m。煤层埋深 86～175 m，其中土层厚 33～95 m，基岩厚 84～120 m。工作面倾向长度 295 m，走向长度 1 316 m，倾角 0.3°。N1209 工作面自 2011 年 12 月开始推采，至 2012 年 5 月回采完毕。

N1209 工作面选择王家沟沟谷位置和两侧坡面进行裂缝观测填图，见图 4.17。

（1）内部裂缝。内部裂缝呈正台阶平行分布，裂缝宽度最大为 40 cm，错位高度最大为 40 cm，裂缝间距 9～13 m，裂缝由于地形的影响，在部分位置会出现反向弧线型裂缝 f_{13}—f_{15}；在下坡坡面上分布有塌地槽 f_5，宽度 0.7～1 m。工作面走向中心线位置裂缝宽度和错位最大，至两侧边界处逐渐减小或在沟谷处消失。

（2）顺槽位置边界裂缝。工作面两侧各发育多条并列台阶裂缝，台阶倾向工作面，

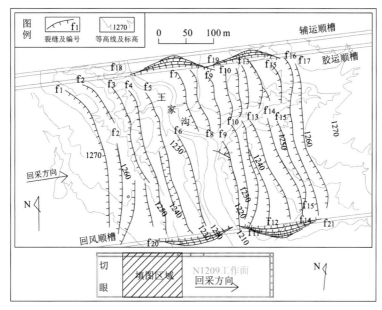

图 4.17　N1209 工作面地表裂缝分布示意图

裂缝宽度最大为 30 cm,错位高度最大为 35 cm,距工作面开采边界最大距离 20 m。裂缝 f_{18}—f_{21} 呈弧线型展布在工作面顺槽上方,并列相交,其外围发育有 3～4 条裂缝,裂缝宽度和错位由 30 cm 向外逐渐减小。

3. N1206 工作面

N1206 工作面地表高程 1 220～1 335 m。底板标高 1 125～1 137 m。煤层厚 4.2～6.18 m,平均厚 5.46 m,煤层埋深 83～205 m。直接顶为粉砂质泥岩,厚 6.83～8.87 m。工作面倾向长度 300 m,走向长度 2 173 m。N1206 工作面自 2013 年 8 月开始推采,于 2014 年 7 月回采完毕,采高平均 6.0 m。直接顶初次垮落步距 15 m,基本顶初次来压步距 12.5～25 m,老顶周期来压步距 20.9～27.5 m。

N1206 工作面选择从切眼外围至工作面内进行裂缝观测填图,见图 4.18～图 4.20。图 4.19 较完整地显示了 N1206 工作面地表裂缝分布情况。图中两侧为平行顺槽裂缝,也是工作面两侧边界裂缝。中间范围为工作面地表内部裂缝,裂缝分布区的峁顶部位裂缝已被填埋。

（1）切眼位置边界裂缝。切眼位置边界裂缝见图 4.18 中裂缝 f_1、图 4.20（a）。在工作面切眼外围呈弧线台阶状,台阶倾向工作面内,裂缝宽度最大 80 cm,错位高度最大1.2 m,裂缝距离切眼最大距离为 18 m。调查时裂缝大段已被填埋。切眼裂缝 f_1 和工作面内的第 1 条裂缝 f_2 之间间距最大为 40 m。

（2）内部裂缝。内部裂缝呈正台阶状平行分布,裂缝宽度最大为 50 cm,错位高度最大为 1 m,裂缝间距 8～12 m。由于地形的影响,在下坡坡面上分布有塌陷槽,塌陷槽宽度 60～80 cm,错位高度 50～100 cm,见图 4.18 中 f11、图 4.20（d）;图 4.19（g）为峁顶塌陷槽,宽度 3.5 m,这是调查中发现的最宽塌陷槽。

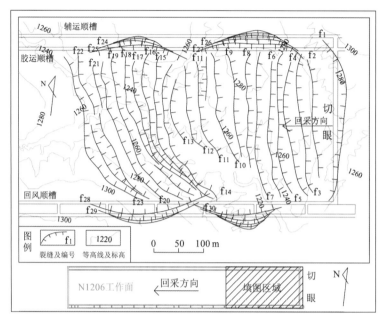

图 4.18　N1206 工作面地表裂缝分布示意图

图 4.19　N1206 工作面地表裂缝分布位置图

（a）切眼裂缝（20131108）

（b）正台阶裂缝（20140719）

图 4.20　N1206 工作面地表裂缝图

（c）正台阶裂缝（20140726）　　　　　　　　（d）负台阶裂缝（20140409）

（e）正台阶裂缝（20140409）　　　　　　　　（f）塌陷槽（20140409）

（g）郢顶裂缝（20140406）　　　　　　　　（h）停采线外裂缝（20141115）

图 4.20　N1206 工作面地表裂缝图（续）

图 4.20（h）为工作面开采完成后在停采线外 20 m 出现的最大边界裂缝，裂缝宽度 50 cm，错位高度 1.5 m，在其外围有 5 条裂缝发育，间距 4～6 m，宽度和错位高度逐渐减小。

（3）顺槽位置边界裂缝。工作面两侧各发育多条并列台阶状裂缝，台阶倾向工作面内，靠近工作面内侧的裂缝宽度最大为 1 m，错位高度最大为 1.5 m，距工作面开采边界最大距离 14 m。在其外侧有 4～5 条裂缝发育，宽度和错位由 30 cm 向外逐渐减小。

4. 裂缝动态特征

为掌握 2^{-2} 煤层工作面在连续推采过程中地表裂缝的动态变化特征，选择在 N1206 工作面推进至 1 180 m 时，相对回采方向下坡区域对地表裂缝进行连续观测填图，动态观测区见图 4.19。裂缝分布见图 4.21—图 4.23。由于 1^{-2} 煤层的 N1114 工作面已经进行了多个地形的裂缝动态观测，在煤层厚度较大的 2^{-2} 煤层仅进行下坡位置裂缝动态观测，结合 N1114 的动态特征分析 2^{-2} 煤层在其他地形下的裂缝动态发育。

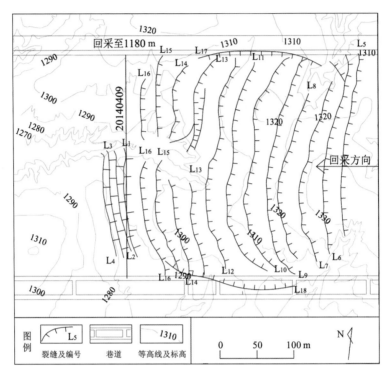

图 4.21　N1206 工作面地表裂缝发育示意图

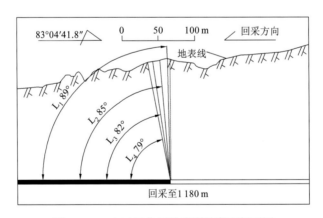

图 4.22　N1206 工作面地表裂缝发育剖面图

当煤层回采至 1 180 m 时，L_4 为最新发育的裂缝，L_1—L_4 超前裂缝角由 79°增大为 89°，地表裂缝超前煤层回采位置发育 30 m 发育，超前的 4 条裂缝间隔 8～12 m。

图 4.23 为不同时间观测的地表裂缝的变化情况。图 4.23（a）—图 4.23（d）分别对应图 4.22 中的 L_4、L_3、L_2、L_1。图 4.23（d）、图 4.23（e）为同一条裂缝在 1 天的变化情况，裂缝宽度从 30 cm 增加到 40 cm，裂缝形态发生变化。

（a）N1206 动态裂缝（20140411）　　　　　　　（b）N1206 动态裂缝（20140412）

（c）N1206 动态裂缝（20140412）　　　　　　　（d）N1206 动态裂缝（20140411）

（e）N1206 动态裂缝（20140412）　　　　　　　（f）N1206 动态裂缝（20140409）

（g）N1206 动态裂缝（20140411）　　　　　　　（h）N1206 动态裂缝（20140412）

图 4.23　N1206 工作面动态裂缝图

图 4.23（f）—图 4.23（h）为同一条裂缝在三天时间的变化状况，裂缝宽度从 2 cm 增加到 12 cm，裂缝形态演变为塌陷槽。随工作面煤层推采，裂缝宽度和错位高度呈现出由小变大的趋势，在 5 天后达到最大。在相对于回采方向下坡时地表裂缝超前 30 m 发育，其他地形情况下的裂缝超前发育大于 30 m。于 2014 年 4 月 12 日回采至 1 210 m 时平缓地形，及 2014 年 6 月 3 日回采至 1 570 m 时上坡地形对这一规律进行了验证，超前发育的裂缝分别为 36 m、42 m，均大于 30 m。

4.2.3　风沙滩地区 2^{-2} 煤层

1. S1210 工作面

S1210 工作面地表位于肯铁岭村至七卜树村一线肯铁岭村以西。地面高程 1 235～1 310 m，煤层底板标高 1 110～1 125 m。煤层厚 4.5～7.9 m，平均厚度 5.6 m。顶板基岩厚 0～33.54 m。工作面走向长度 4 097 m，倾向长度 295 m。S1210 工作面于 2013 年 3 月开始推采，至 2014 年 3 月回采完毕。

S1210 工作面选择切眼外围至工作面内进行裂缝观测填图，见图 4.24、图 4.25（a）—图 4.25（d）。

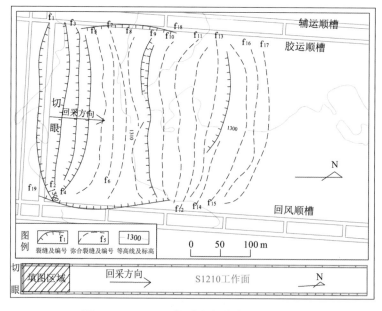

图 4.24　S1210 工作面地表裂缝分布示意图

（1）切眼位置边界裂缝。切眼位置边界裂缝见图 4.24 中 f$_1$、图 4.25（a）。裂缝宽度最大为 1.2 m，错位高度最大为 1.5 m，距离切眼最大距离 11 m，这条裂缝和工作面内的第 1 条裂缝［图 4.24 中 f$_2$，图 4.25（b）］之间形成塌陷盆地，两条裂缝间距 89 m。

（2）内部裂缝。内部裂缝呈正台阶状平行分布，见图 4.25（c）。裂缝宽度最大为 20 cm，

（a）S1210 切眼裂缝（20131110）　　　　　　　（b）S1210 正台阶裂缝（20131110）

（c）S1210 正台阶裂缝（20131110）　　　　　　　（d）S1210 裂缝（20131110）

（e）S1207 切眼裂缝（20131109）　　　　　　　（f）S1207 裂缝（20131109）

（g）S1207 正台阶裂缝（20131109）　　　　　　　（h）S1207 边界裂缝（20131109）

图 4.25　S1210 及 S1207 工作面地表裂缝图

错位高度最大 30 cm，裂缝间距 9～15 m。f_2、f_3、f_4 裂缝高度较大，其余裂缝宽度和错位高度大多在 20 cm 以下，间或有塌陷槽分布。裂缝多被沙土填充，见图 4.25（d），图 4.24 中虚线为已自然填充裂缝。

（3）顺槽位置边界裂缝。工作面两侧发育多条并列台阶状裂缝，台阶倾向工作面，裂缝宽度最大为 20 cm，错位高度最大为 30 cm，距工作面开采边界最大距离 8 m。

2. S1207 工作面

S1207 工作面地面高程 1 227～1 262 m，煤层底板标高 1 119～1 127 m，煤层厚 4.8～6.8 m，平均厚 5.9 m，煤层近水平，埋深 85～120 m。顶板基岩厚 30.48～35.86 m。工作面走向长度 1 823 m，倾向长度 295 m。S1207 工作面于 2013 年 6 月开始回采，于 2014 年 7 月回采完毕。

S1207 工作面选择切眼外围至工作面区域进行裂缝观测填图，详见图 4.25（e）—图 4.25（h）和图 4.26。

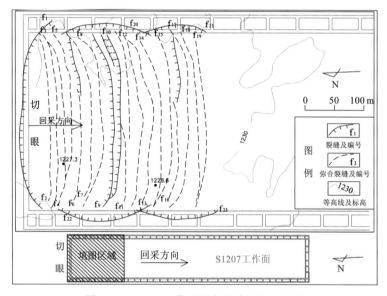

图 4.26　S1207 工作面地表裂缝分布示意图

（1）切眼位置边界裂缝。切眼位置边界裂缝见图 4.25（e）、图 4.26 中 f_1。在工作面切眼外围呈弧线台阶状，台阶倾向工作面内。裂缝宽度最大为 40 cm，错位高度最大为 70 cm，距离切眼最大距离 19 m，这条裂缝和工作面内的第 1 条裂缝 [图 4.25（f），图 4.26 中 f_2] 之间形成塌陷盆地，两条裂缝间距最大为 50 m。

（2）内部裂缝。内部裂缝呈正台阶状平行分布，裂缝宽度和错位高度多在 20 cm 以下，裂缝间距 9～15 m，间或有塌陷槽分布，较多裂缝被沙土掩盖。

（3）顺槽位置边界裂缝。工作面两侧各发育台阶状并列裂缝，台阶倾向工作面，裂缝宽度最大为 20 cm，错位高度最大为 30 cm，距工作面开采边界最大距离为 10 m，具体如图 4.25（h）所示。

4.2.4　塌陷裂缝发育规律

1. 黄土沟壑单煤层

通过对研究区黄土沟壑地形 1^{-2} 及 2^{-2} 单煤层综采工作面地表裂缝发育特征研究，总结得出黄土沟壑单煤层工作面地表裂缝发育规律，见图 4.27、表 4.1。

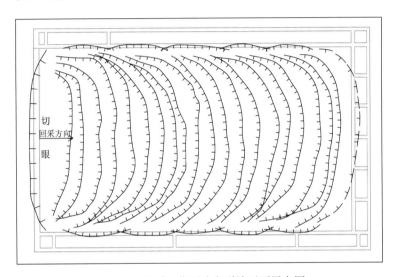

图 4.27　综采工作面地表裂缝平面展布图

表 4.1　研究区综采工作面地表裂缝发育特征

裂缝特征		黄土沟壑区			风沙滩地区
		1^{-2} 煤层工作面	2^{-2} 煤层工作面	双煤层叠置区	2^{-2} 煤层工作面
裂缝密度/(条/100 m)		10~17	8~13	15~22	7~11
裂缝间距/m		6~10	8~13	—	9~15
内部裂缝		宽度 30 cm 错位高度 30 cm	宽度 50 cm 错位高度 1 m	1^{-2} 煤层宽度 40 cm 错位高度 60 cm 2^{-2} 煤层宽度 70 cm 错位高度 1 m	宽度 20 cm 错位高度 3 m
边界裂缝	切眼	宽度 30 cm 错位高度 40 cm	宽度 80 cm 错位高度 1.2 m	宽度 1.5 m 错位高度 2 m	宽度 1.2 m 错位高度 1.5 m
	顺槽	宽度 30 cm 错位高度 30 cm	宽度 1 m 错位高度 1.5 m		宽度 20 cm 错位高度 30 cm
	停采线	宽度 30 cm 错位高度 30 cm	宽度 50 cm 错位高度 1.5 m		—
塌陷槽	坡顶	无	宽度 3.5 m 错位高度 1 m	宽度 5 m 错位高度 1 m	宽度 60 cm 错位高度 10 cm

裂缝特征		黄土沟壑区			风沙滩地区
		1⁻² 煤层工作面	2⁻² 煤层工作面	双煤层叠置区	2⁻² 煤层工作面
塌陷槽	坡中	宽度 50 cm 错位高度 20 cm	宽度 80 cm 错位高度 1 m	宽度 2 m 错位高度 1 cm	宽度 60 cm 错位高度 10 cm
发育到最大时间/天		1～2	4～6	6～7	1～2
发育位置		上坡超前 10 m	超前 30 m	—	超前 25 m

（1）裂缝在综采工作面地表大量发育。裂缝分为工作面地表内部裂缝和边界裂缝（包括切眼裂缝、顺槽裂缝、停采线裂缝）两种类型。内部裂缝发育形态及规模相似，在工作面内呈弧线等间距平行排列，裂缝平面展布规律明显，在工作面走向中心线位置宽度和错位高度最大，至两侧逐渐减小，与顺槽位置边界裂缝相交后消失。顺槽位置边界裂缝呈现分段并列特点。边界裂缝在工作面周边发育，裂缝宽度和错位高度最大。

（2）裂缝受黄土沟壑地形影响明显，裂缝类型多样。沟谷处由于受黄土侵蚀和降雨冲刷，裂缝较少。峁顶、塬面、梁面及坡面上裂缝发育强度大。相对回采方向下坡开采产生的裂缝大于上坡，下坡开采坡面上发育有负台阶裂缝及塌陷槽。1⁻² 煤层下坡开采时坡面中部发育有塌陷槽，宽度最大为 50 cm，错位高度最大为 20 cm；2⁻² 煤层下坡开采时坡顶、坡体中部产生较大拉张性裂缝，坡中发育负台阶裂缝，坡顶及坡中均有塌陷槽发育，坡顶宽度最大为 3.5 m，坡中宽度最大为 80 cm，错位高度最大为 1 m。

（3）裂缝受煤层采高影响明显。1⁻² 煤层工作面地表内部裂缝最大宽度为 30 cm，最大错位高度为 30 cm；2⁻² 煤层工作面地表内部裂缝最大宽度为 50 cm，错位高度最大为 1 m。1⁻² 煤层边界裂缝最大宽度为 30 cm，最大错位高度为 40 cm；2⁻² 煤层边界裂缝最大宽度为 1 m，错位高度最大为 1.5 m，图 4.27 中右侧虚线为 2⁻² 煤层工作面停采线外围边界裂缝位置示意，2⁻² 煤层工作面煤层回采完成后最后一条较大的边界裂缝发育至工作面回撤通道外侧，宽度为 50 cm，错位高度为 1.5 m；1⁻² 煤层工作面回完成后停采线位置边界裂缝在工作面内，与内部宽度及错位高度相同。

（4）工作面地表内部裂缝具有动态变化规律。随工作面回采，裂缝宽度和错位高度逐渐增大，回采完成后裂缝逐渐减小或弥合，裂缝减小或弥合的时间较长，根据回采较早时间的工作面裂缝特征，无人工填埋情况下，裂缝完全弥合需要 3～4 年时间。1⁻² 煤层裂缝在 1～2 天裂缝发育达到最大，2⁻² 煤层裂缝在 4～6 天裂缝发育达到最大；1-2 煤地表裂缝一般滞后发育，上坡开采时超前 10 m 发育，2⁻² 煤层一般超前工作面开采位置发育，超前距离大于 30 m。边界裂缝发育到最大后无变化。

2. 风沙滩地区单煤层

通过对风沙滩地区 2⁻² 单煤层综采工作面地表裂缝发育特征研究，总结出风沙滩地单煤层综采工作面地表裂缝发育规律。风沙滩地区单煤层工作面地表裂缝发育总体和黄土沟壑单煤层工作面裂缝发育规律一致，见图 4.27、表 4.1。同时，采用无人机对 S1225 新形成地表裂缝进行拍摄，见图 4.28。

图 4.28　S1225 工作面地表新发育裂缝图

（1）裂缝在综采工作面地表裂缝分布较少。裂缝分为内部裂缝和边界裂缝（包括切眼裂缝、平行顺槽裂缝）两种类型。内部裂缝较多已弥合，不易观测。内部裂缝在工作面内呈弧线等间距平行排列，裂缝在工作面走向中心线位置宽度和错位高度最大，至两侧逐渐减小或消失。

（2）内部裂缝弥合快。由于风蚀及水蚀综合作用，风沙滩地区工作面地表裂缝弥合较快，裂缝在 1～2 天时间发育到最大，一般在 5～10 天左右 10 cm 以下小裂缝基本弥合。图 4.28 显示裂缝为 S1225 工作面地形新形成裂缝，图中左侧为发育的最新裂缝，裂缝超前 25 m 发育，新形成裂缝密度大，但弥合快，在后期调查中仅有错位高度较大裂缝及塌陷槽可观测。边界裂缝弥合较慢。

（3）切眼裂缝宽度和错位高度最大。最大宽度为 1.2 m，错位高度最大为 1.5 m。切眼裂缝和工作面内出现的第一条正台阶裂缝形成塌陷盆地。内部裂缝在工作面内呈正台阶展布，裂缝宽度最大为 20 cm，错位高度最大 30 cm。

4.3　双煤层综采工作面地表裂缝发育规律

4.3.1　N1206 工作面与 N1112 工作面叠置区

N1206 工作面和 N1112 工作面叠置关系和叠置区地表裂缝分布见图 4.29、图 4.30。

从两个单个工作面裂缝分布来看，N1206 工作面和 N1112 工作面叠置区发育规律和单煤层开采裂缝发育特征一致。顺槽位置边界裂缝和工作面内部裂缝相互交错，N1206 工作面上部顺槽位置发育的 4～5 条裂缝和 N1112 工作面内的平行裂缝相交，将地表切割成菱形块状。N1112 工作面下部边界发育的 2～3 条裂缝和 N1206 工作面内的平行裂缝相交，将地面切割成菱形块状。同时在下坡坡面有 3 条塌陷槽分布，宽度 1～2 m，错位高度 0.4～1.0 m。

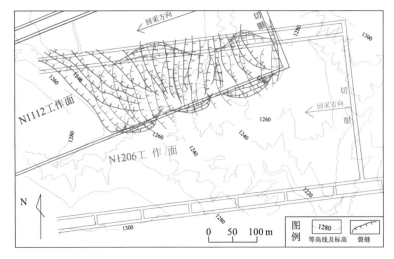

图 4.29　N1206 工作面和 N1112 工作面叠置区地表裂缝分布示意图

（a）叠置区裂缝（20131108）　　　　　　　（b）叠置区裂缝（20131108）

（c）叠置区裂缝（20131108）　　　　　　　（d）叠置区裂缝（20140618）

图 4.30　N1206 工作面与 N1112 工作面叠置区裂缝图

　　图 4.30（a）为 N1206 工作面与 N1112 工作面叠置区 N1206 工作面发育裂缝，图 4.30（b）为叠置区 N1112 工作面发育裂缝。图 4.30（c）和图 4.30（d）为 N1112 工作面两侧顺槽上方的裂缝与 N1206 工作面内的平行裂缝互相交错，地表破坏程度远大于 1^{-2} 及 2^{-2} 单煤层工作面地表裂缝。

4.3.2　N1206 工作面与 N1114 叠置区

N1206 工作面和 N1114 工作面叠置关系和叠置区地表裂缝分布见图 4.31、图 4.32。两个工作面已回采完成。从两个单个工作面裂缝分布来看，发育特征大致和单煤层开采一致。图 4.31 中，N1206 工作面上部 4～5 条顺槽位置边界裂缝和 N1114 工作面内部裂缝相交，将地面切割成菱形块状。N1114 工作面下部 2～3 条顺槽位置边界裂缝和 N1206 工作面内部裂缝相交，将地面切割成菱形块状。同时下坡坡面有 2 条塌陷槽分布，宽度 1～2 m，错位高度 0.5～1.0 m。

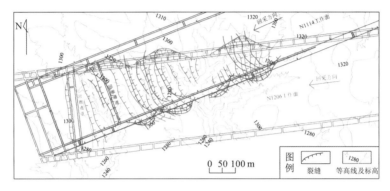

图 4.31　N1206 工作面和 N1114 工作面叠置区地表裂缝分布示意图

（a）叠置工作面位置及裂缝（20141115）

（b）叠置区 N1114 裂缝（20140726）

（c）叠置区 N1206 裂缝（20151004）

（d）叠置区 N1206 裂缝（20151004）

图 4.32　N1206 工作面与 N1114 工作面叠置区裂缝图

（e）叠置区 N1206 裂缝（20140718）　　　　　　（f）叠置区 N1206 裂缝（20140718）

图 4.32　N1206 工作面与 N1114 工作面叠置区裂缝图（续）

相对于 N1206 工作面地表裂缝，叠置区地表裂缝的宽度、错位明显增加。图 4.32（a）为 N1206 工作面和 N1114 工作面叠置开采区裂缝图。图 4.32（b）为叠置区 N1114 工作面顺槽位置边界裂缝，由于 N1206 工作面重复采动影响，宽度增大到 40 cm，错位高度增大到 60 cm。图 4.32（c）—图 4.32（f）为叠置区中 N1206 工作面的裂缝，顺槽位置边界裂缝最大宽度为 1.5 m，最大错位高度为 2 m。由于裂缝的宽度和错位增大，在沟谷边缘位置有较多黄土崩塌现象，对地表破坏较大。

为掌握 N1206 工作面采动过程中对 N1114 工作面的影响，在 N1206 工作面回采到 2 000 m 时开始观测 N1114 工作面地表裂缝变化情况，见图 4.33。

（a）N1114 裂缝（20140719）　　　　　　　　　（b）N1114 裂缝（20140720）

（c）N1114 裂缝（20140726）　　　　　　　　　（d）N1114 裂缝（20140719）

图 4.33　N1206 工作面采动时 N1114 工作面裂缝变化图

（e）N1114 裂缝（20140720）　　　　　（f）N1114 裂缝（20140726）

（g）N1114 裂缝（20140726）　　　　　（h）塌陷槽（20141115）

图 4.33　N1206 工作面采动时 N1114 工作面裂缝变化图（续）

图 4.33（a）—图 4.33（c）显示的为 N1114 工作面的同一条裂缝，图 4.33（a）为 N1114 工作面地表内部裂缝，宽度较小；图 4.33（b）为 N1206 工作面推采时图 4.33（a）中裂缝宽度发生变化；图 4.33（c）为 N1206 工作面回采完成 6 天后图 4.33（a）中裂缝的发育形态。图 4.33（d）—图 4.33（f）为 N1114 工作面的同一条裂缝，图 4.33（d）为 N1114 工作面回采完成后的裂缝，间隙较小；图 4.33（e）为 N1206 工作面推采时图 4.33（d）中裂缝的宽度、形态发生变化，宽度增加到 5 cm，同时两侧各有一条细小裂缝发育；图 4.33（f）为 N1206 工作面回采完成 6 天后图 4.33（d）中裂缝的变化情况，裂缝已经发育成正台阶状裂缝，宽度 30 cm，错位高度 30 cm，达到最大。图 4.33（g）和图 4.33（h）为 N1114 工作面的同一区域，图 4.33（g）为 N1114 工作面回采完成后的裂缝，有两条拉张型裂缝分布，裂缝宽度 5 cm，图 4.33（h）为 N1206 工作面回采完成 3 个月后裂缝状态，裂缝宽度、形态发生很大变化，两条裂缝发育成塌陷槽，宽 2 m，错位高度 40 cm。根据黄土沟壑区 N1114 工作面与 N1206 工作面叠置区域地表移动监测数据，双煤层回采时地表移动启动、活跃及衰减阶段分别为：20 天、51 天、245 天，地表总移动期为 316 天，表明黄土沟壑区双煤层叠置开采裂缝在 316 天后处于稳定状态。

4.3.3　塌陷裂缝发育规律

通过对 N1112 工作面与 N1206 工作面、N1114 工作面与 N1206 工作面斜交叠置区地表裂缝发育特征研究,总结出黄土沟壑双煤层叠置开采区地表裂缝发育规律,见表4.1。

（1）双煤层叠置开采区地表破坏剧烈。不同工作面边界裂缝和内部裂缝之间相互交错,将地面切割成菱形块状网格形态。

（2）2^{-2} 煤层开采时,1^{-2} 煤层形成的地表裂缝会再次发育,形成宽度、错位高度更大的裂缝。1^{-2} 煤层裂缝宽度、错位高度大于 1^{-2} 单煤层开采产生的裂缝,裂缝最大宽度为 40 cm,最大错位高度为 60 cm;2^{-2} 煤层裂缝宽度、错位高度大于 2^{-2} 单煤层开采产生的裂缝,裂缝最大宽度为 70 cm,错位高度最大为 1 m。

（3）塌陷槽的数量增加,宽度和高度增大。重复采动下裂缝多次发育,1^{-2} 煤层和 2^{-2} 煤层的裂缝相互组合形成塌陷槽,在不同地形下分布。重复采动下下坡坡中位置塌陷槽数量增加。塌陷槽宽度 1～2 m,错位高度 0.4～1.0 m。

4.4　单/双煤层开采工作面矿压显现规律

4.4.1　单煤层开采

1. 1^{-2} 煤层 N1106 工作面矿压规律

1）N1106 回采工作面概况

N1106 工作面开采 1^{-2} 煤层,煤层平均厚度 1.7 m,为单一稳定可采煤层,煤层倾角 1° 左右,埋深 53～109 m,地表松散层平均厚度 70 m,基岩平均厚度 40 m,地质构造简单,煤层顶底板见表4.2。工作面采用郑煤集团的掩护式液压支架,设备主要技术参数见表4.3,工作面测区布置见图4.34。本小节实测数据由柠条塔煤矿提供。

表 4.2　煤层顶底板情况表

名称	岩石名称	厚度/m	岩性描述
老顶	粉砂岩、中粒砂岩	14.30～21.54	灰色粉砂岩,水平层理,含植物化石、细粒长石砂岩
直接顶	粗粒砂岩	0.0～6.2	灰色,石英、长石为主,完整性
伪顶	炭质泥岩、粉砂岩	0.00～0.35	夹薄煤线及炭质泥岩薄层,含植物根化石,完整性中等
直接底	粉砂岩及泥岩	0.55～3.10	层理发育,炭质泥岩薄层,含植物根化石

表 4.3　掩护式液压支架主要技术参数表

生产厂家	型号	主要技术参数
郑煤集团	ZY10000/13/26D	支撑高度 1 300～2 600 mm,移架步距 900 mm,初撑力 6 663 kN (31.5 MPa),工作阻力 10 000 kN（47.3 MPa）

2）沿走向工作面来压规律

根据回采工作面实际情况,上、中、下三个测区的来压判据一分别为 25.0 MPa、

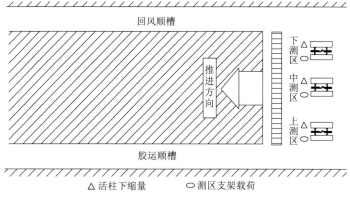

图 4.34　工作面测区布置图

25.44 MPa、25.61 MPa；来压判据二分别为 27.61 MPa、28.18 MPa、28.25 MPa；来压判据三分别为 30.23 MPa、30.66 MPa、30.90 MPa。工作面来压主要按照判据三判断。

（1）工作面上测区。①初次来压。当工作面推进到 29.7 m 时，工作面液压支架载荷压力出现峰值，支架载荷平均压力值为 28.68 MPa，最大为 33.7 MPa。活柱下缩量平均为 28.8 mm，最大为 40.9 mm。液压支架安全阀开启，煤壁片帮严重，顶板离层量增大。此时工作面初次来压，来压步距为 29.7 m。②周期来压。当工作面推进到 45.4 m 时，第 1 次周期来压，来压步距为 15.7 m。工作面分别推进到 56.2 m、65.1 m、75.9 m、87.3 m、96.5 m、107.8 m 及 118.9 m 时，出现了第 2～8 次周期来压，来压步距分别为 10.8 m、8.9 m、10.8 m、11.4 m、9.2 m、11.3 m 及 11.1 m，平均周期来压步距为 11.2 m。

（2）工作面中测区。初次来压步距 29.7 m。当工作面推进到 45.3 m 时，第 1 次周期来压，来压步距 15.6 m。当 N1106 工作面分别推进到 56.5 m、65.1 m、76.6 m、87.1 m、96.4 m、108.6 m 及 119.4 m 时，出现了第 2～8 次周期来压，来压步距分别为 11.2 m、8.6 m、11.5 m、10.5 m、9.3 m、12.2 m 及 10.8 m，平均周期来压步距为 11.2 m，来压特征见图 4.35，支架载荷在 8 000 kN/架以内。

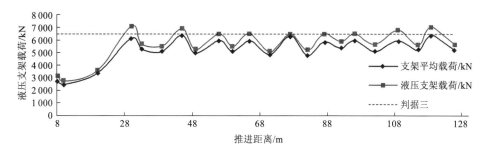

图 4.35　N1106 首采工作面中测区周期来压规律

（3）工作面下测区。初次来压步距 29.1 m。当工作面推进到 45.1 m 时，第 1 次周期来压，来压步距 16.0 m。当 N1106 工作面分别推进到 56.6 m、65.1 m、76.6 m、87.2 m、96.4 m、108.5 m 及 119.9 m 时，出现了第 2～8 次周期来压，来压步距平均为 11.3 m。

3）沿倾向工作面的来压分布特征

N1106 工作面倾向长度 245 m，沿工作面倾向的矿压分布特征是两侧小、中部大，故周期来压在中部显现较为剧烈。

初次来压时，顶板淋水增多，煤壁片帮严重，支架载荷明显升高，为 7 403 kN/架，煤帮和顶板有炸裂响声，活柱下缩量明显增大。初次来压时工作面压力分布特征见图 4.36，周期来压时工作面支架载荷分布见图 4.37，一般在 8 000 kN/架内。

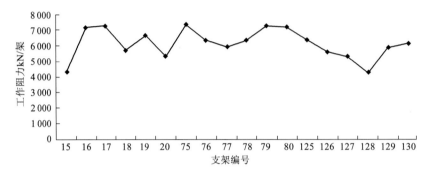

图 4.36　初次来压时工作面压力分布特征

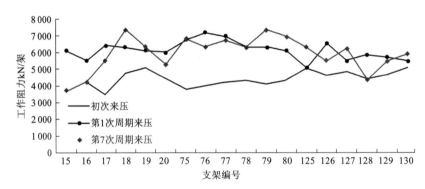

图 4.37　周期来压时工作面支架载荷分布

4）N1106 回采工作面矿压规律

N1106 工作面平均初次来压步距为 29.5 m，平均周期来压步距为 11.2 m。来压期间支架动载系数为 1.5～1.7，平均为 1.6。工作面矿压分布特征是中部大、两侧小，中部周期来压较为明显。来压时煤壁片帮量大，顶板断裂声响很大，同时伴随淋水现象。

（1）支架初撑力。支架额定初撑力为 31.5 MPa（6 663 kN），实测工作面液压支架的初撑力平均为 20.86 MPa（4 412 kN/架），为额定工作阻力的 66.22%。

（2）支架工作阻力。实测支架最小工作阻力为 7 968 KN/架，最大工作阻力为 9 542 kN/架。工作阻力分布在 5 330 kN/架以内的约占 21.3%，大于 6 663 KN/架的仅占 7.5%，来压期间支架载荷基本在 8 000 kN/架以内，说明支架能力比较富裕。

2. 2^{-2} 煤层 N1201 工作面矿压规律

1）N1201 首采工作面概况

柠条塔煤矿 N1201 工作面开采 2^{-2} 煤层，平均厚度 3.9 m，为单一稳定可采煤层，煤层埋深 50～170 m，平均 150 m，地质构造简单，地表松散层平均厚度 70 m，煤层顶底板岩性见表 4.4。工作面采用长壁综合机械化采煤方法，全部垮落法控制顶板，工作面走向长度为 2 740 m，倾向为 295 m。工作面共布置 173 台液压支架，自机头向机尾编号第 1 架到第 86 架配备郑煤集团的掩护式液压支架，第 87 架到 173 架配备山西平阳重工的掩护式液压支架。郑煤集团和山西平阳重工设备主要技术参数见表 4.5。

表 4.4 煤层顶底板情况表

名称	岩石名称	厚度/m	岩性描述
老顶	粉砂岩、中粒砂岩	14.30～21.54	灰色粉砂岩，水平层理，含植物化石、细粒长石砂岩
直接顶	细粒砂岩	0.0～6.2	灰色，石英、长石为主，完整性中等
伪顶	炭质泥岩、泥质粉砂岩	0.0～0.5	夹薄煤线及炭质泥岩薄层，含植物根化石，完整性中等
直接底	粉砂岩及泥岩	0.55～3.10	层理发育，炭质泥岩薄层，含植物根化石

表 4.5 掩护式液压支架主要技术参数表

生产厂家	型号	主要技术参数
郑煤集团	ZYT10000/23/45D	支撑高度 2 700～5 800 mm，移架步距 865 mm，初撑力 7 917 kN（31.5 MPa），工作阻力 10 000 kN（40 MPa）
山西平阳重工	ZY10000/27/58D	支撑高度 2 300～4 500 mm，移架步距 865 mm，初撑力 7 917 kN（31.5 MPa），工作阻力 10 000 kN（40 MPa）

2）沿走向工作面来压规律

根据 N1201 工作面实测数据，上、中、下三个测区的来压判据分别为 34.38 MPa、33.97 MPa、35.30 MPa。工作面支架初撑力 31.5 MPa，额定工作阻力 40 MPa。

（1）工作面上测区初次来压和周期来压显现特征。①初次来压。工作面推进到 56.3 m 时，支架载荷平均压力值为 35.6 MPa，最大为 39.2 MPa，活柱下缩量平均为 30.7 mm，最大为 33.8 mm。安全阀开启，煤壁片帮严重，顶板离层量增大，初次来压步距为 56.3 m。②周期来压。当工作面推进到 83.2 m 时，液压支架载荷压力出现峰值，煤壁严重片帮，工作面第 1 次周期来压，来压步距 26.9 m。当工作面分别推进到 98.3 m、115.9 m、130.5 m、145.5 m 时，工作面出现 2～5 次周期来压，平均来压步距为 17.8 m。

（2）工作面中测区。①初次来压。N1201 工作面初次来压步距 55.9 m。②周期来压。当工作面推进到 81.3 m 时，第 1 次周期来压，来压步距为 25.4 m。当工作面分别推进到 98.2 m、115.2 m、131.9 m、147.4 m 时，出现了第 2～5 次周期来压，来压步距分别为 16.9 m、17 m、16.7 m、15.5 m，平均为 18.3 m，来压特征见图 4.38。

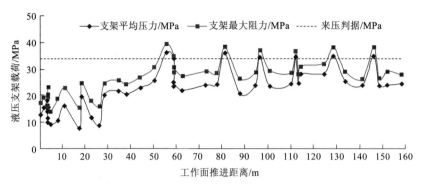

图 4.38   N1201 首采工作面中测区矿压显现规律

（3）工作面下测区。①初次来压。N1201 工作面初次来压步距为 56.1 m。②周期来压。当工作面推进到 82.5 m 时，第 1 次周期来压，来压步距为 26.4 m。工作面分别推进到 96.6 m、112.1 m、128.5 m、146.1 m 时，出现了第 2～5 次周期来压，来压步距分别为 14.1 m、15.5 m、16.4 m、17.6 m，平均来压步距为 18 m。

3）沿倾向工作面的来压分布特征

（1）工作面初次来压。初次来压时，支架受载明显升高，多数为 35～40 MPa。工作面压力分布见图 4.39，工作面中下部载荷较大，来压时基本达到额定工作阻力。

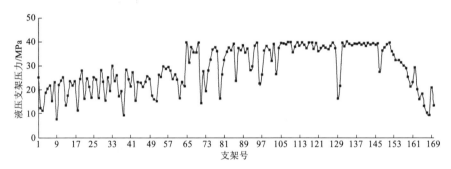

图 4.39   初次来压时工作面压力分布特征

（2）周期来压。周期来压期间支架载荷分布见图 4.40，与初次来压基本一致，工作面中下部支架载荷较大，来压时基本达到额定工作阻力。

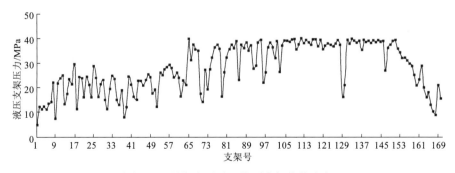

图 4.40   周期来压时工作面支架载荷分布

4) N1201 首采工作面矿压规律

根据工作面上、中、下三个测区的矿压观测，顶板的初次来压步距平均为 56.1 m，周期来压步距平均为 18 m，各测区来压步距统计见表 4.6。来压期间支架压力比平时大 11～13 MPa，动载系数为 1.38～1.48。

表 4.6　实测 N1201 首采工作面矿压显现特征

名称	上测区	中测区	下测区	平均来压步距/m
初次来压步距/m	56.30	55.90	56.10	56.10
第一次周期来压步距/m	26.90	25.40	26.40	26.20
第二次周期来压步距/m	15.10	16.70	14.10	15.30
第三次周期来压步距/m	17.60	17.30	15.50	16.80
第四次周期来压步距/m	14.60	15.60	16.40	15.50
第五次周期来压步距/m	5.00	6.50	17.60	16.40
平均周期来压步距/m	17.84	18.30	18.00	18.00

（1）支架初撑力。根据实测，支架额定初撑力为 31.5 MPa（7 917 kN/架）。工作面液压支架初撑力平均为 24 MPa（6 032 kN/架），为额定工作阻力的 76.19%。

（2）支架工作阻力。观测期间，支架最小工作阻力为 7 968 kN/架，最大工作阻力为 9 542 KN/架。平均工作阻力为 8 800 kN/架，为额定工作阻力的 88%。工作阻力在 8 000 kN/架以内的约占 70%，大于 8 500 kN/架仅占 5.3%，说明支架选型较合理。

4.4.2　双煤层开采

1. N1206 工作面空间位置及概况

N1206 综采工作面位于井田北翼 2^{-2} 煤层生产系统以东，南为 N1204 工作面采空区，为北翼盘区东部第 5 个回采工作面。工作面上部为 1^{-2} 煤层 N1110 工作面、N1112 工作面和 N1114 工作面采空区，故顶板为间隔岩层和上部采空区垮落顶板。

N1206 工作面开采 2^{-2} 煤层，平均厚 5.0 m，倾角 1°。工作面走向长度 2 020 m，倾向长度 295 m，煤层普氏系数 f=1.35～1.80，顶底板情况见表 4.7。工作面共布置 173 台液压支架、161 台中部支架、8 台端头支架、4 台过渡支架，主要参数见表 4.8。

表 4.7　煤层顶底板情况表

名称	岩石名称	厚度/m	岩性描述
老顶	粗粒砂岩	不详	细–粗粒砂岩，泥钙质胶结
直接顶	粉砂质煤岩	1.45～2.84	粉砂质煤岩互层
伪顶	粉砂岩夹煤线或泥岩	0.48～0.74	薄至中厚层状，易随开采垮落顶板
直接底	泥岩、粉砂岩	3.96～9.33	含植物根茎化石及泥质包裹体

表 4.8　掩护式液压支架和端头液压支架主要参数表

生产厂家	型号	主要技术参数
郑煤集团	ZYT10000/23/45D	支撑高度 2 700～5 800 mm，移架步距 865 mm，初撑力 7 917 kN（31.5 MPa），工作阻力 10 000 kN（40 MPa）
山西平阳重工	ZY10000/27/58D	支撑高度 2 300～4 500 mm，移架步距 865 mm，初撑力 7 917 kN（31.5 MPa），工作阻力 10 000 kN（40 MPa）

2. N1206 工作面矿压规律

1）N1206 工作面支架阻力实测曲线

监测日期从 2014 年 4 月 9 日至 6 月 25 日，周期为两个多月。工作面上部、中部、下部的工作阻力曲线分别如图 4.41—图 4.43 所示。通过支架工作阻力随推进步距的关系曲线，确定老顶的初次来压步距及周期来压步距。

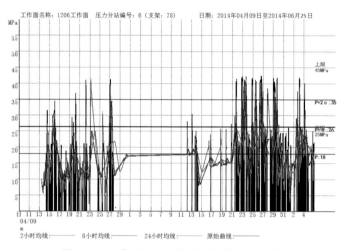

图 4.41　工作面上部支架典型工作阻力曲线

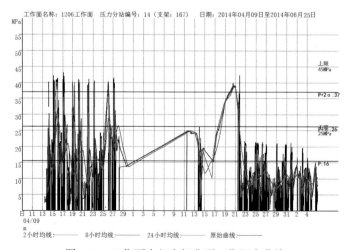

图 4.42　工作面中部支架典型工作阻力曲线

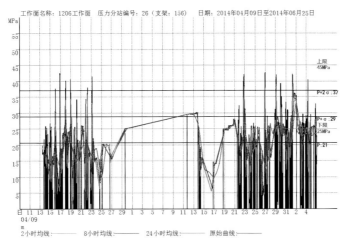

图 4.43　工作面下部支架典型工作阻力曲线

2）N1206 工作面矿压显现规律

老顶初次来压步距平均为 66 m。来压强度中部为 47.6 MPa，超过了额定工作阻力。周期来压步距如表 4.9 所示，工作面周期来压强度见表 4.10。

表 4.9　N1206 工作面周期来压步距统计

来压次数	老顶周期来压步距/m							
	上部		中部				下部	
	6	10	12	14	16	18	22	26
一次	34.8	34.8	23.2	23.2	46.4	11.6	11.6	23.2
二次	23.2	23.2	23.2	23.2	23.2	23.2	23.2	58.0
三次	23.2	23.2	23.2	23.2	11.6	34.8	34.8	35.1
四次	11.6	11.6	23.3	11.6	23.4	11.6	11.6	32.5
五次	35.1	23.4	11.7	23.4	23.4	23.4	23.4	27.1
六次	11.7	11.7	11.7	23.4	20.8	23.4	11.7	27.2
七次	0.0	32.5	32.5	20.8	18.1	0.0	32.5	36.4
八次	20.8	27.2	18.1	18.1	18.1	20.8	27.1	24.2
平均值	20.0	23.4	20.9	20.9	23.1	18.6	22.0	33.0
分区均值	21.7		20.9				27.5	
老顶周期来压步距	23.4							

工作面周期来压步距为 20.9～27.5 m，平均周期来压步距为 23.4 m。老顶周期来压强度为 36.3～41.5 MPa，平均周期来压强度为 39.5 MPa，支架基本处于满负荷状态。

表 4.10　N1206 工作面周期来压强度统计

| 来压次数 | 老顶周期来压强度/MPa | | | | | | | |
| | 上部 | | 中部 | | | | 下部 | |
	6	10	12	14	16	18	22	26
一次	34.5	42.8	43.7	42.3	20.1	41.1	41.4	42.6
二次	37.5	43.0	44.2	43.2	20.2	41.3	41.0	40.3
三次	41.5	42.3	43.2	41.0	20.1	42.0	38.9	41.5
四次	41.5	42.5	30.8	41.7	19.8	42.3	41.2	30.3
五次	42.5	42.8	43.1	42.4	16.9	41.7	41.8	42.2
六次	41.7	42.8	43.6		19.8	42.6	41.4	42.6
七次	41.9	43.1	43.5			41.5		42.0
八次						42.0		42.3
平均值	40.2	42.8	41.7	42.1	19.5	41.8	41.0	40.5
分区均值	41.5		36.3				40.7	
老顶周期来压强度	39.5							

4.4.3　矿压显现规律

柠条塔煤矿北翼 N1106 工作面、N1201 工作面和 N1206 工作面实测矿压规律见表 4.11。

表 4.11　N1106 工作面、N1201 工作面和 N1206 工作面矿压规律对比

| 类别 | 初次来压 | | 平均周期来压 | |
	步距/m	强度/MPa	步距/m	强度/MPa
N1106	29.5	35.0~40.0	11.25	25.0~30.0
N1201	56.1	35.0~40.0	18.00	30.0~40.0
N1206	66.0	43.8~47.6	23.40	39.5

（1）单一煤层开采。N1106 工作面和 N1201 工作面单层开采，工作面矿压显现仅受上覆岩层周期性垮落影响，来压步距和强度相差不大。1^{-2} 煤层工作面初次来压步距为 29.5 m，来压强度稍大，为 40 MPa；周期来压步距为 11.25 m，来压强度为 30 MPa。2^{-2} 煤层开采初次来压步距为 56.1 m，周期来压步距平均为 18 m，来压强度均为 40 MPa。

（2）双煤层开采。受上煤层开采影响的 N1206 工作面，初次来压步距和周期来压步距和强度都略有增加。来压步距分别为 66 m 和 23.4 m，比 2^{-2} 煤层单独开采增加了 18%~30%。初次来压强度为 47.6 MPa，增加 20%；周期来压强度基本不变。

4.5　多煤层开采地面塌陷裂缝成因

单一综采工作面地表裂缝发育受多种因素影响,较为复杂。煤层厚度及采高、地形地貌、覆岩岩性、回采位置、上覆松散层特性等因素都会对综采工作面裂缝的发育形态及分布范围产生影响。如 2^{-2} 煤层裂缝远大于 1^{-2} 煤层工作面地表裂缝,风沙滩地区工作面地表内部裂缝弥合较快,黄土沟壑地形下裂缝规模和规律明显,相对回采位置变化裂缝具有动态变化的特点。另外直接顶初次来压影响切眼裂缝及工作面内部第一条裂缝的规模及位置;周期性来压及工作面推进速度影响工作面内部裂缝的间距及位置,影响顺槽位置边界裂缝的长度;采煤机机头机尾位置影响工作面地表内部裂缝的平行状态。也有学者通过"关键层"理论解释地表裂缝相对回采位置超前、滞后发育的规律。总之,裂缝的发育成因受多种因素综合作用,从而在地表呈现工作面内部裂缝与边界裂缝的特征,有待于进一步结合地形地貌与地质条件进行深入研究。

第 5 章　采煤对土壤及植被的影响

本章通过取样分析及埋设土壤水分监测设备，研究土壤水分及养分对综采工作面地表裂缝响应特征，为植被影响研究提供依据；分别从综采工作面、井田及邻近矿区尺度揭示煤炭开采对植被的影响。

5.1　采煤对土壤水分及养分的影响

5.1.1　土壤样品采集与测试

1. 样品采集

根据浅埋煤层开采地表裂缝发育规律的研究，风沙滩地区工作面地表裂缝较少，黄土沟壑区地表裂缝分布较多，双煤层叠置开采对地表破坏严重。因此土壤养分及水分方面的影响研究重点集中于黄土沟壑区，同时确定风沙滩地区边界或已弥合裂缝是否影响土壤水分、养分。根据煤层开采的不同时间，在不同工作面地表裂缝区域采集多个土样，在未受采煤影响的工作面地表外采集对照土样，采用土钻法取样。土壤样品采样点分布见图 5.1，野外采样见图 5.2（a）和图 5.2（b）。同时结合生产实际，埋设设备长期监测了黄土沟壑区 N1116 工作面和风沙滩地区 S1225 工作面地表裂缝处土壤水分动态变化，详见图 5.2（c）和图 5.2（d）。

1）土壤水分

土壤水分采用多点混合取样法，采集 0～10 cm、10～20 cm、20～30 cm、30～40 cm、40～60 cm、60～80 cm、80～100 cm 共 7 层土样，每个样地不同位置重复取样 5 次，放入铝盒密封，称重后带回实验室烘干。共采集 50 个样地 1 750 个土样。

2）土壤养分

在多个工作面采煤塌陷区地表选择地形及植物群落相似的样地，在 0～20 cm、20～50 cm 两层采集土壤样品，每个样地不同位置重复取样 3 次。一般耕作层土壤采样深度为 0～20 cm（环境保护部，2009），为确定裂缝对土壤养分淋溶的影响，结合草本植物根系深度，增加了 20～50 cm 剖面取样。共采集 50 个样地 300 个土样，土样放入布袋带回实验室内风干后研细，分别过 1 mm 和 0.25 mm 筛孔备用。

2. 测定方法与数据处理

部分测试分析工作在西北农林科技大学资源环境学院实验室完成，其余在西安科技大学地质与环境学院实验室完成。

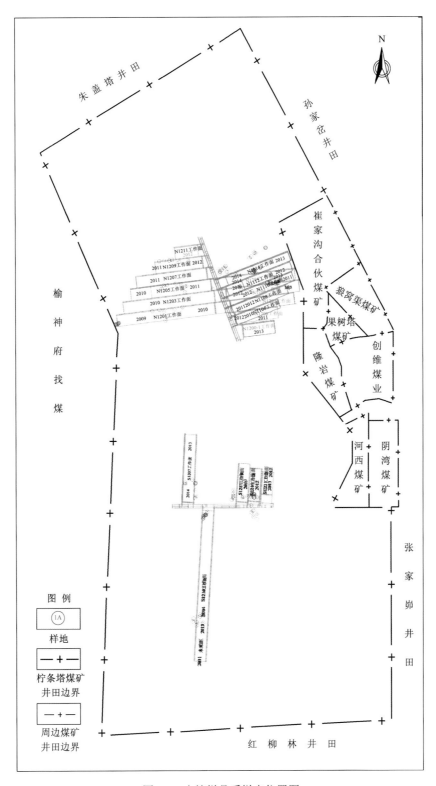

图 5.1　土壤样品采样点位置图

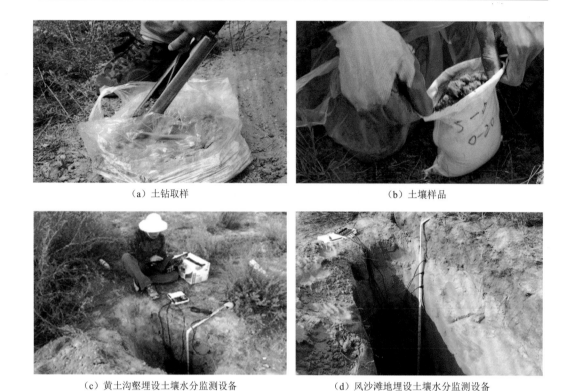

（a）土钻取样	（b）土壤样品
（c）黄土沟壑埋设土壤水分监测设备	（d）风沙滩地埋设土壤水分监测设备

图 5.2　土壤样品采集及水分动态监测图

1）土壤水分测试方法

（1）烘干法。采用烘干法对土壤水分进行测定，在 105℃ 高温烘箱下烘干 12 h。土样含水量取 5 次样品的平均值。

（2）连续观测。采用美国 Decagon 公司 ECH$_2$O 系统 EM50 对土壤水分的动态变化、次降水过程及降水结束后土壤水分入渗与再分配过程进行实地连续观测。

在裂缝处、距离裂缝 0.7 m 处及无裂缝的工作面内 3 个位置，将与 EM50 连接的 5 个 EC-5 土壤水分探头按深度 10 cm、20 cm、30 cm、70 cm、150 cm 水平插入（Baldwin et al.，2017）。回填时采用木板模拟出实际裂缝形态，数据输出时间为间隔 5 min，数据输出时间为 2015 年 7～10 月。测定的含水量为体积含水量。

2）土壤养分测试方法

土壤 pH 值：玻璃电极–酸度计法（电位法），测定依据：LY/T 1236—1999。

土壤有机质：重铬酸钾氧化——外加热法（重铬酸钾容量法），LY/T 1237—1999。

土壤全氮：半微量开氏法，测定依据：LY/T 1228—1999。

土壤全磷：酸溶——钼锑抗比色法，测定依据：LY/T 1232—1999。

土壤全钾：酸溶——火焰光度法，测定依据：LY/T 1254—1999。

土壤速效氮：碱解扩散法，测定依据：LY/T 1229—1999。

土壤速效磷：0.5 mol/L NaHCO$_3$ 浸提–钼锑抗比色法，测定依据：LY/T 1236—1999。

土壤速效钾：1 mol/L 乙酸铵浸提——火焰光度法，LY/T 1236—1999。

采用 Excel 对实验数据进行整理，模拟工作曲线，查相应浓度，计算出土壤养分含量。获得的数据采用 SPSS 软件进行统计分析。

5.1.2　土壤水分

1. 裂缝等级

由于 1^{-2} 煤层、2^{-2} 煤层及其叠置开采区地表裂缝的大小差异明显，选择相同时间回采的 1^{-2} 煤层、2^{-2} 煤层及其叠置开采区地表土壤含水量研究裂缝对土壤水分的影响。结合柠条塔煤矿工作面回采生产情况，选择 2013 年回采的 2^{-2} 煤层 N1204 工作面、1^{-2} 煤层 N1114 工作面地表，1^{-2} 煤层 N1110 工作面和 2^{-2} 煤层 N1204（2013 年重复采动影响区）工作面叠置区地表进行相同地形下的土壤含水量分析，0～100 cm 土壤含水量变化见图 5.3。

图 5.3 中，1^{-2} 煤层、2^{-2} 煤层、叠置区及对照土壤含水量曲线基本呈现相同的特点。在 20 cm 处土壤含水量最大；1^{-2} 煤层地表土壤含水量在 0～10 cm 处稍小于对照值，随深度增加，1^{-2} 煤层土壤含水量在 20 cm 以下大于对照背景值；2^{-2} 煤层及叠置开采区地表土壤含水量在 0～30 cm

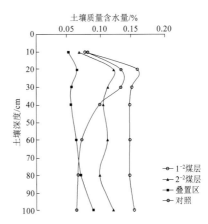

图 5.3　不同煤层开采土壤含水量变化

处小于对照区背景值，随深度增加，逐渐大于对照区背景值；在范围 80～100 cm，1^{-2} 煤层、2^{-2} 煤层及叠置区土壤含水量都大于对照区背景值。

为便于进一步研究土壤水分对于裂缝大小、宽度等响应特征，确定煤层开采时不同裂缝等级对土壤含水量的影响，根据研究区综采工作面地表裂缝野外调查统计数据，结合裂缝发育规律研究中的内部裂缝与边界裂缝特点，按照裂缝宽度、错位高度划分了轻度（宽度 10 cm，高度 10 cm）、中度（宽度 20 cm，高度 20 cm）、重度（宽度 40 cm，高度 30 cm）、严重（宽度 60 cm，高度 50 cm）、极严重（宽度 100 cm，高度 100 cm）共 5 种裂缝等级类型。极严重对应切眼位置边界裂缝，严重对应顺槽位置边界裂缝。分别在开采较早的 N1201 工作面 2009 年塌陷区、N1209 工作面 2012 年塌陷区选择不同等级裂缝区域进行土壤含水量研究，土壤含水量对比见图 5.4 和图 5.5。

从图 5.4 及图 5.5 中可以看出，不同等级裂缝区域土壤含水量呈现不同特点。在 0～10 cm 裂缝区土壤含水量均小于对照背景值；在 10～40 cm 深度，轻度和中度土壤含水量大于对照背景值；在 40～100 cm 范围，裂缝区土壤含水量大于对照背景值。轻度裂缝区土壤在 30～40 cm 深度含水量达到最大。与背景值相比，重度、严重、极严重塌陷裂缝区土壤含水量在剖面上变化规律不明显，在表层小于背景值，深层大于背景值。

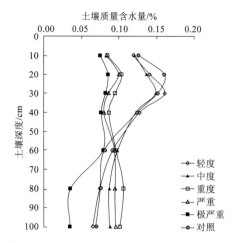 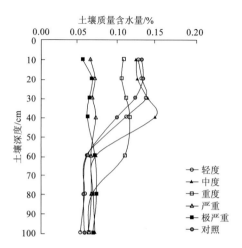

图 5.4　N1201 工作面 2009 年塌陷区土壤含水量　　图 5.5　N1209 工作面 2012 年塌陷区土壤含水量

　　以上研究表明土壤含水量对于裂缝损害程度响应具有差异性，裂缝改变了土壤水分在剖面和平面上的分布。小裂缝的土壤含水量大于对照背景值；轻度、中度等级裂缝增加表层土壤含水量，说明适度规模裂缝对土壤含水量有较好的改善作用。

2. 裂缝形成时间

　　根据黄土沟壑区工作面布设及回采时间，研究相同地形填埋后裂缝区域土壤含水量差异，图 5.6 为 2^{-2} 煤层工作面地表土壤含水量变化情况。2009～2014 年为回采时间，对应于 6～1 年裂缝形成的时间长短，2009 年裂缝产生时间最长，也相对稳定。2014 年裂缝产生时间最短，为 1 年。

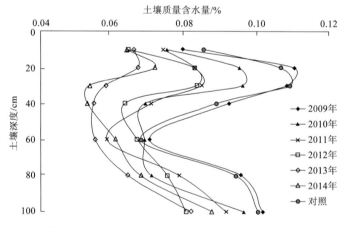

图 5.6　黄土沟壑区不同回采时间土壤含水量变化

　　从图 5.6 中可以看出，回采时间较长的 2009 年土壤含水量与对照背景值基本一致，且稍大于背景值；2010 年、2011 年及 2012 年土壤含水量低于背景值，但在深度上变化趋势与对照一致；2013 年、2014 年土壤含水量在各个深度上远低于对照背景值。总体趋势为裂缝形成年限越长,土壤含水量越接近对照背景值,裂缝形成时间越短,土壤含水量越低。土壤 0～100 cm 剖面上含水量空间分布相同。

根据风沙滩地区工作面布设及回采时间,研究相同地形裂缝区域土壤含水量差异。风沙滩地区开采时间较短,裂缝年限最长为 2012 年,工作面回采后稳定 3 年时间。风沙滩地区 2^{-2} 煤层工作面不同塌陷年限土壤含水量的变化情况见图 5.7。

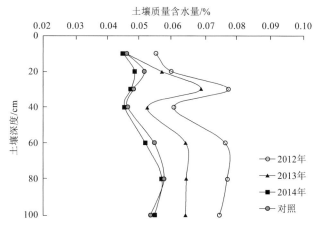

图 5.7　风沙滩地区不同回采时间土壤含水量变化

从图 5.7 中可以看出,风沙滩地区裂缝区土壤含水量与塌陷时间之间的关系与黄土沟壑区明显不同。塌陷 2～3 年裂缝区土壤含水量大于对照背景值,在 20～40 cm 处土壤含水量达到最大;塌陷 1 年裂缝区土壤含水量基本与对照背景值相同,差异不明显。说明风沙滩地区域松散沙土的弥合作用降低了裂缝水分挥发,产生的裂缝增加了土壤 0～100 cm 剖面土壤水分分布。

以上研究说明土壤含水量随裂缝稳定年限产生空间变化响应。风沙滩地区及黄土沟壑区土壤含水量变化特征差异明显,黄土沟壑区随塌陷时间增加,人工进行裂缝填埋及塌陷区稳定后,土壤含水量基本恢复到原有状态;风沙滩地区由于采煤时间较短,仅从现有数据来看,裂缝增加了土壤含水量,含水量增加一方面和沙质土壤松散的性质相关,另一方面风沙滩地区采煤扰动较小,较小裂缝增加了土壤含水量。

3. 动态变化

1）黄土沟壑区

为进一步研究轻度裂缝对土壤水分的影响,2015 年 7 月 31 日北翼 N1116 工作面回采至 1 615 m 时,在地表新发育的裂缝处埋设设备进行土壤水分动态监测。埋设处为阳坡,坡度为 20°,裂缝宽度 2 cm,错位高度 1 cm,植被主要为柠条、沙蒿、蒙古莸、百里香,植被覆盖率为 15%。至监测结束,裂缝发育至宽 10 cm,错位高度 10 cm。裂缝处、距离裂缝 70 cm 处及背景值土壤水分动态变化数据见图 5.8—图 5.12。为消除设备埋设等因素对土壤含水量影响,从 2015 年 8 月 5 日的数据开始,选取 5 天间隔对数据进行处理。

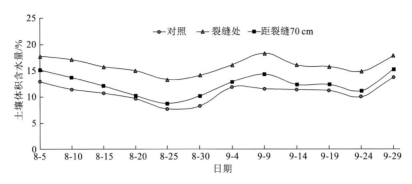

图 5.8　黄土沟壑区 10 cm 深度土壤含水量动态变化

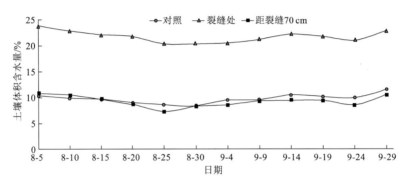

图 5.9　黄土沟壑区 20 cm 深度土壤含水量动态变化

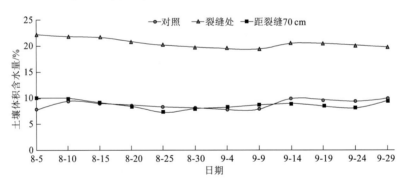

图 5.10　黄土沟壑区 30 cm 深度土壤含水量动态变化

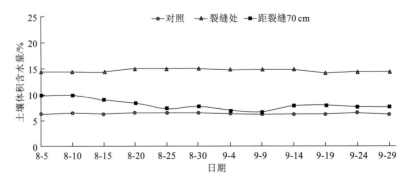

图 5.11　黄土沟壑区 70 cm 深度土壤含水量动态变化

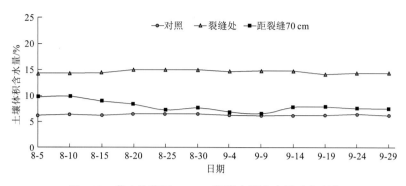

图 5.12　黄土沟壑区 150 cm 深度土壤含水量动态变化

从图 5.8—图 5.12 中可以看出,裂缝处、距离裂缝 70 cm 处及对照区的土壤含水量在不同深度差异明显。总的表现为在不同深度处,裂缝处土壤含水量>距离裂缝 70 cm 处土壤含水量>对照背景值。在 20 cm、30 cm 裂缝处土壤含水量增加明显;距离裂缝 70 cm 处土壤含水量与对照背景值基本一致,区别不明显。在监测期间,当地有多次降水过程,10 cm、20 cm、30 cm 深度土壤含水量变化基本对降水过程有反馈,表层 10 cm 土壤含水量变化曲线 8 月 25 日降到最低,8 月 30 日开始增加,至 9 月 10 日后开始降低,到 9 月 30 日又开始增大,与多次降水过程相吻合。70 cm、150 cm 深度距离裂缝 70 cm 土壤含水量基本无变化。裂缝在空间上增加了土壤含水量,这种增加仅针对于裂缝处,说明夏季降雨通过径流形式进入裂缝,增加了土壤剖面水分;同时说明裂缝对于其分布区域土壤水分基本无影响。

2) 风沙滩地区

为进一步研究轻度裂缝对土壤水分的影响,2015 年 7 月 28 日南翼 S1225 工作面回采至 1 126 m 时,在新发育裂缝处埋设设备监测土壤水分动态变化。裂缝宽为 10 cm,错位高度为 20 cm。为避免汇水对土壤水分的影响,埋设处为一长条形沙垄顶部,植被主要为柠条、沙蒿,植被覆盖率为 30%。至监测结束,裂缝被风沙覆盖,在横向基本没有裂缝表现,错位高度变小为 5 cm。S1225 工作面裂缝处、距离裂缝 70 cm 处及背景对照值土壤水分动态变化见图 5.13—图 5.17。为消除设备埋设等因素对土壤含水量的影响,从 2015

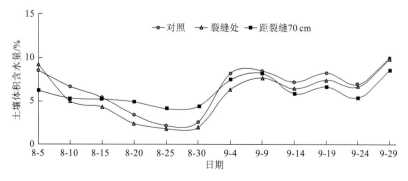

图 5.13　风沙滩地区 10 cm 深度土壤含水量动态变化

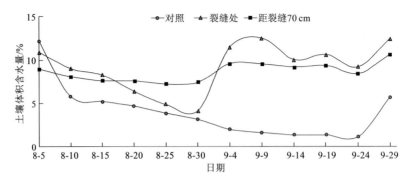

图 5.14　风沙滩地区 20 cm 深度土壤含水量动态变化

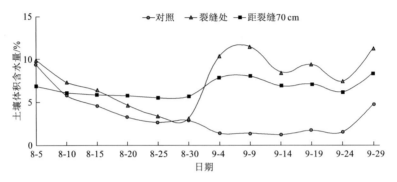

图 5.15　风沙滩地区 30 cm 深度土壤含水量动态变化

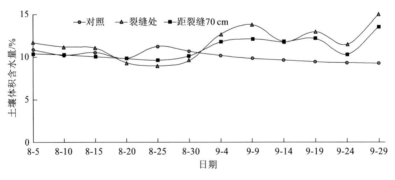

图 5.16　风沙滩地区 70 cm 深度土壤含水量动态变化

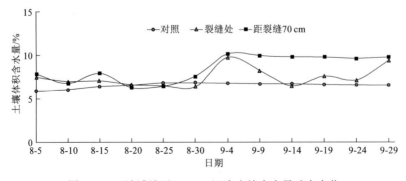

图 5.17　风沙滩地区 150 cm 深度土壤含水量动态变化

年 8 月 5 日的数据开始,选取基本 5 天间隔一次,至 9 月 30 日共 12 次土壤含水量数据进行研究土壤水分动态变化特征。

与黄土沟壑区土壤水分变化相比较,风沙滩地区土壤水分对于降水响应幅度较大,10～150 cm 深度 3 个位置土壤水分曲线动态变化明显。10 cm 深度处土壤水分差异不明显,仅随时间呈现相同的变化趋势;20～150 cm 深度处土壤含水量在不同空间位置差异明显,距离裂缝 70 cm、裂缝处土壤含水量大于对照背景值;在无降水情况下,裂缝对土壤水分基本无不利影响,而且小幅度增加了土壤水分含量,在降水时,裂缝利于地表径流下渗,增加了土壤水分。

通过对裂缝处土壤水分动态监测,确定了裂缝对土壤含水量时空动态的影响过程。黄土沟壑区 1^{-2} 煤层产生的轻度裂缝、风沙滩地区工作面内的平行裂缝(不包括边界裂缝)对于增加土壤水分具有有利的一面,增加了大气降水入渗,增加了土壤含水量。

5.1.3　土壤养分

综合 1^{-2} 煤层、2^{-2} 煤层、叠置区地表裂缝规模,选择与土壤水分研究中裂缝等级相同的裂缝,人为划分轻度、中度、重度、严重、极严重类型进行土壤养分对黄土沟壑区裂缝等级响应研究,裂缝等级与土壤养分响应见图 5.18($P=0.05$)。根据黄土沟壑区 2^{-2} 煤层工作面开采的次序,选择研究 2009～2014 年间综采工作面回采时间与土壤养分响应关系,见图 5.19($P<0.05$)。根据风沙滩地区 2^{-2} 煤层工作面开采的次序,选择研究 2012～2014 年间综采工作面回采时间与土壤养分的响应关系($P<0.05$),见图 5.20。

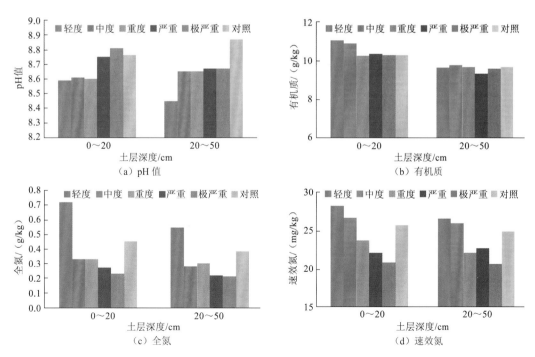

图 5.18　裂缝等级与土壤养分响应图

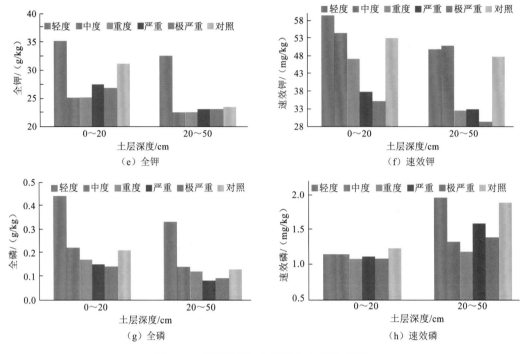

图 5.18　裂缝等级与土壤养分响应图（续）

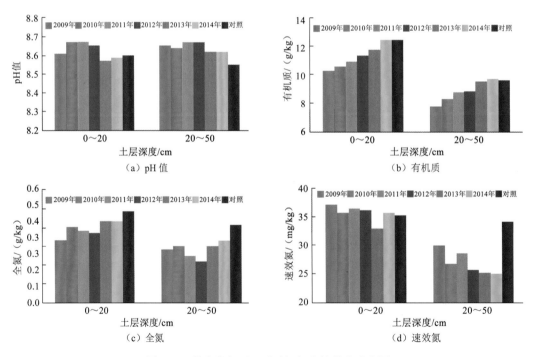

图 5.19　黄土沟壑区回采时间与土壤养分响应图

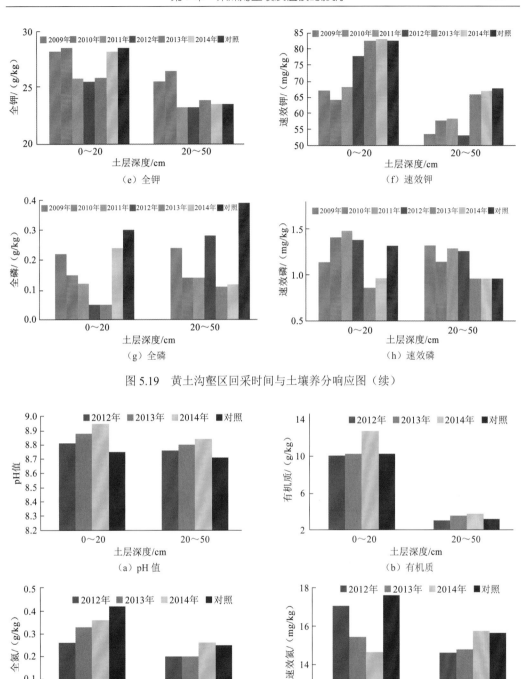

图 5.19　黄土沟壑区回采时间与土壤养分响应图（续）

图 5.20　风沙滩地区回采时间与土壤养分响应图

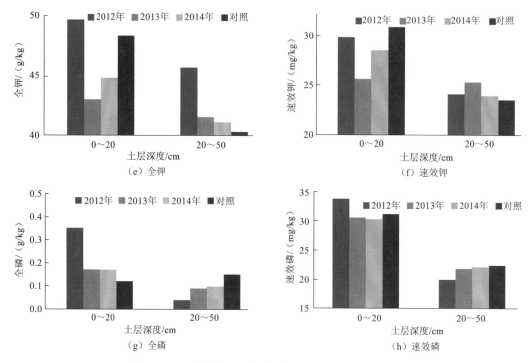

图 5.20　风沙滩地区回采时间与土壤养分响应图（续）

1. 土壤 pH 值

土壤酸碱度对土壤养分释放、固定和迁移具有重要作用。一般认为土壤 pH 值在中性范围内养分有效性较高。根据《土壤环境质量农用地土壤污染风险管控标准（试行）》（GB 15618—2018），pH<6.5 为酸性土壤，6.5<pH<7.5 为中性土壤，pH>7.5 为碱性土壤。检测数据显示研究区各层土壤 pH 值均>8.0，呈碱性。

从图 5.18 中可以看出，在 0～20 cm 范围，塌陷程度越严重，土壤 pH 值越大，极严重（边界裂缝）、严重等级大于背景值，轻度～重度等级小于背景值；在 20～50 cm 深度范围，随塌陷程度增加，总体也表现出土壤 pH 值升高趋势，但未超过对照背景值。说明裂缝规模越大，土壤 pH 值越大。

从图 5.19 可以看出，2009～2014 年裂缝区土壤 pH 值在 0～20 cm、20～50 cm 均高于背景值；土壤 pH 值并未随裂缝区稳定而恢复到背景值，随塌陷年限增加，土壤 pH 值增加。从现有数据来看，采煤造成黄土沟壑区土壤 pH 值升高。

从图 5.20 可以看出，风沙滩地区土壤 pH 值变化显著，在 0～20 cm、20～50 cm，2012～2014 年裂缝区土壤 pH 值均高于对照值，且随塌陷时间延长，pH 值增加。

2. 土壤有机质

土壤有机质包括各种动植物残体及其生命活动的各种有机产物，是植物所需养分的主要来源。从图 5.18 可以看出，土壤表层有机质含量高于下层，由于一般表层各种植物残体分布较多，表层土壤有机质普遍较高。在 0～20 cm 表层土壤中，裂缝区土壤有机质含量高于对照值,轻度裂缝土壤有机质含量最高。

从图 5.19 可以看出,土壤上层有机质含量高于下层,土壤有机质 0~20 cm、20~50 cm 范围变化显著;随塌陷时间延长,土壤有机质逐渐减小,2014 年形成的裂缝区土壤有机质含量高,2009 年形成的裂缝区已稳定,土壤有机质含量低。说明采煤降低了黄土沟壑区土壤有机质含量。

从图 5.20 可以看出,风沙滩地区土壤有机质上下层差异极显著,土壤上层有机质含量远高于下层;2014 年形成的裂缝区土壤有机质含量高,2012 年形成的裂缝区土壤有机质含量低。说明裂缝形成时间越长,地表裂缝弥合后土壤有机质含量降低。说明裂缝增加了风沙滩地区土壤有机质含量。

3. 土壤全氮及速效氮

1) 全氮

土壤全氮量是衡量土壤氮素供应状况的重要指标。氮素总量决定或影响土壤肥力高低和有效性。从图 5.18 可以看出,裂缝对全氮影响差异显著,轻度裂缝全氮在 0~20 cm、20~50 cm 两层土壤中均大于对照背景值,其余较大的中度~极严重等级裂缝全氮均小于对照背景值。说明小裂缝增加土壤全氮含量,裂缝越严重,全氮含量越低。

图 5.19 中,在 2009~2014 年采煤工作面地表土壤全氮含量均低于背景值,裂缝经 6 年稳定期后仍未恢复至背景值,说明采煤降低了黄土沟壑区土壤全氮含量。

从图 5.20 中可以看出,风沙滩地区 0~20 cm 表层土壤全氮含量差异显著,不同裂缝区土壤全氮均低于背景值,裂缝形成初期土壤全氮量较高,在裂缝逐渐稳定的过程中,土壤全氮逐渐降低;20~50 cm 下层土壤也表现出相同特征。说明采煤降低了风沙滩地区土壤全氮含量。

2) 速效氮

图 5.18 中裂缝对速效氮影响显著,轻度裂缝、中度裂缝速效氮在 0~20 cm、20~50 cm 两层土壤中大于对照背景值,较大的重度~极严重等级裂缝全氮均小于对照背景值。轻度裂缝、中度裂缝增加了土壤速效氮含量。说明小规模裂缝可以增加土壤速效氮含量,塌陷越严重,速效氮含量越低。

图 5.19 中不同时间裂缝在 0~20 cm、20~50 cm 土壤速效氮差异显著。0~20 cm 上层土壤塌陷区速效氮含量除 2013 年塌陷区稍低于对照值外,其余年份高于对照值;20~50 cm 土壤速效氮随塌陷时间增加,含量逐渐增加,但均远低于对照背景值。说明采煤降低了黄土沟壑区土壤速效氮含量。

图 5.20 中 0~20 cm 深度,2013 年、2014 年形成裂缝区速效氮含量低于对照背景值,至 2012 年塌陷逐渐稳定,速效氮含量仍低于对照背景值;20~50 cm 深度,2014 年形成的裂缝区速效氮含量略高于背景值,但随时间增加,速效氮含量减少。说明采煤降低了风沙滩地区土壤速效氮含量。

4. 土壤全钾及速效钾

1）全钾

从图 5.18 中可以看出，土壤全钾差异显著。上层土壤全钾含量大于下层；轻度裂缝区土壤全钾含量在 0～20 cm、20～50 cm 大于对照背景值，其余较大的中度～极严重等级裂缝全钾均小于对照背景值。较小程度的塌陷增加土壤全钾含量，裂缝越严重，全钾含量越低。

从图 5.19 中可以看出，不同时间形成的采煤裂缝区土壤全钾差异显著。在 0～20 cm、20～50 cm 随塌陷年限增加，全钾含量有增加的现象，0～20 cm 土层在塌陷时间较长的 2009 年、2010 年，全钾含量恢复到对照背景值，20～50 cm 全钾含量明显增加。说明黄土沟壑区全钾经干扰后可恢复到原有状态，并有增加现象。

图 5.20 表明风沙滩地区土壤全钾在上下土层、不同时间差异显著，变化规律与黄土沟壑区一致。0～20 cm 深度，2013 年、2014 年新形成裂缝区全钾含量低于对照值，至 2012 年塌陷逐渐稳定，全钾含量恢复后稍高于对照背景值；20～50 cm 深度，全钾含量显著少于上层土壤，不同塌陷时间全钾含量均高于对照背景值，时间越长，全钾含量越大。说明风沙滩地区经采煤扰动后全钾的含量增加。

2）速效钾

从图 5.18 中可以看出，裂缝规模对速效钾影响显著。轻度裂缝、中度裂缝在 0～20 cm、20～50 cm 两层土壤中均大于对照背景值，较大的重度～极严重等级裂缝速效钾均小于对照背景值。轻度裂缝、中度裂缝增加了土壤速效钾含量。说明小规模裂缝可以增加土壤速效钾含量，塌陷越严重，速效钾含量越低。

从图 5.19 中可以看出，土壤上层速效钾含量高于下层，土壤速效钾在 0～20 cm、20～50 cm 范围变化显著；随塌陷时间延长，土壤速效钾逐渐减小，2013 年、2014 年形成的裂缝区土壤速效钾含量较高，2009 年形成的裂缝区已稳定，土壤速效钾含量低。说明采煤降低了黄土沟壑区土壤速效钾含量。

从图 5.20 中可以看出，风沙滩地区 0～20 cm 深度，2013 年、2014 年形成裂缝区速效钾含量低于对照背景值，至 2012 年塌陷逐渐稳定，速效钾含量仍低于对照背景值；在 0～50 cm，2012～2014 年塌陷区速效钾含量略高于对照值。采煤降低表层土壤速效钾含量，淋溶作用增加了 20～50 cm 土壤速效钾含量，说明采煤影响了速效钾上下层空间分布。

5. 土壤全磷及速效磷

1）全磷

从图 5.18 中可以看出，裂缝对全磷影响差异显著，轻度裂缝在 0～20 cm、20～50 cm 两层土壤中全磷均远大于对照背景值，中度裂缝全磷稍大于对照背景值，较大的重度～极严重等级裂缝全磷均小于对照背景值。说明小裂缝增加土壤全磷含量，裂缝越严重，全磷含量越低。

从图 5.19 中可以看出，2009～2014 年不同塌陷时间全磷含量在 0～20 cm、20～50 cm

均低于对照值,随着塌陷时间增加,全磷有先减小后增加的趋势,但未恢复到原有水平。说明采煤降低了黄土沟壑区土壤全磷含量。

图 5.20 中风沙滩地区全磷在上下土层、不同时间差异显著。在 0～20 cm 全磷在 2012～2014 年塌陷区含量均高于对照值,2012 年的全磷变化明显。在 20～50 cm,全磷在 2012～2014 年塌陷区含量低于对照值,随塌陷时间增长全磷有降低的现象。出现这种上下层分异现象说明采煤影响了全磷的空间分布。

2)速效磷

从图 5.18 中可以看出,在 0～20 cm 表层,不同塌陷等级速效磷含量均低于对照值;在 20～50 cm 深度,轻度裂缝速效磷含量大于对照值,重度裂缝、中度裂缝、严重裂缝和极严重裂缝速效磷含量低于对照值。说明小规模裂缝可以增加土壤速效氮磷含量,塌陷越严重,速效磷含量越低。

从图 5.19 中可以看出,在 0～20 cm 速效磷随塌陷时间增加呈现先降低后增加,2009年开采时间较长的裂缝速效磷含量低于对照值;0～50 cm 随塌陷时间增加,速效磷含量增加。说明采煤影响了黄土沟壑区速效磷上下层空间分布,上层减少,下层由于淋溶作用速效磷含量增加。

图 5.20 中风沙滩地区在 0～20 cm 塌陷时间较长的 2012 年塌陷区速效磷含量高于对照值,2013 年和 2014 年塌陷区速效磷低于对照值;在 20～50 cm,2012～2014 年塌陷区速效磷含量都低于对照值。说明采煤增加了风沙滩地区表层土壤速效磷含量,降低了 20～50 cm 土壤速效磷含量,影响速效磷上下层空间分布。

综上所述,煤炭开采后综采工作面地表土壤养分发生显著变化。由于地形及大气降水影响,养分在水平及垂直方向发生变化,这种变化特点为水平方向上养分向裂缝汇集,轻度裂缝养分增加;裂缝等级越大,垂直方向上的养分向下层流失越多,部分养分指标的上下层空间分布发生变化。

5.2　采煤对植物的影响

5.2.1　植物样方布设与样品采集

为研究植被对裂缝的响应特征,根据煤层开采不同时期,在不同工作面设置多个样方,样方设置采用典型选样和随机选样相结合的方法,在研究区设置多组样地。黄土沟壑区分别为 N1201 工作面 2009 年及 2010 年地表裂缝区、N1205 工作面 2011 年地表裂缝区、N1209 工作面 2012 年地表裂缝区、N1206 工作面 2013 年及 2014 年地表裂缝区、N1110(2012 年)和 N1204(2013 年)工作面叠置开采地表裂缝区、N1114 工作面 2013 年及 2014 年地表裂缝区;风沙滩地区分别为 S1219 工作面 2012 年地表裂缝区、S1210 工作面 2013 年、2014 年地表裂缝区。在工作面外设置对照样方。

草本植物样方为 1 m×1 m,灌木样方为 4 m×4 m。立地条件相同的样方设置 3 个重复。共调查样方 342 个（114×3）。其中在北翼黄土沟壑区调查样方 68×3 个，在风沙滩地区调查样方 46×3 个；其中未扰动区域 33×3 个，煤层开采区域 81×3 个。样地布设示意图与土壤采样相同，见图 5.1。样方调查内容为植物物种名称、高度、盖度、丰富度、盖度及海拔、坡度、坡向、裂缝状况等生境特征。选择样区最具代表性的群落类型，在设置的草本样方和灌木样方中，按一定比例收割植物的地上部分，野外调查及样品采集见图 5.21。对于一些大型的多年生乔木植物，如杨树、旱柳、油松、樟子松、果树等进行多次调查，记录生长情况。

图 5.21　野外样方调查现场图

野外样方调查共按比例收割植物样品 342 个。将野外样方调查中的植物样品在 65℃烘箱中烘干，取出后称重，按照植物种类称取植物干重，即得到地上生物量（g/m^2）。

5.2.2　植物丰富度及群落结构

1. 物种丰富度与工作面回采时间

1）黄土沟壑区

黄土沟壑区分布有 22 科 51 属 59 种植物。有乔木 9 种、灌木 5 种、草本植物 45 种。

通过野外样方数据，得到黄土沟壑区不同时间回采工作面地表植被组成变化情况，见表 5.1，表中仅列出了有变化的物种。从表 5.1 中可看出随工作面采煤后时间变化，13 种植物的分布发生很大变化，主要为多年生或一年生草本植物。随着时间增加，2^{-2} 煤层工作面地表一些植物如三芒草、糙隐子草、乳浆大戟、委陵菜、阿尔泰狗娃花、银柴胡等干草原植物开始消失，主要集中在 2009～2012 年回采工作面地表；一些荒漠植物开始在工作面地表出现，如牛心朴子、小花棘豆、地梢瓜、砂蓝刺头、沙蓬、藜藜、拐轴鸦葱等荒漠植被大量着生；1^{-2} 煤层地表植物物种变化不明显；叠置开采区消失的干草原植物和增加的荒漠植物大于 2^{-2} 煤层工作面地表，说明干扰达到一定程度，干扰越大，地表草本植物物种的变化越大。

黄土沟壑区草本层物种丰富度在不同回采时间变化见图 5.22。野外调查中，没有发现灌木层的死亡现象，说明灌木层的丰富度没有变化。从图 5.22 中可以看出，2^{-2} 煤层工作面回采时间越长，地表物种的丰富度越低，物种丰富度和回采时间有着线性关系。叠置

表 5.1　黄土沟壑区不同时间回采工作面地表植被组成变化

种名	2⁻² 煤层工作面						叠置	1⁻² 煤层工作面		对照	生活型
	2009 年	2010 年	2011 年	2012 年	2013 年	2014 年		2013 年	2014 年		
牛心朴子	+	+	−	+	+	−	+	−	−	−	多年生草本
地梢瓜	+	+	+	+	+	+	+	+	−	−	多年生草本
小花棘豆	+	+	+	+			+				多年生草本
三芒草	−		+	+						+	一年生草本
糙隐子草	−	+				+				+	多年生草本
乳浆大戟	−					+				+	多年生草本
砂蓝刺头	+	+		+							一年生草本
蒺藜	−							+	+	+	一年生草本
银柴胡	−					+		+	+	+	多年生草本
委陵菜	−					+		+	+	+	多年生草本
阿尔泰狗娃花	−	−	−	+		+			+	+	多年生草本
沙蓬	+	+	+	+			+			−	一年生草本
拐轴鸦葱	+	+	+	+						−	多年生草本

注："+"表示该物种有分布；"−"表示该物种无分布

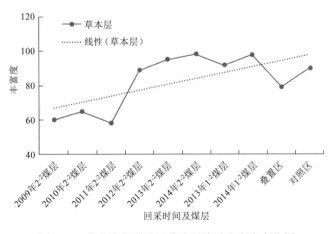

图 5.22　黄土沟壑裂缝区草本层物种丰富度变化图

开采区的丰富度相比 2009 年、2010 年单煤层回采工作面地表物种丰富度稍高一些，但低于对照区域。叠置开采区的丰富度也低于 2012～2014 年裂缝区，结合物种变化表 5.1，物种发生变化主要集中在 2009～2011 年回采工作面地表，说明裂缝对物种丰富度的影响在 4 年后表现出来，并持续影响。叠置区丰富度之所以较高是因为时间较短，随时间增加，丰富度会降低。2012～2014 年回采的工作面地表的丰富度比对照区稍高一些,这符合生态学的中度干扰假说理论(Connell,1978):中等程度的干扰能维持高多样性。随时间增长,1～2 年后 2012～2014 年回采工作面地表物种丰富度会降低到低于对照区。1^{-2} 煤层由于生产实际和工作面布设的影响,只有 2013 年和 2014 年两个年度的物种丰富度数据,物种丰富度也高于对照区丰富度,同样符合生态学的中度干扰假说理论,结合土壤水分、养分对 1^{-2} 煤层的响应特征,随时间增长,1～2 年后 2013～2014 年回采工作面地表物种丰富度会维持较高水平。

2) 风沙滩地区

风沙滩地区分布有 20 科 32 属 41 种植物。有乔木 9 种、灌木 8 种、草本植物 24 种。

根据煤层不同回采时期,结合生产实际在不同工作面地表设置样方。分别为 S1219 工作面 2012 年回采地表裂缝区、S1210 工作面 2013 年、2014 年回采地表裂缝区,同时在未受采煤影响的工作面外地表设置对照样方,研究不同开采时期工作面地表植被组成变化。根据数据分析,得出风沙滩地区不同回采时间工作面地表植被组成变化,见表 5.2。表中仅列出了有变化的物种。

表 5.2　风沙滩地区不同时间回采工作面地表植被组成变化

种名	2012 年	2013 年	2014 年	对照区	生活型
地梢瓜	+	−	−	−	多年生草本
牛心朴子	−	−	−	−	多年生草本
早熟禾	−	−	+	+	一年生草本
糙隐子草	−	−	+	+	多年生草本
乳浆大戟	−	−	+	+	多年生草本
砂蓝刺头	+	+	−	−	一年生草本
蒺藜	+	+	+	−	一年生草本
沙米	+	−	+	+	一年生草本
沙芥	+	+	+	−	一年生草本
沙竹	+	+	−	−	多年生草本

注:"+" 表示该物种有分布;"−" 表示该物种无分布

从表 5.2 中可看出随着裂缝年限的增加,10 种植物的分布发生了很大的变化,主要为多年生或一年生草本植物,其中一年生草本植物较多。随着裂缝年限增加,一些植物如早熟禾、糙隐子草、乳浆大戟等干草原植物开始消失,主要集中在 2012 年、2013 年的裂缝区域;一些荒漠植物开始在裂缝区出现,如牛心朴子、地梢瓜、砂蓝刺头、蒺藜、沙米、沙芥、沙竹等荒漠植被大量着生。风沙滩地区草本层物种丰富度在不同回采时间的变化见图 5.23。物种丰富度和回采时间有着线性关系,但并不显著,2012～2014 年回采的工作面地表物种丰富度都小于对照区,差异较小。

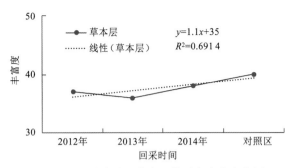

图 5.23　风沙滩地区草本层物种丰富度变化图

2. 物种丰富度与裂缝等级

1）黄土沟壑区

由于开采 1～2 年后，植物的丰富度发生变化，根据生产实际情况，在开采时间较长的 2^{-2} 煤层首采工作面地表进行了样方调查。裂缝等级与土壤水分、养分研究中相同。

裂缝等级与草本层物种丰富度的关系见图 5.24。从图中可以看出，边界裂缝处（极严重）的丰富度低于工作面内的地表不同裂缝等级的物种丰富度，也低于对照区的丰富度。但工作面地表内各级别裂缝处物种丰富度较对照区稍高，同时中度裂缝、重度裂缝高于严重裂缝和轻度裂缝，工作面地表内不同裂缝等级间的丰富度区别不明显，并没有表现出裂缝等级越大，草本层丰富度越低的规律。裂缝等级与丰富度之间有负相关关系，说明工作面内裂缝等级对丰富度的影响没有差异。从另一个方面说明工作面内发育的裂缝弥合后已处于稳定期，边界裂缝为永久裂缝，阻隔各种能量传递，丰富度相比工作面内较低。

2）风沙滩地区

风沙滩地区选择煤层开采时间较长的 S1219 工作面进行研究，在工作面边界裂缝（开切眼外围）位置、工作面内不同塌陷等级裂缝边缘设置多个样方。

裂缝等级和草本层物种丰富度的关系见图 5.25。从图中可以看出，边界裂缝处的丰富度稍低于工作面内的不同等级区域的物种丰富度，也低于对照区的丰富度。工作面内的轻度裂缝、中度裂缝及重度裂缝丰富度基本与对照值一致，严重裂缝稍高于对照区和其他类型。线性拟合显著，说明塌陷等级对丰富度的影响差异不明显。

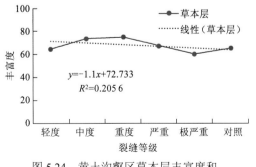

图 5.24　黄土沟壑区草本层丰富度和
裂缝等级关系图

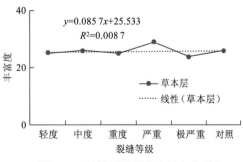

图 5.25　风沙滩地区草本层丰富度和
裂缝等级关系图

3. 植物群落结构变化特征

1）黄土沟壑区

黄土沟壑区地形地貌及土壤多样，植物群落的响应较为复杂。一般工作面回采 1~2 年后，1^{-2} 煤层开采发育的裂缝适度干扰增加了植物群落多样性，建群种和优势种为针茅，植被覆盖度在 35% 左右；地表裂缝形成 2 年后，糙隐子草、百里香等耐旱植物为建群种，植被覆盖度为 20% 左右。2^{-2} 煤层及双煤层叠置开采区裂缝发育强烈，群落覆盖度小于 20%，一般 2 年以后，冰草、黑沙蒿为群落优势种，随时间增加，牛心朴子、砂蓝刺头大迁入，群落物种丰富度及覆盖度明显降低。

2）风沙滩地区

工作面回采 2 年后切眼等规模较大的边界裂缝由于表层植被破坏，沙土出露，有些裂缝发育强烈地段，植被覆盖度小于 10%。仅有少数沙生植物沙蒿、沙芥生长。

3）河谷区

庙沟、考考乌素沟及其支流肯铁令河、新民沟、石峡沟、好赖沟等沟域河谷区由于降水或潜水埋深较小，局地存在湿生和中生植物如芦苇、小香蒲等。根据走访，由于采煤影响，新民沟、石峡沟、好赖沟、肯铁令河、庙沟已无地表径流，仅芦草沟、考考乌素沟有地表径流，采煤 1 年后湿生和中生植物消失。

2012 年 7 月野外调查时，新民沟内 N1201 工作面沟谷地带有死亡的杨树 15 棵、旱柳 3 棵，沙果树 3 棵，共 21 棵，新民沟内其余工作面沟谷位置未发现死树现象；2014 年 7 月野外调查时，N1201 工作面沟谷地带增加死亡的杨树 4 棵，旱柳 3 棵。同时在 N1203 工作面沟谷地带发现死亡的杨树 2 棵，旱柳 11 棵。在 N1205 工作面发现死亡的杨树 10 棵，同时发现有 8 棵杨树的生长状况较差，枝干大部分枯死。在 N1209 工作面发现死亡的杨树 2 棵；2015 年针对新民沟死树再次调查时，N1201 工作面、N1203 工作面死树没有增加，其余工作面增加 6~7 棵死树。图 5.26（a）—图 5.26（c）为 N1201 工作面死亡的杨树和旱柳，图 5.26（c）为 2014 年调查时新增死亡的旱柳；图 5.26（d）—图 5.26（f）为 N1203 工作面死亡的杨树和旱柳；图 5.26（g）为 N1205 工作面的坡面死亡的杨树，图 5.26（h）为 N1205 工作面沟谷处生长状况较差的杨树。其他沟谷包括南翼暂未发现乔木死亡现象。根据各工作面的开采时间和死树的数量，说明采煤对沟谷地带的乔木有影响，乔木在采煤 2~3 年的时间出现死亡，随着时间的延长，乔木死亡的数量增多，在 4~5 年后基本稳定，不再有乔木死亡。沟谷地带乔木生长主要依靠地下水，工作面地表发育裂隙沟通地表，河流消失，地下含水层水分流失，造成乔木死亡。工作面回采完成后，沉陷区逐渐稳定，裂缝弥合及沟道洪流补给，不再有乔木死亡。

（a）N1201 工作面死亡的杨树 　　　　　　（b）N1201 工作面死亡的杨树及旱柳

（c）N1201 工作面死亡的旱柳 　　　　　　（d）N1203 工作面死亡的杨树及旱柳

（e）N1203 工作面死亡的旱柳 　　　　　　（f）N1203 工作面死亡的旱柳

（g）N1205 工作面死亡的杨树 　　　　　　（h）N1205 工作面枝干枯死的杨树

图 5.26 新民沟内乔木生长状况图

5.2.3　植物物种多样性

采用 Margalef 丰富度指数、Shannon-Wiener 指数、Simpson 多样性指数、Pielou 均匀度指数进行植物物种多样性研究（张金屯，2004；李博，2000）。见式（5.1）—式（5.4）。

Margalef 指数：

$$R=(S-1)/\ln N \tag{5.1}$$

Shannon-Wiener 指数：

$$H=-\sum P_i \ln P_i \tag{5.2}$$

Simpson 指数：

$$D=1-P_i^2 \tag{5.3}$$

Pielou 均匀度指数：

$$E=H/\ln S \tag{5.4}$$

式中：P_i 为物种 i 相对重要值，$P_i=n_i/N$；n_i 为第 i 个种的个体数目；N 为群落中所有个体数总和；S 为群落物种数。黄土沟壑区样地植物物种多样性指数见表 5.3，风沙滩地区植物物种多样性指数见表 5.4。

表 5.3　黄土沟壑区物种多样性指数

煤层	工作面	回采时间	R	H	D	E
1-2	N1114	2013 年	1.49a	1.23a	0.51a	0.63a
	N1114	2014 年	1.58a	0.97a	0.43a	0.75a
2-2	N1201	2009 年	0.80b	0.90a	0.39a	0.40b
	N1201	2010 年	0.90b	0.83a	0.54a	0.35b
	N1205	2011 年	0.98a	0.97a	0.41a	0.55a
	N1209	2012 年	1.82a	1.22a	1.10b	0.76a
	N1206	2013 年	1.32a	0.90a	1.07b	0.82a
	N1206	2014 年	1.99a	1.31a	0.90b	0.89a
叠置区	N1110	2012 年	1.51a	0.92a	0.60a	0.78a
	N1204	2013 年				
对照区			1.61a	1.10a	0.45a	0.67a

注：每个样区同列字母相同表示 0.05 显著水平下差异不显著，不同字母表示显著

表 5.4　风沙滩地区植物物种多样性指数

工作面	回采时间	R	H	D	E
S1219	2012 年	1.15a	0.89a	0.67a	0.55a
S1210	2013 年	1.20a	0.80a	0.58a	0.70a
S1210	2014 年	1.14a	1.02a	0.69a	0.52a
对照区		1.23a	0.90a	0.63a	0.58a

注：每个样区同列字母相同表示 0.05 显著水平下差异不显著，不同字母表示显著

黄土沟壑区 2^{-2} 煤层总体上表现出在地表破坏初期,多样性指数、丰富度指数及均匀度指数较大;随时间增加,各指数值呈现逐渐降低的趋势;1^{-2} 煤层由于只有两个年度数据,变化趋势不明显,但结合土壤加丰富度数据来看,生物多样性应为增加趋势;双煤层叠置开采区由于时间较短,与对照区差异不明显。2009 年和 2010 年开采的 N1201 工作面 Margalef 指数及 Pielou 均匀度指数差异显著,2012 年开采的 N1209 工作面、2013 年和 2014 年开采的 N1206 工作面的 Simpson 指数差异显著,说明煤炭开采初期的干扰对植被的影响为有利的一面,增大多样性,3~4 年后干扰对植被的影响为不利的一面,降低多样性。

风沙滩地区物种多样性指数没有明显的规律,显著性差异也较低,说明煤炭开采对风沙滩地区物种多样性影响较小。这可能和风沙滩地区地表裂缝少,弥合时间短,对地表的破坏较弱有关。

5.2.4　植物地上生物量

主要针对黄土沟壑区主要植物地上生物量进行研究,选择 1^{-2} 煤层及 2^{-2} 煤层综采工作面内地表裂缝进行研究。根据工作面地表裂缝分布情况,选择裂缝 3 m 范围进行植物地上生物量研究。1^{-2} 煤层及 2^{-2} 煤层综采工作面地表植物地上生物量变化数据一致。植物地上生物量对地形的响应见表 5.5,植物地上生物总量及平均生物量见表 5.6。

表 5.5　植物的地上生物量 （单位：g）

物种	阳坡裂缝 3 m 范围内	阳坡对照	阴坡裂缝 3 m 范围内	阴坡对照	坡顶裂缝 3 m 范围内	坡顶对照
沙蒿	421.72	487.23	30.09	124.74	91.50	82.91
草木樨	41.10	38.21	65.47	32.36	32.08	53.97
长芒草	40.48	37.29	142.09	219.20	54.34	78.73
百里香	44.49	52.37	32.67	42.75	23.00	68.96
茭蒿	—	25.62	47.84	14.59	—	—
苜蓿	—	—	66.80	128.79	—	10.27
柠条	110.16	65.96	30.73	—	12.05	21.32
艾蒿	103.59	157.39	—	21.59	14.27	18.79
铁杆蒿	5.08	—	—	—	14.28	20.54
蒙古荗	28.16	42.56	21.16	—	14.62	—
草木樨状黄芪	15.58	—	—	—	13.15	22.93
针茅	5.121	—	10.71	13.48	—	—
砂蓝刺头	10.49	—	—	—	—	12.78
达乌里胡枝子	13.32	21.63	13.84	10.06	15.08	23.43
早熟禾	16.17	34.85	4.25	—	—	—

表 5.6　不同坡向植物地上生物总量及平均生物量

坡向	植物种数	生物总量/g	平均生物量/（g/m²）
阳坡裂缝 3 m 范围内	55	1 987.74	220.86
阳坡对照	58	2 143.82	238.20
阴坡裂缝 3 m 范围内	47	1 324.13	147.12
阴坡对照	43	1 435.64	159.51
坡顶裂缝 3 m 范围内	21	864.58	96.06
坡顶对照	28	1 267.54	140.83

在坡顶处，裂缝对植物地上生物量影响明显，裂缝降低了附近位置植物地上生物量。在阳坡，采煤裂缝 3 m 范围内，沙蒿地上生物量最高，为 421.72 g，小于对照值，差异不明显。柠条次之，为 110.16 g，远大于对照值 65.96 g，差异明显。结合现场调查，地表裂缝较多发育在柠条主根上，未发现柠条有死亡或生长衰退现象，说明裂缝对柠条生长没有影响。其余物种的生物量除草木樨、长芒草略大于对照外，其余物种都小于对照，这些物种大多为多年生和一年生草本植物。说明在阳坡，裂缝对多年生和一年生草本植物影响较大。

在阴坡，采煤裂缝周边 3 m 范围内，长芒草地上生物量最高，为 142.094 g，但远小于对照 219.20 g。苜蓿次之，为 66.80 g，远小于对照 128.79 g。沙蒿和针茅的地上生物量与对照区相比，明显减少。阴坡裂缝对多年生草本植物影响最大。

在坡顶，裂缝 3 m 范围内，沙蒿地上生物量最高，为 91.50 g，大于对照生物量 82.91 g。长芒草次之，为 54.34 g，小于对照 78.73 g。其余物种的地上生物量与对照相比，明显减小。说明坡顶裂缝对植物生物量的影响最大。

5.2.5　适生植物群落

黄土沟壑区地表裂缝发育严重，植物群落对煤炭开采的响应主要为优势物种发生变化，群落逆向演替，导致生态环境退化。在植被响应特征研究的基础上，通过植物种间联结测定，重要值计算确定适生植物群落类型，优选出建群种、伴生种等植物群落主要物种，便于采煤塌陷区生态修复实际操作。

1. 植物种间联结性测定

植物群落的选择主要通过种间联结进行研究。成对物种的种间联结性检验采用 2×2 列联表 χ^2 统计量来计算及检验（李博，2000）。2×2 列联表样式见表 5.7，χ^2 检验见式（5.5）。

表 5.7　2×2 列联表

物种		物种 B	
		出现的样方数	不出现的样方数
物种 A	出现的样方数	a	b
	不出现的样方数	c	d

$$\chi^2 = \frac{N(ad-bc)^2}{(a+b)(c+d)(a+c)(b+d)} \tag{5.5}$$

由于取样为非连续性取样，χ^2 理论分布是一连续性分布曲线，而实测值往往是一些离散性分布的数据，在应用时常常会造成偏低估计。采用 Yates 的连续校正系数来纠正，如下：

$$\chi_t^2 = \frac{N\left(\left|ad-bc\right|-\dfrac{N}{2}\right)^2}{(a+b)(c+d)(a+c)(b+d)} \tag{5.6}$$

当 $ad-bc=0$ 时，表示两个物种是相互独立的；当 $ad-bc>0$ 时，则说明两个物种之间呈正关联；当 $ad-bc<0$ 时，表示两个物种之间呈负关联。其显著性程度可比较 χ^2 统计量表中自由度 $n=1$ 时 P 的值，若 $P>0.05$，即当 $\chi_t^2<3.841$ 时，种对相互独立的假设成立，它们独立分布，即为中性联结；若 $P<0.01$，即当 $\chi_t^2>6.635$ 时，种对相互独立的假设不成立，种间联结为极显著；若 $0.01<P<0.05$，即当 $3.841<\chi_t^2<6.635$ 时，种间联结为显著。

2. 植物物种重要值

根据综采工作面外样方数据，采用式（5.7）计算物种重要值。

$$重要值(IV)=\frac{相对盖度+相对频度+相对密度}{3} \tag{5.7}$$

通过重要值公式计算出不同立地类型物种的重要值，见表 5.8。实际计算过程中，发现坡顶、阳坡和阴坡三种地形下植物的重要值具有明显差异。

表 5.8　不同立地类型物种的重要值

物种	重要值 IV/%			物种	重要值 IV/%		
	坡顶	阳坡	阴坡		坡顶	阳坡	阴坡
长芒草	20.78	25.16	32.93	阿尔泰狗娃花	4.23	3.46	3.78
蒙古荗	4.30	10.54	—	中华小苦荬	—	—	7.67
草木樨	21.79	17.47	15.60	赖草	0.68	—	7.78
三芒草	8.53	7.38	7.78	芨芨草	—	—	7.61
糙隐子草	17.71	3.40	19.11	委陵菜	4.23	—	—
小花棘豆	14.40	10.65	27.63	苜蓿	4.25	4.68	11.32
百里香	34.20	37.20	23.65	狗尾草	4.36	—	3.72
远志	18.03	18.16	15.45	针茅	4.23	3.40	17.13
沙蓬	6.21	8.91	9.38	冰草	12.57	14.68	13.20
达乌里胡枝子	22.53	18.04	27.51	沙葱	—	7.12	3.72
柠条	4.49	3.66	—	沙蒿	—	8.54	15.09
牛心朴子	4.39	7.19	—	披碱草	—	7.16	11.58
草木樨状黄芪	13.90	3.46	3.82	早熟禾	4.32	3.71	—

续表

物种	重要值 IV/%			物种	重要值 IV/%		
	坡顶	阳坡	阴坡		坡顶	阳坡	阴坡
茭蒿	12.95	11.42	3.72	铁杆蒿	6.21	7.49	8.92
沙打旺	4.23	—	3.95				

坡顶植物有 24 种，其中百里香重要值最大，长芒草、草木樨、糙隐子草、小花棘豆、远志、达乌里胡枝子、草木樨状黄芪、茭蒿、冰草重要值相对较低，赖草重要值极低；阳坡植物有 23 种，其中百里香重要值最大，长芒草、蒙古莸、草木樨、棘豆、远志、达乌里胡枝子、茭蒿、冰草重要值较低；阴坡植物有 24 种，长芒草重要值最大，草木樨、糙隐子草、棘豆、百里香、远志、达乌里胡枝子、苜蓿、大针茅、冰草、沙蒿、碱草重要值较低。

3. 植物物种联结性及群落类型

根据综采工作面外样方数据，进行种间联结性测定计算出 χ^2 检验统计量和 χ_i^2 的值。绘制出物种关联半矩阵图，见图 5.27—图 5.29。野外调查中，草本植物种类主要集中在菊科、禾本科、豆科，这几科的植物适应范围较广，能适应黄土丘陵沟壑区干旱少雨、土壤贫瘠的生态环境。适生植物群落草本的选择主要为菊科、禾本科和豆科的本地植物。结合黄土沟壑区实际情况，在无人工灌溉的情况下，仅在沟谷处分布有乔木，其余位置难以存活，所以适生植物群落暂不考虑乔木层物种，以灌木层和草本层为主。灌木层物种的选择主要选择抗旱性强的本地物种柠条、沙蒿、沙打旺。沟谷地带水分条件好，暂不考虑沟谷处的适生植物群落。生态修复植物群落选择坡顶、阳坡和阴坡三种地形位置进行研究。

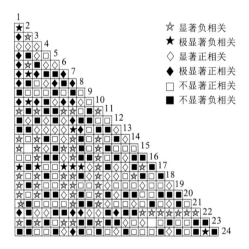

图 5.27　坡顶种间关联测定半矩阵图
1.长芒草；2.蒙古莸；3.草木樨；4.三芒草；5.糙隐子草；6.小花棘豆；7.百里香；8.远志；9.沙蓬；10.达乌里胡枝子；11.牛心朴子；12.草木樨状黄芪；13.茭蒿；14.沙打旺；15.柠条；16.阿尔泰狗娃花；17.赖草；18 委陵菜；19.苜蓿；20.狗尾草；21.针茅；22.冰草；23.早熟禾；24.铁杆蒿

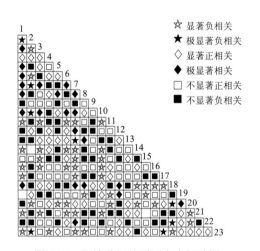

图 5.28　阳坡种间关联测定半矩阵图
1.长芒草；2.蒙古莸；3.草木樨；4.三芒草；5.糙隐子草；6.小花棘豆；7.百里香；8.远志；9.沙蓬；10.达乌里胡枝子；11.牛心朴子；12.草木樨状黄芪；13.茭蒿；14.柠条；15.阿尔泰狗娃花；16.苜蓿；17.针茅；18.冰草；19.沙葱；20.沙蒿；21.早熟禾；22.铁杆蒿；23.披碱草

图例：
☆ 显著负相关
★ 极显著负相关
◇ 显著正相关
◆ 极显著正相关
□ 不显著正相关
■ 不显著负相关

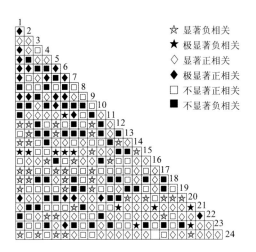

图 5.29　阴坡种间关联度测定半矩阵图

1.长芒草；2.草木樨；3.三芒草；4.糙隐子草；5.小花棘豆；6.百里香；7.远志；8.沙蓬；9.达乌里胡枝子；
10.草木樨状黄芪；11.茭蒿；12.沙打旺；13.阿尔泰狗娃花；14.中华小苦荬；15.赖草；16.芨芨草；17.苜蓿；
18.狗尾草；19.针茅；20.冰草；21.沙葱；22.沙蒿；23.铁杆蒿；24.披碱草

1）坡顶种间联结及适生植物群落

图 5.27 中，结果显示 20 个种对呈极显著正关联，占所有种对的 7.2%；45 个种对呈显著正关联，占所有种对的 16.3%；64 个种对为不显著正关联，占所有种对的 23.2%；有 10 个种对为极显著的负关联，只占种对的 3.6%，51 个种对为显著负关联，占所有种对的 18.5%；84 个种对为不显著负相关，占所有种对的 30.4%；无关联的种对数只有 2 对。

从图 5.27 可知，长芒草与草木樨、糙隐子草、小花棘豆、百里香、远志、达乌里胡枝子、冰草呈极显著正相关；百里香与远志、达乌里胡枝子、草木樨状黄芪、冰草、铁杆蒿呈极显著正相关；草木樨与百里香、达乌里胡枝子呈极显著正相关，糙隐子草和远志呈极显著正相关，远志与茭蒿、冰草呈极显著正相关；小花棘豆与百里香、达乌里胡枝子呈极显著正相关，草木樨状黄芪和冰草呈极显著正相关；百里香与茭蒿呈极显著负相关。灌木层物种柠条与长芒草、草木樨、小花棘豆、百里香、达乌里胡枝子、赖草、冰草呈显著负相关；柠条与三芒草、苜蓿、早熟禾呈显著正相关。

实地调查中坡顶或梁顶植被灌木层为柠条，从柠条与各草本层植物的关系出发进行适生植物群落物种的选择。坡顶植物中重要值较高的物种中去除与柠条显著负相关的物种，余下重要值相对较高的糙隐子草、远志、草木樨状黄芪、茭蒿。苜蓿与糙隐子草、远志、草木樨状黄芪、茭蒿不显著正相关；三芒草与糙隐子草、远志、草木樨状黄芪、茭蒿显著正相关。

根据物种之间的关系和实地调查，得到坡顶（或梁顶）适生植物群落组成为：灌木层以旱生柠条灌丛为建群种。草本层以茭蒿为建群种，糙隐子草、三芒草、草木樨状黄芪为伴生种，群落下层以远志为主。

2）阳坡种间联结及适生植物群落

阳坡植物种间关联见图 5.28。图中 χ^2 检验结果有 22 个种对呈极显著正关联，它们占所有种对的 8.7%；47 个种对呈显著正关联，占所有种对的 18.6%；58 个种对为不显著正关联，占所有种对的 22.9%；有 8 个种对为极显著的负关联，占所有种对的 3.2%，49 个种对为显著负关联，占所有种对的 19.4%；66 个种对为不显著负相关，占所有种对的 26.1%；无关联的种对数只有 2 对。

从图 5.28 可知，长芒草与草木樨、糙隐子草、小花棘豆、百里香、远志、达乌里胡枝子、冰草呈极显著正相关；草木樨与百里香、达乌里胡枝子呈极显著正相关；糙隐子草与远志呈极显著正相关；百里香与远志、达乌里胡枝子、草木樨状黄芪、冰草、铁杆蒿呈极显著相关；远志与茭蒿、冰草呈极显著正相关；小花棘豆与百里香、达乌里胡枝子呈极显著正相关；草木樨状黄芪与冰草、沙葱呈极显著正相关；百里香与茭蒿呈极显著负相关；蒙古莸与长芒草、百里香、达乌里胡枝子呈极显著负相关。灌木层物种柠条柠条与三芒草、苜蓿、早熟禾呈显著正相关，与长芒草、草木樨、小花棘豆、百里香、达乌里胡枝子呈显著负相关；沙蒿与沙葱呈极显著正相关，与冰草呈极显著负相关，与三芒草、百里香、远志、茭蒿、针茅、披碱草呈显著正相关，与蒙古莸、糙隐子草、小花棘豆、牛心朴子、柠条、苜蓿、早熟禾、铁杆蒿呈显著负相关。

实地调查中阳坡植被灌木层多为柠条，沙蒿。从柠条、沙蒿与各草本层植物的关系出发进行适生植物群落物种的选择。阳坡植物中重要值较高的物种中去除与柠条显著负相关的物种，余下重要值相对较高物种有蒙古莸、远志、茭蒿；与柠条显著正相关的物种三芒草与远志、茭蒿显著正相关，早熟禾与茭蒿显著正相关。去除与沙蒿极显著负相关、显著负相关的物种，余下重要值相对较高的百里香、草木樨、达乌里胡枝子；与沙蒿极显著相关的沙葱与蒙古莸显著正相关。

根据物种之间的关系和实地调查，得到两种类型的阳坡适生植物群落组成。①灌木层以柠条为建群种。草本层以茭蒿、蒙古莸为建群种，早熟禾为伴生种，群落下层以远志为主。这种群落类型适用于硬梁阳坡。②灌木层以沙蒿为建群种。草本层以达乌里胡枝子、草木樨为建群种，百里香、沙葱为伴生种，这种群落类型适用于软梁阳坡。

3）阳坡种间联结及适生植物群落

阴坡植物种间关联测定见图 5.29。图中 χ^2 检验结果有 21 个种对呈极显著正关联，它们占所有种对的 7.6%；76 个种对呈显著正关联，占所有种对 27.5%；65 个种对为不显著正关联，占所有种对的 23.6%；有 11 个种对为极显著的负关联，只占总对数的 4.0%，41 个种对为显著负关联，占所有种对的 14.9%；61 个种对为不显著负相关，占所有种对的 22.1%；无关联的种对数只有 1 对。

从图 5.29 可知，长芒草与草木樨、糙隐子草、棘豆、百里香、远志、达乌里胡枝子、冰草呈极显著正相关；草木樨与百里香、达乌里胡枝子呈极显著正相关；百里香与远志、达乌里胡枝子、草木樨状黄芪、冰草、铁杆蒿呈极显著相关；远志与茭蒿、冰草呈极显著正相关；小花棘豆与百里香、达乌里胡枝子呈极显著正相关；糙隐子草与远志呈极显著正相关；草木樨状黄芪与冰草、沙葱呈极显著正相关；百里香与茭蒿呈极显著负相关；苜蓿与沙葱、铁杆蒿呈极显著负相关。灌木层沙蒿与沙葱呈极显著正相关，与三芒草、百里香、远志、茭蒿、沙打旺、中华小苦荬、赖草、芨芨草、针茅、冰草、铁杆蒿、披碱草显著正相关，与糙隐子草、小花棘豆、苜蓿显著负相关；沙打旺与茭蒿、针茅、沙蒿、披碱草显著正相关，与沙葱极显著负相关，与长芒草、三芒草、小花棘豆、达乌里胡枝子、中华小苦荬显著负相关。

实地调查中阴坡植被灌木层多为沙蒿、沙打旺。从沙蒿、沙打旺与各草本层植物的关系出发进行适生植物群落物种的选择。阴坡植物中重要值较高的物种中去除与沙蒿显著负相关的物种，余下重要值相对较高物种有沙蒿、长芒草、草木樨、百里香、远志、达乌里胡枝子、冰草、披碱草，仅考虑正相关与物种习性，余下的物种为长芒草、草木樨、达乌里胡枝子。去除与沙打旺显著负相关的物种，余下重要值相对较高的草木樨、糙隐子草、百里香、苜蓿、针茅、冰草。

根据物种之间的关系和实地调查，得到两种类型的阴坡适生植物群落。①灌木层以沙蒿为建群种。草本层以达乌里胡枝子为建群种，长芒草、草木樨为伴生种。这种群落类型适用于硬梁阴坡。②灌木层以沙打旺为建群种。草本层以糙隐子草、草木樨为建群种，苜蓿、针茅、冰草为伴生种，群落下层以百里香为主。这种群落类型适用于软梁阴坡。

5.3　采煤对土地利用和植被覆盖度的影响

选用柠条塔煤矿建矿前的 2008 年 6 月、2015 年 7 月 SPOT-5 遥感影像。根据野外实地调查，结合研究区 1:10 万地形图，将研究区土地利用类型划分为林地、灌木、草地、耕地、水域、沙地、居民用地、工矿用地、交通用地、其他用地（包括未利用地）10 种类型。采用监督分类中的最小距离法对研究区两期影像进行分类，2008 年、2015 年土地利用分类见图 5.30、图 5.31。分类后提取不同土地利用类型的统计信息，井田区域土地利用类型变化情况见表 5.9。工作面及叠置开采地表区域土地利用类型变化情况见表 5.10。

表 5.9　2008 年及 2015 年柠条塔井田土地利用类型变化情况

土地利用类型	2008 年		2015 年		变化情况	
	面积/km²	百分比/%	面积/km²	百分比/%	面积/km²	百分比/%
林地	6.81	5.69	9.23	7.71	2.42	6.38
灌木	13.87	11.58	15.80	13.19	1.93	5.09
草地	55.30	46.17	62.76	52.40	7.46	19.67
沙地	23.42	19.55	16.17	13.50	−7.25	−19.12
耕地	5.18	4.32	3.63	3.03	−1.55	−4.09
水域	0.88	0.73	0.38	0.32	−0.50	−1.32
工矿用地	1.16	0.97	7.63	6.37	6.47	17.06

续表

土地利用类型	2008 年		2015 年		变化情况	
	面积/km²	百分比/%	面积/km²	百分比/%	面积/km²	百分比/%
居民用地	0.11	0.09	0.35	0.29	0.24	0.63
交通用地	0.18	0.15	0.62	0.52	0.44	1.16
其他用地	12.86	10.75	3.20	2.67	−9.66	−25.47
合计	119.77		119.77			

表 5.10　工作面及叠置开采区域土地利用类型变化情况　　　　（单位：m²）

类型	N1201 工作面			N1207 工作面		
	2008 年	2015 年	变化率/%	2008 年	2015 年	变化率/%
林地	49 280	46 843	−4.95	24 990	24 265	−2.90
灌木	38 666	59 179	53.05	14 974	21 952	46.60
草地	405 351	634 396	56.51	215 680	327 104	51.66
沙地	38 305	16 848	−56.02	13 393	4 832	−63.92
水域	4 054	0	−100.00	176	0	−100.00
其他	271 648	50 038	−81.58	115 323	6 383	−94.47
合计	807 034			384 536		

类型	N1211 工作面			N1108 与 N1202 叠置区		
	2008 年	2015 年	变化率/%	2008 年	2015 年	变化率/%
林地	3 342	3 278	−1.92	15 615	14 488	−7.22
灌木	7 618	4 805	−36.93	30 374	35 357	16.41
草地	121 974	177 894	45.85	174 837	200 056	14.42
沙地	2 829	992	−64.93	736	452	−38.59
水域	0	0	0	0	0	0
其他	53 759	2 553	−95.25	31 831	3 040	−90.45
合计	189 522			253 393		

　　采用土地利用分类中的 SPOT5 遥感影像数据，计算研究区归一化植被指数（NDVI）值。将表征植被覆盖度的 NDVI 划分为 5 个等级：<0（无植被）、0～30%（低植被覆盖度）、30%～45%（较低植被覆盖度）、45%～60%（中等植被覆盖度）、>60%（高植被覆盖度）。研究区 2008 年及 2015 年的植被覆盖度图见图 5.32、图 5.33。

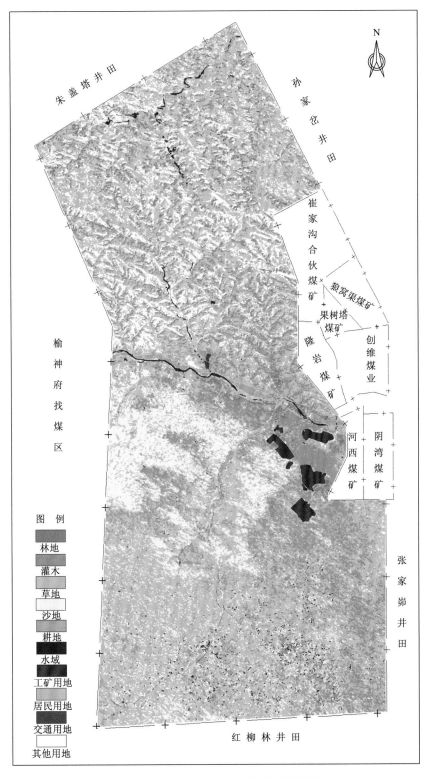

图 5.30　研究区 2008 年土地利用类型图

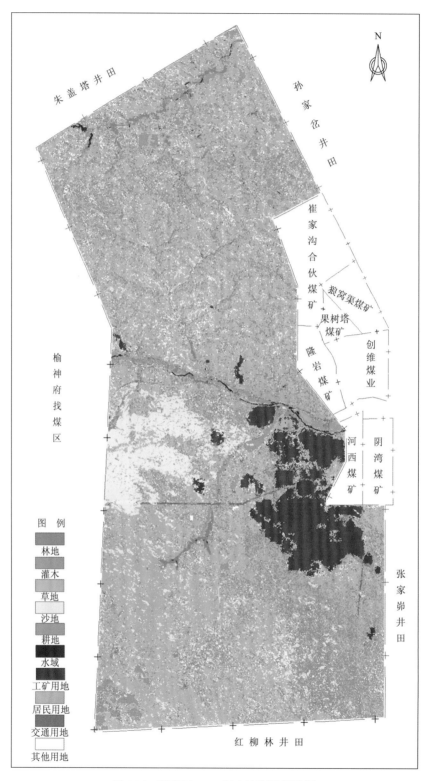

图 5.31　研究区 2015 年土地利用类型图

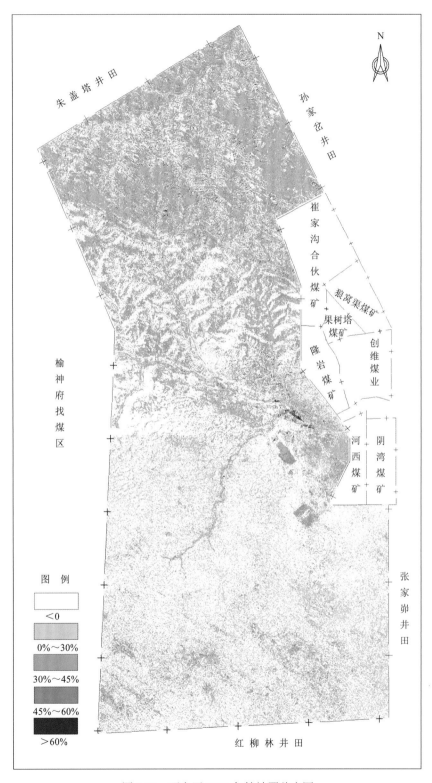

图 5.32 研究区 2008 年植被覆盖度图

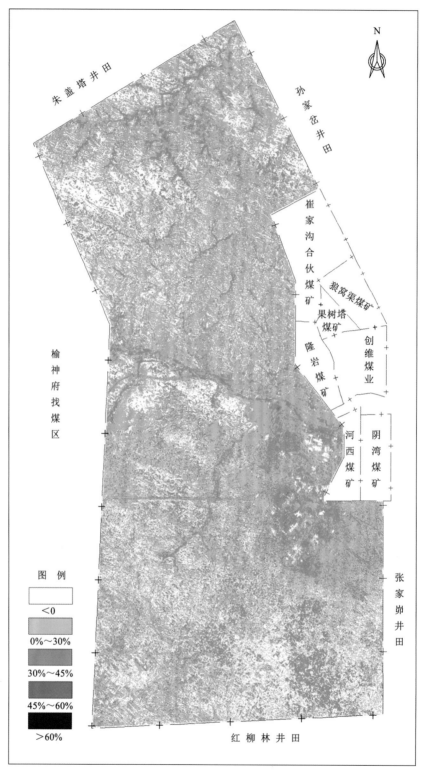

图 5.33　研究区 2015 年植被覆盖度图

5.3.1　井田范围

2008 年为柠条塔煤矿建矿时期,为柠条塔井田煤炭大规模开采之前,从图 5.30 及表 5.9 可以较好地了解柠条塔井田范围各工作面未开采前的土地利用类型特点。从图 5.9 中可以看出,2008 年草地类型的分布面积最大,为 55.30 km²,占井田总面积的 46.17%,在柠条塔井田的南翼和北翼广泛分布;其次为沙地类型面积较大,为 23.42 km²,占井田总面积的 19.55%,主要分布在考考乌素沟以南,小侯家母河沟和肯铁令河之间及其附近区域,随风向呈条带状分布;灌木类型分布面积为 13.87 km²,占井田总面积的 11.58%,在柠条塔井田的南翼和北翼都有分布,南翼灌木类型的面积较大;林地分布面积为 6.81 km²,占井田总面积的 5.69%,主要分布在考考乌素沟以北的井田北翼区域,在黄土沟壑的沟谷地带分布;其他各土地利用类型所占面积及比例较小。耕地占井田总面积的 4.32%,主要分布在井田北翼的庙沟及其支流长毛沟、巴兔明沟、杜家梁沟,考考乌素沟支流新民沟,南翼的考考乌素沟支流小侯家母河沟、肯铁令河及七卜树村区域;水域占井田总面积的 0.73%,主要为考考乌素沟、新民沟、庙沟、巴兔明沟沟道河流分布;工矿用地占井田总面积的 0.97%,主要分布在井田中部,除原有工矿外,还有正在建设的柠条塔煤矿的工矿用地;居民用地占井田总面积的 0.09%,主要分布在考考乌素沟周边;交通用地较少,其他类型主要为未利用的裸地,在井田范围都有分布,南翼小面积分布,在北翼的峁顶及坡面分布较多,面积较大。

至 2015 年 7 月,自 2009 年 N1201 首采工作面开始回采,柠条塔井田已进行综合机械化开采 6 年,土地利用类型已发生了较大变化。从图 5.31 及表 5.9 可以看出 2015 年柠条塔井田范围煤炭大规模开采后的土地利用类型特点。2015 年草地类型的分布面积最大,为 62.76 km²,占井田总面积的 52.40%,在柠条塔井田的南翼和北翼广泛分布;其次为沙地类型面积较大,为 16.17 km²,占井田总面积的 13.50%,主要分布在考考乌素沟以南,小侯家母河沟和肯铁令河之间,随风向呈条带状分布;灌木类型分布面积为 15.80 km²,占井田总面积的 13.19%,在柠条塔井田的南翼和北翼都有分布,主要在南翼东南区域和北翼的北部区域;林地分布面积为 9.23 km²,占井田总面积的 7.71%,主要分布在考考乌素沟、小侯家母河沟、肯铁令河、庙沟,其余在北翼的沟谷地带零散分布;其他各土地利用类型所占面积及比例较小。工矿用地面积为 7.63 km²,占井田总面积的 6.37%,主要分布在井田中部,主要为柠条塔煤矿及柠条塔工业园区;耕地占井田总面积的 3.03%,主要分布在井田北翼的庙沟、考考乌素沟、南翼小侯家母河沟、肯铁令河及七卜树村区域;水域面积为 0.38 km²,占井田总面积的 0.32%,主要为考考乌素沟河流水系;居民用地占井田总面积的 0.29%,主要分布在考考乌素沟周边;交通用地较少,其他类型主要为未利用的裸地在井田范围内小面积分布。

由表 5.9、图 5.30 和图 5.31 可以看出:2008 年至 2010 年 7 年期间,研究区的土地利用各类型都发生了不同程度的增减变化。面积变化量最大的是其他用地类型,这一类主要是未利用地,即无植被覆盖的裸地。其次是草地、沙地及工矿用地类型,变化最小的是居民用地类型。沙地、耕地、水域和其他类型面积减少,林地、灌木、草地、工矿用地、居民用地、交通用地面积增加。

与 2008 年相比，2015 年研究区沙地、耕地、水域和其他类型面积减少，其中沙地减少 7.25 km²，减少了 19.12%；耕地减少 1.55 km²，减少了 4.09%；水域减少 0.50 km²，减少了 1.32%，2015 年与 2008 年的水域相比，庙沟、新民沟、巴兔明沟沟道河流消失，考考乌素沟河水流量减小，根据现场调查，这几条沟道中的裂缝发育到地表，造成沟道河水漏到井下，造成地表水系消失。N1201 工作面、N1203 工作面、N1205 工作面、N1207 工作面、N1209 工作面、N1211 工作面回采经过新民沟，沟道地表发育有大量裂缝。其他用地类型减少 9.66 km²，减少了 25.47%。这主要是退耕还林还草的有效实施使得林草覆盖度增加，如南翼沙柳的大范围种植，将未利用地、沙地和耕地逐渐转变为草地、灌木及林地类型。另一方面，柠条塔工业园区及柠条塔煤矿等增加大面积工矿用地类型，各工矿企业在周边大量植树种草，使未利用地和沙地减少。因此，林地、灌木、草地、工矿用地、居民用地面积增加，其中林地增加了 2.42 km²，灌木增加了 1.93 km²，草地增加了 7.46 km²，工矿用地增加了 6.47 km²，居民用地增加了 0.24 km²。

从图 5.30 可以看出，2008 年井田范围的植被覆盖较小，井田南翼大范围为无植被覆盖区，植被覆盖主要为低及较低类型。从图 5.31 可以看出，2015 年井田范围的植被覆盖发生了较大变化，大范围为低植被覆盖区，同时井田较低植被覆盖大面积分布，主要分布在北翼黄土沟壑区的沟谷处，考考乌素沟，以及南翼的肯铁令河、小侯家母河沟处，在柠条塔工业园区和柠条塔煤矿工业场地周边也有大面积分布，在南翼东南区域大面积的人工种植沙柳增加了较低植被覆盖度面积；研究区中等及高植被覆盖区较少。

总体来看，2008 年至 2015 年的 7 年间，研究区的植被覆盖度变化明显，井田范围无植被覆盖区减少，低、较低植被覆盖度大面积增长，无植被覆盖区显著减少。较少的中、高植被覆盖区在河流、沟谷处及工矿极少分布，这种类型植被主要为乔木。井田中部较低植被覆盖度的面积增加主要是由于工矿企业和道路周边绿化改善，如柠条塔工业园区、柠条塔煤矿等植树种草，西柠道路、301 省道沿线绿化；井田其他范围植被覆盖度的改善主要为退耕还林还草政策实施改善，同时在北翼人工种植樟子松、柠条，南翼人工种植沙柳改善了植被覆盖度。

5.3.2　工作面地表植被及土地利用

为准确揭示煤炭开采对地表植被及土地利用类型的影响，选取黄土沟壑区回采时间较长的 N1201（2009 年，2010 年）工作面、N1207 工作面（2011 年）、N1211 工作面（2012 年），以及 N1108 工作面（2011 年）与 N1202（2012 年）叠置区域进行研究，各工作面及叠置区域土地利用类型在 2008～2015 年的变化情况见表 5.10。

从表 5.10 中可以看出，N1201 工作面、N1207 工作面、N1211 工作面，以及 N1108 工作面与 N1202 工作面叠置区域的土地利用类型发生了较大变化。灌木及草地类型增加，林地、沙地、水域及其他未利用地减少。

从采煤塌陷对生态环境的影响来看，采煤对林地及水域类型影响较大，N1201 工作面林地变化率为−4.95%，N1207 工作面林地变化率为−2.90%，N1211 工作面林地变化率为−1.92%，N1108 工作面与 N1202 叠置区域林地变化率为−7.22%。说明采煤塌陷时间越长，塌陷强度越大，对于林地类型的影响越大，减少了林地类型的面积；2008 年 N1201 工作面和 N1207 工作面内的新民沟沟道有河水分布，N1201 工作面为 4 054 m²，N1207 工作面为 176 m²，至 2015 年新民沟内的河水全部消失，主要原因为裂缝沟通地表。林地类型主要分布在沟谷地带，沟道河水受采煤影响消失，旱柳、榆树、杨树乔木生长受到影响，并出现死亡现象。

5.4 采煤对邻近矿区植被及土壤湿度的影响

邻近柠条塔井田的神东矿区煤炭开采时间较长，近年来，神东矿区随着地下采矿活动的加剧，引起了矿区地下水位下降、地表径流减少、水资源污染、地表塌陷及井泉干涸等一系列环境问题，使本来就十分脆弱的生态环境有进一步恶化的可能。神东矿区与柠条塔煤矿临近，通过神东矿区煤炭开采对植被和土壤湿度的影响研究，可为掌握柠条塔煤矿未来较长时期的生态环境影响提供借鉴。

5.4.1 临近矿区植被

植被变化是揭示干旱、半干旱荒漠矿区自然环境演变的重要手段之一。利用 250 m 分辨率 MODIS 植被指数 NDVI 数据，研究矿区尺度上植被的时空演变规律；以 30 m 分辨率 Landsat 和 HJ-CCD 遥感影像为数据源，将研究尺度从矿区转变到矿井，对比 9 个主要矿井采区与非采区植被的差异，分析地下采矿扰动活动对矿区地表植被产生的影响。

1. 基于 MODIS 数据的矿区植被时空动态变化分析

1）植被的年际变化趋势

利用 250 m 分辨率的 MOD13Q1（MODIS/Terra Vegetation Indices 16-Day L3 Global 250 m SIN Grid V005）植被指数产品数据集，提取神东矿区 2000～2015 年 NDVI 并分析 16 年来矿区植被变化趋势和规律。神东矿区年最大化 NDVI 的 16 年间平均值为 0.400 7，由 2000～2016 年神东矿区平均 NDVI 年变化波动曲线［图 5.34（a）］可见，研究区 16 年来年均最大 NDVI 总体呈上升趋势，表明矿区 NDVI 呈增加趋势，增加速率为 8.9%/10 年，植被覆盖在 16 年间呈较快速度增加。

从植被的年际变化可以看到（图 5.34），研究区 2000～2001 年的植被状况相似。从 2002 年后，神东矿区年均 NDVI 变化情况大致可分为 5 个阶段：年均 NDVI 从 2001～2002 年有一个明显的提高，NDVI 提高了约 25.78%；2003 年后年均 NDVI 呈缓慢增长趋势；2009 年后年均 NDVI 呈下降趋势；2011～2013 年 NDVI 呈快速增加趋势，NDVI 提高了 22.19%；而后，从 2013 年开始 NDVI 呈下降趋势。从图 5.34 可以看出，2001～2002

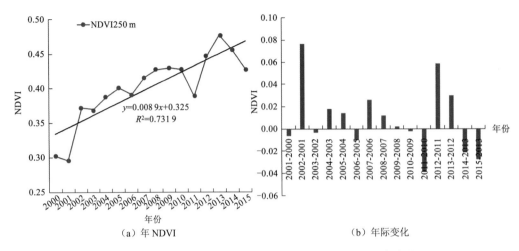

（a）年 NDVI　　　　　　　　　　　　（b）年际变化

图 5.34　2000～2015 年神东矿区平均 NDVI（250 m）年变化

年、2003～2005 年、2006～2009 年、2011～2013 年年度的 NDVI 差值为正值，2000～2001 年、2002～2003 年、2009～2011 年、2013～2015 年度 NDVI 差值为负值。从整体上看，年均 NDVI/EVI 的增长总幅度要大于其退化总幅度，即植被覆盖度是在逐步提高的，生态环境有改善的趋势。

2）植被的年际变化空间格局

一元线性回归分析可以分析图像中每个栅格点的变化趋势，Stow 等（2003）用此方法来计算绿色植被的绿度变化率（greenness rate of change，GRC），而某段时间内的季节合成归一化植被指数（seasonally integrated normalized difference vegetation index，SINDVI）的年际变化的最小次方线性回归方程的斜率被定义为 GRC。计算公式如下：

$$\text{Slope}=\cfrac{n\times\sum\limits_{i=1}^{n}(i\times M_{\text{NDVI},i})-\sum\limits_{i=1}^{n}i\sum\limits_{i=1}^{n}M_{\text{NDVI},i}}{n\times\sum\limits_{i=1}^{n}i^2-\left(\sum\limits_{i=1}^{n}i\right)^2} \tag{5.8}$$

式中：变量 i 为 1～16 的年序号；$M_{\text{NDVI},i}$ 表示第 i 年的最大 NDVI 值，同理，当计算 EVI 的变化趋势时，将式（5.8）中的 NDVI 替换为 EVI。某像元的趋势线是这个像元 16 年最大化 NDVI/EVI 值用一元线性回归分析法模拟出来的一个总的变化趋势。Slope 是这条趋势线的斜率。这个趋势线并不是简单的最后一年与第一年的连线。Slope＞0 则说明 NDVI 值在 16 年间的变化趋势是增加的；反之则是减少。本章利用此方法来分析 16 年间神东矿区年度最大化 NDVI 值的变化趋势。

利用式（5.8），计算得到神东矿区 250 m 分辨率的 2000～2015 年植被覆盖动态变化趋势空间分布图（图 5.35），并进行分级，将植被变化类型分为严重退化、中度退化、轻微退化、基本不变、轻微改善、中度改善、明显改善 7 个类别，计算各等级面积比例见表 5.11。从最大化 NDVI 变化趋势分析的结果中可以看出，矿区大部分地区在 16 年中植被得到了比较好的改善，改善区域主要集中在矿区中部、北部、东部及南部大部分地区，植被退化主要集中在乌兰木伦河两侧及矿区的西部和西北部。250 m 分辨率最大化 NDVI 改善面积为 92.25%、明显改善面积为 50.43%，退化面积为 4.90%。但是，总体上来看，植被改善面积要大于植被退化面积，植被状况得到了明显的改善。

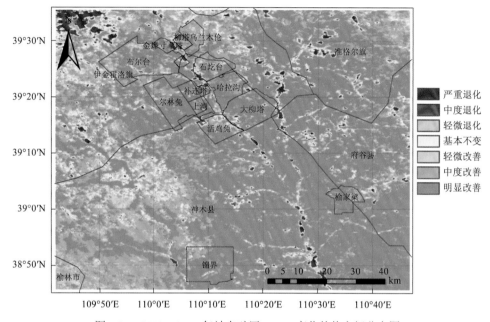

图 5.35　2000～2015 年神东矿区 NDVI 变化趋势空间分布图

表 5.11　16 年神东矿区最大化 NDVI/EVI 变化趋势结果统计

变化程度	分级标准	250 m NDVI 面积百分比/%
严重退化	≤−0.009 1	1.01
中度退化	−0.009 1～−0.004 6	1.28
轻微退化	−0.004 6～−0.001	2.61
基本不变	−0.001～0.001	2.85
轻微改善	0.001～0.004 6	11.00
中度改善	0.004 6～0.009 1	30.82
明显改善	≥0.009 1	50.43

3）植被的空间分布特征分析

根据像元二分模型，计算得到神东矿区植被覆盖分布图。2015 年，神东矿区植被覆盖度等级分布在空间上有着较强的规律性，体现为从西北向东南植被覆盖度逐渐增加的趋势：植被覆盖度为低等和中低等级的区域主要位于靠近毛乌素沙地的西南部和矿区的北部地区及乌兰木伦河、窟野河的两侧，在矿区东西部和中部地区也有少量分布；矿区的中部和西部地区为中等植被覆盖度区，其在矿区北部和东部也有条带状或零星状分布；矿区东南部和红碱淖的周围地区为中高和高等植被覆盖度区，见图 5.36。

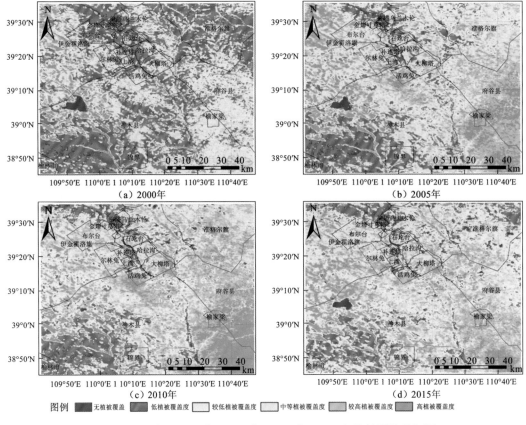

图 5.36　研究区 2000 年、2005 年、2010 年、2015 年植被覆盖等级图

　　神东矿区不同植被覆盖度等级所占面积构成见表 5.12，由 NDVI 计算的各等级植被覆盖度在 2015 年所占的比例较均匀，其中比例最大的是中等和较高覆盖度的植被，分别占 31.27%和 21.74%，较低和低覆盖度的植被比例分别为 21.57%和 14.79%，高覆盖度的植被为 9.64%，无植被覆盖部分所占比例最小，为 0.99%。总体上来看，矿区植被覆盖度得到了提高。

表 5.12　2000 年、2005 年、2010 年、2015 年神东矿区不同植被覆盖等级的面积变化

植被覆盖度	像元数/个				面积比例/%				像元数变化/个
	2000 年	2005 年	2010 年	2015 年	2000 年	2005 年	2010 年	2015 年	2000~2015 年
无（0）	2 000	2 086	1 926	2 037	0.97	1.01	0.94	0.99	−74
低（0~0.3）	86 97	36 490	31 34	30 432	42.27	17.73	15.23	14.79	−55 628
较低（0.3~0.45）	69 161	44 613	34 492	44 374	33.61	21.68	16.76	21.57	−34 669
中等（0.45~0.6）	28 882	56 885	58 088	64 350	14.04	27.65	28.23	31.27	29 206
较高（0.6~0.75）	10 069	43 265	49 935	44 728	4.89	21.03	24.27	21.74	39 866
高（0.75~1）	8 682	22 427	29 98	19 845	4.22	10.90	14.57	9.64	21 299

2000～2015 年,神东矿区植被覆盖度等级在空间上的分布状况发生了明显改变:低和中低覆盖度等级的植被向西北和北部方向大面积缩小,中等覆盖度植被面积向西部和北部有一定程度的增加,中高和高等覆盖度植被面积向矿区东南部大范围增加;从表 5.12 可以看出,用 NDVI 计算的低和较低覆盖度的植被面积减少最多,减幅分别达 63.96%和 50.13%;较高植被覆盖度等级面积增加最多,增幅达 395.93%;中等和高覆盖度植被面积也分别增加了 101.12%和 245.32%,说明植被覆盖度由低和较低等级向更高等级植被覆盖度转移。

2. 主要矿井采区和非采区植被相对差异分析

为深入分析地下采矿活动是否对矿井内采区植被产生明显影响,利用 30 m 分辨率 Landsat 和 HJ-CCD 数据,进一步对比分析主要矿井采区和非采区植被的相对差异。

以研究区未采矿前的某个初始状态下矿井内采区与非采区植被差异变化比为参考基准,采矿后采区植被差异变化比与参考基准进行对比,如果采后植被差异变化相对参考基准无变化或者大于参考基准,说明矿井采区植被没有受到地下开采活动的负面影响,反之受到了植被建设的正面影响;如果采后植被差异变化比小于参考基准,则说明矿井采区植被可能受到了地下开采活动的负面影响。神东矿区建设最早的煤矿是大柳塔矿井,其始建于 1987 年 10 月,1996 年正式投产,因而 1989 年 9 月 11 日矿区 NDVI 可以作为采矿活动开始前的初始状态,将 2010 年之前、2007 年之前、2002 年之前、2000 年之前、1998 年之前采区矢量 shape 文件与 1989 年 9 月 11 日各主要矿井套合,即可求出采矿活动开始前采区与非采区植被差异变化比;然后分别将各时间段矢量 shape 文件与 2010 年 8 月 5 日矿区 NDVI 影像套合,得到采矿后各时间段采区与非采区植被差异变化比;将 2010 年 8 月 5 日采矿后各时间段采区与非采区植被差异变化比与参考基准 1989 年 9 月 11 日采矿开始前各时间段采区与非采区植被差异变化比进行对比分析,研究采矿活动是否对采区植被产生了影响。

表 5.13 为 1989 年 9 月 11 日采前与 2010 年 8 月 5 日采后 9 个主要矿井采区与非采区植被差异变化比统计表,可以看出,大柳塔、榆家梁、石圪台、乌兰木伦、哈拉沟等矿井在初始状态下采区植被均小于非采区植被;活鸡兔、上湾–尔林兔在采前初始状态下采区植被好于非采区;而锦界矿井在初始状态下 2010 年 8 月 5 日之前采区植被差于非采区,2007 年 8 月 12 日之前采区植被好于非采区;补连塔矿井在 2010 年 8 月 5 日之前、2007 年 8 月 12 日之前采区植被差于非采区,在 2002 年 8 月 6 日之前和 2000 年 7 月 31 日之前采区植被好于非采区。

(1)大柳塔矿井在 1989 年初始状态下,采区植被均差于非采区;2010 年采后,2010 年 8 月 5 日之前和 2007 年 8 月 12 日之前采区植被差于非采区,但采区与非采区植被差异有所减小,如在初始状态下,2010 年之前采区与非采区植被差异变化比为–7.78%,而在采后,这个比值降低为–3.85%;2002 年 8 月 6 日之前、2000 年 7 月 31 日之前和 1998 年 7 月 2 日之前采区植被均好于非采区植被。总体来看,大柳塔矿井在 2010 年 8 月 5 日各时间段内采区与非采区植被变化比均比初始状态下有所提高,说明大柳塔矿井地下采

表5.13　9个主要矿井采区与非采区NDVI均值相对变化比

采区范围	矿井									备注
	大柳塔	活鸡兔	锦界	榆家梁	上湾–尔林兔	石圪台	补连塔	乌兰木伦	哈拉沟	
2010年之前采区	−7.78	**0.56**	−6.34	−1.86	4.20	−1.34	−1.11	−14.03	−6.47	1989年9月11日采前NDVI采区与非采区变化比/%（参考基准）
2007年之前采区	−7.24	0.05	2.30	−4.41	0.97	−11.63	−1.70	−16.33	−9.07	
2002年之前采区	−3.52	7.08		−6.96			11.62	−20.46	−9.51	
2000年之前采区	−5.29	4.66					12.55			
1998年之前采区	−9.34							−29.22	−13.15	
2010年之前采区	−3.85	**11.28**	0.80	−4.92	−4.57	4.04	−1.47	−9.19	−4.81	2010年8月5日采后NDVI采区与非采区变化比/%
2007年之前采区	−3.12	8.72	14.39	−2.09	−6.56	−4.67	−2.49	−11.19	−5.66	
2002年之前采区	3.53	3.27		−3.02			11.91	−0.86	6.82	
2000年之前采区	5.07	0.89					11.12			
1998年之前采区	8.37							−7.29	14.19	
2010年之前采区	3.93	**10.72**	7.14	−3.06	−8.77	5.38	−0.36	4.84	1.66	采后与采前变化比差值/%
2007年之前采区	4.12	8.67	12.09	2.32	−7.53	6.96	−0.79	5.14	3.41	
2002年之前采区	7.05	−3.81		3.94			0.29	19.6	16.33	
2000年之前采区	10.36	−3.77					−1.43			
1998年之前采区	17.71							21.93	27.34	

注：由于活鸡兔采掘工程平面图时间为2009年，表中加粗部分数字为活鸡兔矿井2009年之前的采区与非采区差异变化比；变化比 $=(\overline{\text{NDVI}}_{采区}-\overline{\text{NDVI}}_{非采区})/\overline{\text{NDVI}}_{非采区}\times100\%$

矿活动可能没有对采区植被产生负面影响，矿井开展的防风固沙、水土保持、沉陷区过境公路绿化等工程建设，提高了矿井植被覆盖度。

（2）活鸡兔矿井在初始状态和采后状态下采区植被均好于非采区植被，且各时间段内植被差异有所不同。采后，2010年8月5日之前和2007年8月12日之前采区与非采区植被差异变化比比初始状态下的变化比有所提高，但2002年8月6日之前和2000年7月31日之前采区与非采区植被差异变化比比初始状态下的变化比有所下降，说明活鸡兔矿井植被生态建设的正面影响掩盖了地下采矿活动对植被的负面影响。

（3）锦界矿井在初始状态下2010年8月5日之前采区植被差于非采区，2007年8月12日之前采区植被好于非采区，而在采后采区植被均好于非采区。总体来看，锦界矿井采后采区与非采区植被差异变化比初始状态下提高了，说明地下采矿活动可能对采区植被并没有产生负面影响。

（4）榆家梁矿井在初始状态和采后状态下，采区植被均差于非采区。在2010年之前采区范围内，采后采区与非采区植被差异变化比与初始状态相比下降了，而在2007年和2002年之前采区范围内，采后采区与非采区植被差异变化比与初始状态相比提高了，但此矿井并没有开展植被生态建设,说明随着地下采矿力度的加大,地下扰动活动可能对采区植被产生了负面影响。

(5)上湾–尔林兔矿井在初始状态下采区植被好于非采区,采后采区植被差于非采区,说明该矿井虽然开展了植被生态建设,但地下采矿活动还是对采区植被产生了负面影响。

(6)石圪台矿井在 2010 年和 2007 年之前采区范围内采后采区与采区植被差异变化比初始状态下采区与非采区植被差异变化比分别提高了 5.38%和 6.96%,表明地下采矿活动并没有给采区植被带来显著负面影响,相反由于此矿井开展了植被生态建设,采区植被状况相对于非采区植被有所好转。

(7)补连塔矿井除 2002 年之前采区与非采区植被差异变化比比初始状态下稍微提高外,其余时间段均比初始状态下采区与非采区植被差异变化比下降,说明地下采矿活动对采区植被产生的负面影响要高于植被生态建设产生的正面影响,因而采区植被受到了地下扰动活动的影响。

(8)乌兰木伦矿井无论在初始状态还是采后状态下,采区植被均好于非采区植被。各时间段内,采后采区植被与非采区植被差异变化比比初始状态下分别提高了 4.84%、5.14%、19.60%、21.93%,说明矿井开展的植被生态建设大幅提高了植被覆盖度,植被生态建设的正面影响要大于采矿活动的负面影响。

(9)哈拉沟矿井在各时间段内,相对初始状态而言,采区植被与非采区植被差异变化比有所提高,说明植被生态建设的正面影响要大于采矿活动的负面影响。

5.4.2 临近矿区土壤湿度

土壤湿度是自然界一种重要的水资源,是连接大气水、地表水、地下水的纽带。植被能够吸收利用的水分主要来自大气降水、土壤水、地表径流和地下水,而大气降水、地表径流、地下水转化成土壤水才能被植物吸收利用。处于干旱半干旱地区的神东矿区,生态环境脆弱,植被以沙生灌木和草本植物为主,其根系分布在 0～5 m 范围内,采前地下水位埋深为 8～35 m,推断出植被利用不上地下潜水,且该矿区降水稀少,季节分配不均,蒸发强烈,地表水资源匮乏,因此土壤湿度成为矿区植被生长和恢复的主导因子。大量研究指出神东矿区地下采矿活动导致了地表裂缝和塌陷、地下水位下降、井田干涸、植被枯死、水土流失和土地荒漠化加剧等问题。地表浅层土壤湿度遥感及其空间分布规律研究是矿区环境监测的主要内容之一,对判别地下采矿活动扰动地表程度具有重要的意义。

利用 2000～2015 年 MODIS 影像 NDVI 和地表温度(T_s)数据建立矿区地表浅层土壤湿度遥感监测模型,分析矿区尺度表层土壤湿度变化趋势与规律;并用 Landsat 和 HJ-CCD 波段反射率数据,建立地表浅层土壤湿度反演模型,分析矿井尺度采区与非采区浅层土壤湿度差异,并进一步分析地下开采扰动活动对浅层土壤湿度产生的影响。

1. 基于 MODIS 的矿区尺度土壤湿度时空变异分析

基于双抛物线型 NDVI-T_s 特征空间,结合式(5.9)计算神东矿区 TVDI,分析 2000～

2011年土壤湿度时空变异情况。利用土壤湿度等级划分标准,借助ArcGIS9.3,绘制2000～2015年神东矿区土壤湿度等级时空分布图(图5.37)。

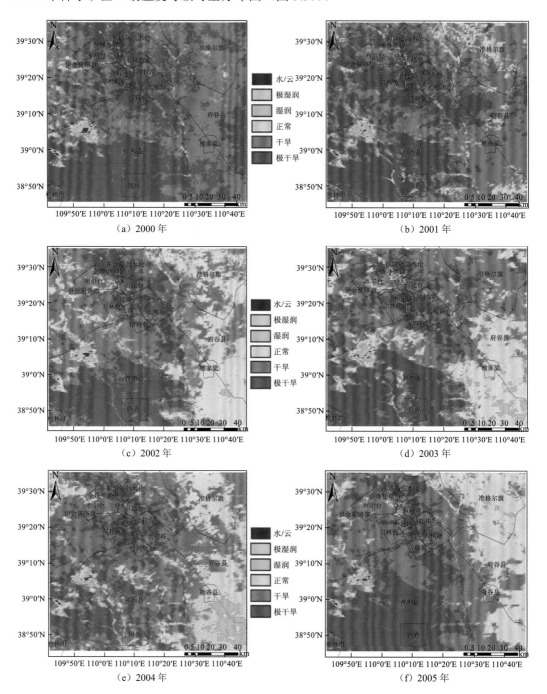

图 5.37　神东矿区 2000～2015 年土壤湿度等级时空变化图

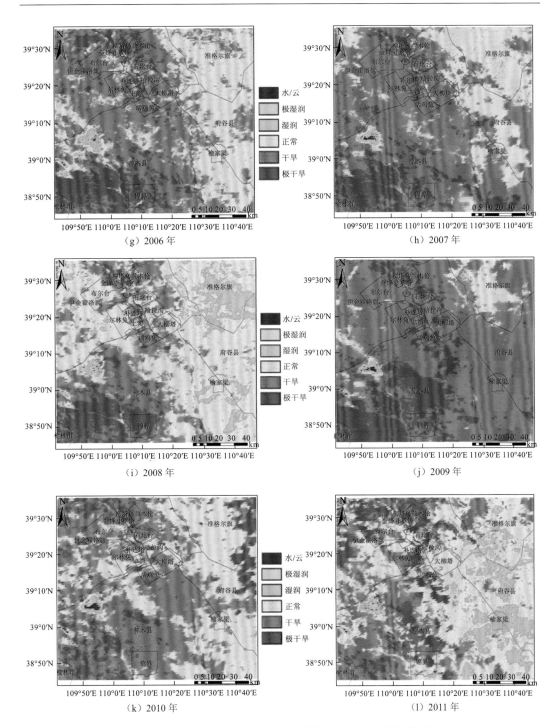

图 5.37　神东矿区 2000～2015 年土壤湿度等级时空变化图（续）

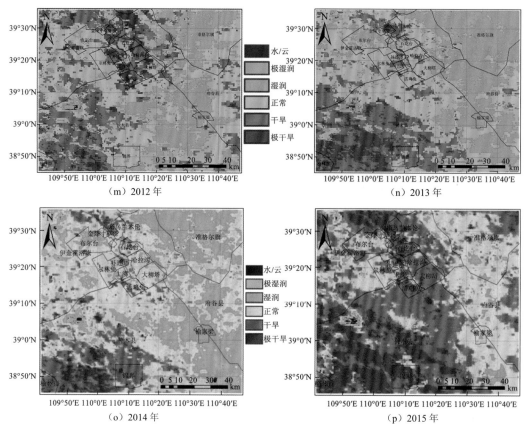

图 5.37　神东矿区 2000～2015 年土壤湿度等级时空变化图（续）

$$\text{TVDI} = \frac{T_s - T_{s\min}}{T_{s\max} - T_{s\min}} \tag{5.9}$$

其中：T_s 为地表温度；$T_{s\min}$ 为相同 NDVI 值对应的最小地表温度，是 NDVI-T_s 特征空间中的湿边；$T_{s\max}$ 为研究区相同 NDVI 值对应的最大地表温度，代表特征空间中的干边。$T_{s\min}$ 和 $T_{s\max}$ 由对 NDVI-T_s 特征空间的干、湿边模拟得

$$T_{s\max} = a_1 \times \text{NDVI}^2 + b_1 \times \text{NDVI} + c_1$$
$$T_{s\min} = a_2 \times \text{NDVI}^2 + b_2 \times \text{NDVI} + c_2 \tag{5.10}$$

其中：a_1、b_1、c_1、a_2、b_2、c_2 为方程拟合系数。

　　从图 5.37 可以看出，2000 年神东矿区土壤湿度偏低，大部分区域处于干旱状态，TVDI 平均值为 0.7678；随后 2001～2008 年间土壤湿度逐年缓慢增长，至 2008 年土壤湿度达到最大，旱情得到缓解，2001～2008 年神东矿区 TVDI 平均值分别为 0.746 4、0.678 5、0.698 4、0.665 1、0.695 8、0.642 4、0.659 8、0.564 8，土壤湿度与 TVDI 呈负相关关系，随着 TVDI 的减小，土壤湿度值在逐年缓慢增大；2009 年矿区旱情加重，土壤湿度值偏低，TVDI 平均值上升到 0.7176，而后 2010～2015 年旱情逐步得到缓解，TVDI 平均值分别为 0.634 1、0.565 5、0.528 0、0.502 4、0.471 2、0.641 5。

从空间上来看,2000~2015 年间矿区土壤湿度呈现从西北部向东南部逐渐增加的趋势。2000 年神东矿区大部分区域处于干旱状态,所占比例为 96.03%,而 2015 年矿区的干旱区域主要分布在西南部和西北部,所占比例下降为 59.59%;2015 年湿润区域主要分布在矿区的东部和东南部,比例为 4.41%,2000 年湿润区所占比例仅为 0.36%;2015 年正常区域主要分布在矿区的中东部,在其他区域也有零星分布,所占比例最大,为 35.87%,而 2000 年正常区域所占比例为 3.12%。可见,2015 年矿区土壤湿度空间分布特征与 NDVI 空间分布特征具有一定的相似性,随着植被覆盖度的提高,土壤湿度也有所增加。

250 m 分辨率 TVDI 与 SM 之间的线性拟合方程为

$$SM=-22.857TVDI+17.721 \tag{5.11}$$

根据式(5.11)和 2000~2015 年神东矿区平均 TVDI 值,得到 2000~2015 年矿区平均土壤湿度分别为 0.17%、0.66%、2.21%、1.76%、2.52%、1.82%、3.04%、2.64%、4.81%、1.32%、3.23%、4.80%、5.65%、6.24%、6.95%和 3.06%,可以看出矿区土壤湿度总体上呈增加趋势,并没有因为开采力度的加大而减少,说明地下采矿活动并没有导致矿区土壤湿度出现明显的退化趋势。

图 5.38 为土壤湿度与植被指数、气象因子之间的时序对应关系图,从图中可以看出神东矿区平均土壤湿度在 2000~2015 年间有增有减,但总体趋势是增加的;从总体上来看,土壤湿度平均值(soil moisture,SM)变化趋势与 NDVI、年降雨量具有相似的变化特征,2000~2008 年平均土壤湿度总体呈增加趋势,至 2008 年达到最大值,而 NDVI、年降雨量也在 2008 年达到最大值;而后 2009 年土壤湿度有一个较大幅度的下降趋势,相应的 NDVI、年降雨量也开始呈现下降趋势;2010~2014 年土壤湿度平均值呈上升趋势,而后呈下降趋势,但 NDVI、年降雨量等指标在 2010~2011 年继续呈下降趋势,而后 2012~2013 年呈上升趋势,2013~2015 又呈下降趋势,进一步说明降水是控制植被生长的主导

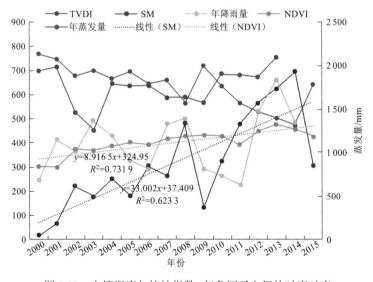

图 5.38　土壤湿度与植被指数、气象因子之间的时序对应

因子。进一步分析 SM 与 NDVI、年降雨量的相关性得到 SM 与 NDVI、年降雨量的相关系数分别为 0.779、0.527（$P < 0.1$），说明 16 年来矿区土壤湿度的增加与矿区植被覆盖度的增加密切相关，同时降雨量的多寡也是影响矿区土壤湿度的另一个主导因子。2000～2015 年间神东矿区原煤产量在逐年增加，土壤湿度和植被指数总体上也呈增加趋势，并没有因为开采力度的加大而减少，说明地下采矿活动并没有导致矿区土壤湿度和植被出现明显的退化趋势。

2. 基于 Landsat 和 HJ-CCD 的矿井尺度土壤湿度时空差异分析

主要通过遥感反演和实地调查相结合的方法来分析神东矿区主要矿井采区与非采区土壤湿度的差异。

（1）将 9 个主要矿井各时间段矢量 shape 文件分别与 2010 年 8 月 5 日神东矿区土壤湿度反演数据套合，得到各主要矿井各时间段采区、2010 年非采区及矿井平均土壤湿度数据。从表 5.14 可以看出，大柳塔矿井、石圪台矿井及榆家梁矿井采区土壤湿度小于非采区，且两者差异不大；乌兰木伦矿井在 2010 年之前采区和 2007 年之前采区范围内采区土壤湿度小于非采区土壤湿度，2002 年之前采区和 1998 年之前采区范围内土壤湿度大于非采区土壤湿度；补连塔矿井 2010 年之前采区范围内采区土壤湿度小于非采区，其他各时间段采区土壤湿度均大于非采区；其余矿井采区土壤湿度均大于非采区土壤湿度。

表 5.14　9 个主要矿井采区与非采区土壤湿度均值变化比

采区范围	大柳塔矿井		活鸡兔矿井		锦界矿井		榆家梁矿井		上湾–尔林兔矿井	
	平均值	变化比	平均值	变化比	平均值	变化比	平均值	变化比	平均值	变化比
2010 年之前采区	2.84	−7.19	2.78	25.79	2.13	7.58	2.99	−5.08	3.04	15.15
2007 年之前采区	2.82	−7.84	2.81	27.15	2.60	31.31	3.06	−2.86	2.98	12.88
2002 年之前采区	2.83	−7.52	2.51	13.57			2.96	−6.03		
2000 年之前采区	2.93	−4.25	2.45	10.86						
1998 年之前采区	3.29	7.52								
2010 年井田	3.00	−1.96	2.40	8.60	1.99	0.51	3.03	−3.81	2.74	3.79
2010 年非采区	3.06	0.00	2.21	0.00	1.98	0.00	3.15	0.00	2.64	0.00

采区范围	石圪台矿井		补连塔矿井		乌兰木伦矿井		哈拉沟矿井			
	平均值	变化比	平均值	变化比	平均值	变化比	平均值	变化比		
2010 年之前采区	2.66	−8.59	3.19	−2.45	2.15	−6.93	2.97	8.79		
2007 年之前采区	1.97	−32.3	3.28	0.31	2.03	−12.1	3.07	12.45		
2002 年之前采区			3.70	13.15	2.93	26.84	3.02	10.62		
2000 年之前采区			3.73	14.07						
1998 年之前采区					2.96	28.14	3.58	31.14		

续表

采区范围	石圪台矿井		补连塔矿井		乌兰木伦矿井		哈拉沟矿井			
	平均值	变化比	平均值	变化比	平均值	变化比	平均值	变化比		
2010 年井田	2.86	−1.72	3.23	−1.22	2.26	−2.16	2.78	1.83		
2010 年非采区	2.91	0.00	3.27	0.00	2.31	0.00	2.73	0.00		

注：变化比 $=(\overline{SM}_{采区}-\overline{SM}_{非采区})/\overline{SM}_{非采区}\times100\%$，下同。由于活鸡兔采掘工程平面图时间为 2009 年，表中数字为活鸡兔矿井 2009 年数据

（2）土壤湿度与区域植被分布、地形高程、降雨等因素有关，因而为进一步分析采矿活动对浅层土壤湿度是否产生影响，需要排除植被、地形高程、降雨等因素对土壤湿度的影响。因为使用的遥感影像为 2010 年 8 月 5 日数据，不考虑降雨和禁牧等因素对土壤湿度的影响。首先从 Google Earth 中获得研究区高分辨率影像图，对其进行相应处理，使其获得投影坐标信息；然后将矿区等高线文件与获取的研究区高分辨率影像图套合，在采区和非采区选择具有相同高程和相近植被条件的区域；最后将具有相同高程和相近植被条件的区域与研究区土壤湿度数据套合，在尽量排除高程和植被条件的影响下分析采区和非采区土壤湿度的差异。

将等高线矢量文件与 9 个主要矿井高分率影像图套合，选取相同高程和相近植被条件的采区和非采区，图 5.39 为大柳塔矿井抽样样本位置图。用同样方法选取其他矿井采区和非采区抽样点。分别统计抽样区域采区和非采区土壤湿度均值，对比分析两者的差异，见表 5.15。

图 5.39　大柳塔矿井土壤湿度对比样本位置图

表 5.15 9 个主要矿井采区与非采区土壤湿度抽样对比

矿井	SM 均值/%		变化比/%	SM 均值/%		变化比/%
	采区 1	非采区 1		采区 2	非采区 2	
大柳塔	2.75	3.33	−17.42	3.47	3.69	−5.96
活鸡兔	3.21	3.03	5.94	3.44	3.23	6.50
锦界	3.00	3.37	−10.98	2.71	3.18	−14.78
榆家梁	3.51	3.87	−9.30	2.77	3.08	−10.06
上湾–尔林兔	4.63	5.95	−22.18	2.91	3.70	−21.35
补连塔	2.90	2.79	3.94	4.28	3.82	12.04
石圪台	3.75	3.96	−5.30	2.99	3.70	−19.19
乌兰木伦	3.11	3.45	−9.86	1.58	1.75	−9.71
哈拉沟	3.99	3.65	9.32	2.59	2.34	10.68

由表 5.15 可得，在基本消除高程和植被建设等因素的影响下，大柳塔矿井、榆家梁矿井和石圪台矿井采区土壤湿度小于非采区，与表中结果一致，说明采矿活动对这三个矿井采区土壤湿度产生了负面影响；锦界矿井、上湾—尔林兔矿井及乌兰木伦矿井在基本消除高程和植被建设等因素的影响下采区土壤湿度小于非采区，与表中三个矿井采区土壤湿度大于非采区土壤湿度结果不一致，表明采矿活动确实对此三个矿井采区土壤湿度产生了负面影响，但是植被建设等手段可以部分消除这种负面影响；活鸡兔矿井、补连塔矿井和哈拉沟矿井在基本消除高程和植被建设等因素的影响下，采区土壤湿度大于非采区，与表 5.15 中结果一致，说明地下采矿活动可能并未对这三个矿井的采区土壤湿度产生明显影响。

（3）利用实地调查数据分析主要矿井采区和非采区土壤湿度差异。2010 年 7 月和 2010 年 10 月分别对大柳塔矿井、活鸡兔矿井、补连塔矿井、上湾–尔林兔矿井、石圪台矿井等主要矿井不同开采年限采区和非采区土壤湿度进行实地采样。图 5.40 分别为补连塔、

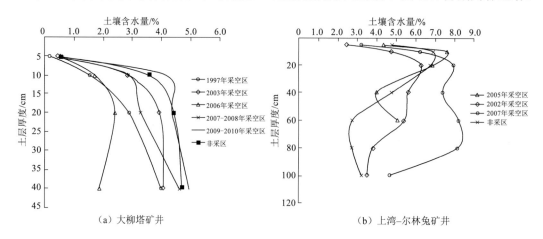

图 5.40 实地调查主要矿井采区与非采区土壤湿度差异

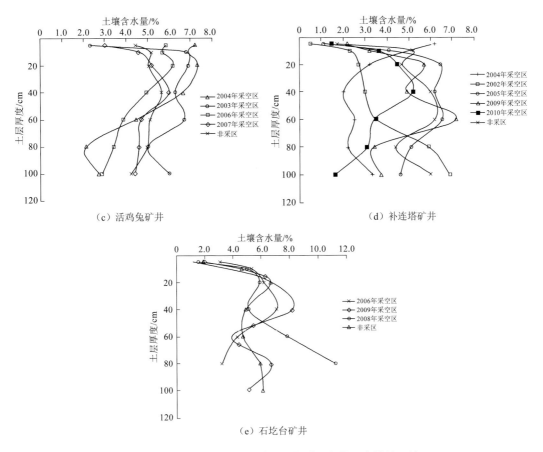

图 5.40　实地调查主要矿井采区与非采区土壤湿度差异（续）

上湾–尔林兔矿井、活鸡兔矿井、石圪台矿井和大柳塔矿井采区与非采区土壤湿度对比图，可以看出，大柳塔矿井、上湾–尔林兔矿井、石圪台矿井在 0～5 cm 深度采区土壤湿度均小于非采区土壤湿度；活鸡兔矿井 2003 年和 2007 年采区 0～5 cm 深土壤湿度小于非采区，2004 年和 2006 年采区土壤湿度则大于非采区；补连塔矿井 2002 年和 2005 年采区 0～5 cm 深土壤湿度小于非采区，2004 年、2009 年及 2010 年采区土壤湿度大于非采区。可以看出，实地调查结果基本上与遥感手段获取的采区与非采区土壤湿度差异一致。

第 6 章　多煤层开采地表塌陷减缓控制技术

6.1　煤层群开采合理工作面与煤柱错距数值计算

由物理模拟可知,地表拉裂隙主要源于遗留煤柱造成的非均匀沉降,而非均匀沉降将导致出现拉应力区,形成拉裂缝。此外,由于煤柱导致非均匀沉降,必然在煤柱上形成集中应力。为了揭示煤层群开采煤柱集中应力与地表下沉破坏的耦合控制关系,采用 UDEC（universal distinct element code）软件计算不同煤柱错距和工作面走向错距时的覆岩应力场、破坏区和位移场的关系,确定兼顾减缓地下煤柱集中应力和地表裂隙控制的工作面区段煤柱错距和同采工作面走向错距。

6.1.1　UDEC 数值模型的建立

1. UDEC 数值模拟计算软件

UDEC 数值模拟是一款基于离散单元法理论的一种非连续性介质力学计算软件,能够较为直观地模拟覆岩垮落结构形态和矿压显现特征。被岩土、采矿等一系列工程领域的科研工作者广泛应用于分析、测试设计等工作。模拟煤体开采对覆岩和地表的破坏,可以通过 UDEC 数值计算软件来模拟非连续性介质的大变形。

2. 模型的建立

根据柠条塔煤矿北翼东区钻孔数据构建 UDEC 数值计算模型,采用 Mohr-Coulomb 模型进行计算,计算参数如表 6.1 所示。模型为 630 m×260 m 的平面应变模型,根据煤岩力学参数建模并赋值,计算平衡曲线如图 6.1 所示,模型计算平衡后原岩应力如图 6.2 所示。

表 6.1　数值计算模型参数

岩层	单向抗压强度/MPa	抗拉强度/MPa	内聚力/MPa	内摩擦角/(°)	体积模量 K/MPa	剪切模量 G/MPa
粉砂岩	31.9	0.203	0.65	38.0	560	229
中粒砂岩	35.3	0.260	0.80	44.5	1 269	620
粉砂岩	41.9	0.203	0.65	38.0	560	229
中粒砂岩	40.6	0.559	1.50	44.0	1 477	761

续表

岩层	单向抗压强度/MPa	抗拉强度/MPa	内聚力/MPa	内摩擦角/(°)	体积模量 K/MPa	剪切模量 G/MPa
1^{-2} 煤层	15.7	0.289	1.10	37.5	640	330
细粒砂岩	29.6	0500	1.50	42.0	998	488
粉砂岩	36.0	0.234	0.90	40.0	829	383
细粒砂岩	48.5	0.694	1.90	42.5	1 180	641
粉砂岩	45.3	0.234	1.20	41.0	770	355
细粒砂岩	45.6	0.708	2.20	41.5	1 531	832
2^{-2} 煤层	13.8	0.328	1.20	37.0	612	333
粉砂岩	20.5	0.043	0.15	37.5	141	51
细粒砂岩	39.1	0.810	2.20	42.0	2 628	1 428
粉砂岩	42.5	0.275	0.70	40.0	310	135
细粒砂岩	47.5	0.799	2.40	43.0	1 907	1 036
中粒砂岩	41.9	0.864	2.50	44.0	1 885	1 077
粉砂岩	46.3	0.536	1.80	41.0	1 526	787
3^{-1} 煤层	10.9	0.403	1.10	36.5	587	286
细粒砂岩	43.1	0.810	2.00	43.0	2 159	1 296

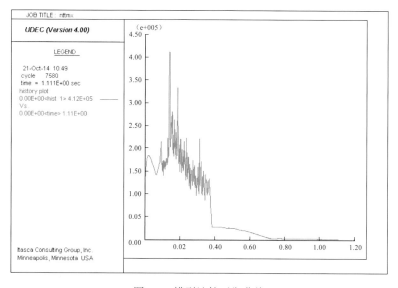

图 6.1　模型计算平衡曲线

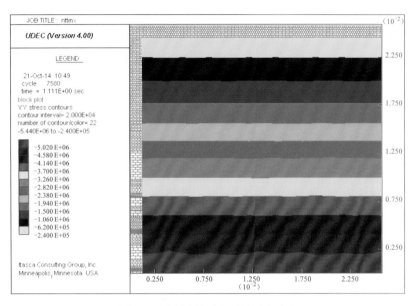

图 6.2　模型计算平衡后的原岩应力

6.1.2　1⁻²煤层与2⁻²煤层合理区段煤柱错距

1. 模型的开挖

模型首先开采 1⁻² 煤层，采高为 2 m，左边留设 60 m 边界煤柱，开挖左侧工作面，每步开挖 4 m，开挖长度 245 m。留设 20 m 区段煤柱后，进行右侧工作面的开采，工作面长度 245 m。

1⁻² 煤层开采结束后，进行 2⁻² 煤层的开采，左侧留设 60 m 边界煤柱，进行左侧工作面的开采。为研究不同区段煤柱错距下覆岩垮落规律和地表移动规律，在保证地表达到充分采动的前提下，进行 2⁻² 煤层的回采，采高为 5 m，分别模拟 2⁻² 煤层区段煤柱与 1⁻² 煤层区段煤柱重叠布置、错距 0 m、10 m、20 m、30 m、40 m、50 m 布置的情况，记录对比不同错距下煤柱垂直应力分布、覆岩破坏特征和地表移动规律。

2. 不同区段煤柱错距覆岩垮落及煤柱破坏特征

通过 UDEC 数值模拟得出不同煤柱错距的破坏区，如图 6.3 所示，可以得出以下结论。

（1）当上下煤柱错距小于 20 m 时，下煤层区段煤柱处于上煤层煤柱增压区内，导致上煤层煤柱与下煤层煤柱出现贯通破坏区，下煤层煤柱破坏严重，巷道支护困难。

（2）当上下煤柱错距在 30～40 m 时，随煤柱错距增加，上煤层煤柱底板破坏区与下煤层煤柱顶板破坏区逐渐分离，应力叠加区域逐渐减小。当错距为 40 m 时，下煤层顶板垮落，巷道处于减压区，煤柱和巷道所受应力明显减小，较为稳定。

（3）当上下区段煤柱错距达到 50 m 时，下煤层区段煤柱处于上煤层采空区的压实区中，下煤层区段煤柱集中应力上升，煤柱稳定性变差。

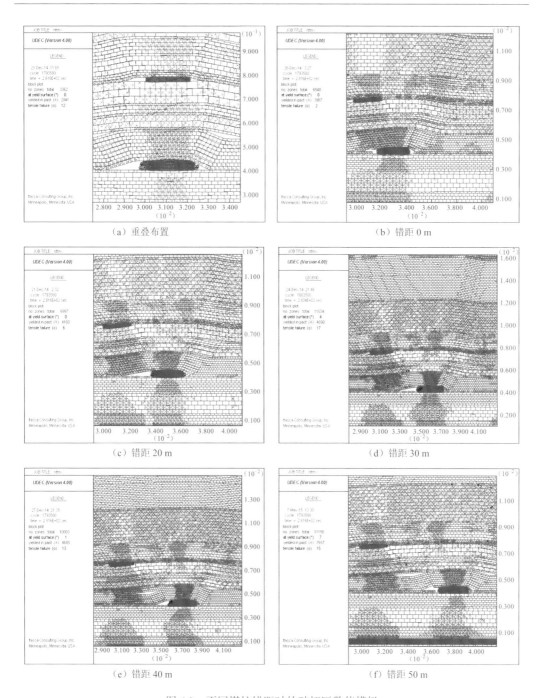

（a）重叠布置　　　　　　　　　　　　　　　　　（b）错距 0 m

（c）错距 20 m　　　　　　　　　　　　　　　　（d）错距 30 m

（e）错距 40 m　　　　　　　　　　　　　　　　（f）错距 50 m

图 6.3　不同煤柱错距时的破坏区数值模拟

3. 不同煤柱错距煤柱垂直应力分布规律

不同煤柱错距时,下煤层煤柱的垂直应力分布规律如图 6.4 所示,可以得出以下结论。

（1）煤柱重叠布置或错距小于 0 m 时,上下煤柱产生应力叠加,导致下煤层巷道支护困难。煤柱集中应力水平分布范围达到 8 m,应力达到 20 MPa 以上。

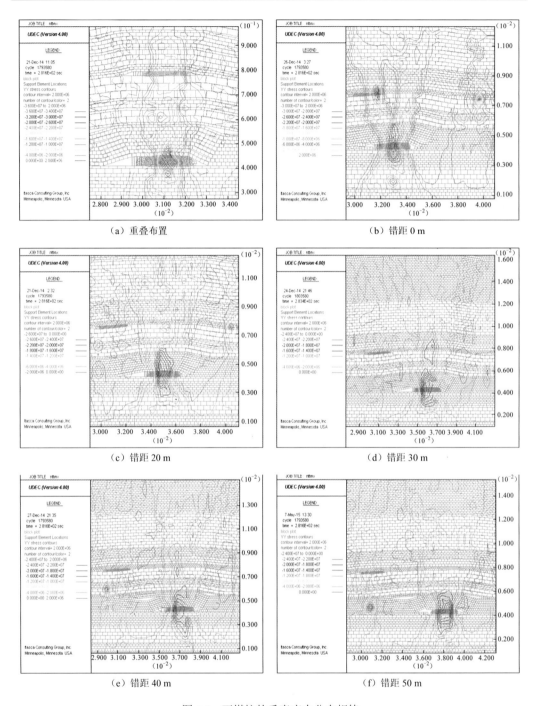

（a）重叠布置　　　　　　　　　　　（b）错距 0 m

（c）错距 20 m　　　　　　　　　　　（d）错距 30 m

（e）错距 40 m　　　　　　　　　　　（f）错距 50 m

图 6.4　下煤柱的垂直应力分布规律

（2）随着错距的增大，下煤层煤柱垂直应力逐渐减小，当错距为 40 m 时，煤柱应力大于 20 MPa 的范围减小为 3 m 左右，煤柱应力分布均匀，有利于巷道维护。

（3）当错距为 50 m 时，下煤层区段煤柱处于上煤层采空区中部的压实区中，下煤层煤柱的垂直应力有所升高，高应力范围增大，如图 6.5 所示。

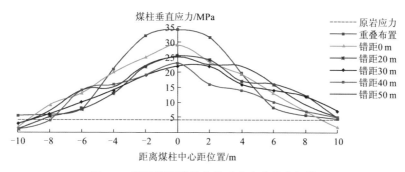

图 6.5　不同错距煤柱上的垂直应力分布规律

（4）不同错距的煤柱应力分布规律。随着煤柱错距的变化，下煤层煤柱垂直应力峰值呈现先降低、后升高的变化特征，存在最佳区间。受上煤层煤柱叠加应力的影响，当煤柱重叠布置时，下煤层应力峰值最大；随着煤柱错距的增加，下煤层区段煤柱应力峰值不断减小，当煤柱中心距为 40 m 时，下煤层煤柱应力峰值最小；煤柱错距为 50 m 时，下煤层区段煤柱处于上煤层采空区压实区，应力峰值又开始升高，如图 6.6 所示。

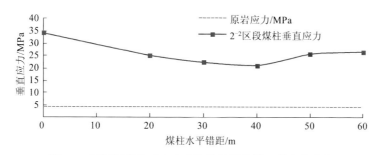

图 6.6　下煤层煤柱垂直应力峰值随煤柱错距的变化曲线

综上所述，上下煤柱布置存在合理的错距，煤柱错距主要与煤层间距和上煤层煤柱集中应力传递角（岩层垮落角）有关，上下煤层煤柱错距在 40 m 左右时较为合适。

4. 不同煤柱错距地表沉降规律及合理煤柱错距确定

根据柠条塔煤矿地质条件，采用 UDEC 软件模拟得出不同煤柱错距下的地表下沉量曲线，分析可得以下结论。

（1）开采 1^{-2} 煤层时，地表下沉最大值位于工作面中部，最小下沉量位于煤柱正上方，最大下沉量为 1.6 m，最小下沉量为 0.5 m，形成 W 型下沉曲线，如图 6.7 所示。

（2）当 2^{-2} 煤层工作面重叠布置或煤柱错距 0 m 时，地表的下沉量为 5.9 m，煤柱左右地表下沉起伏和扰度最大，煤柱两侧对应地表拉裂缝集中，呈现明显的 W 型下沉盆地。

（3）随着错距的增加，地表下沉盆地的下沉梯度（挠度）逐步减小，当煤柱错距大于 40 m 后，2^{-2} 煤层开采后地表下沉落差减小，地表非均匀沉降程度减小。

（4）当煤柱错距为 40 m 时，1^{-2} 煤层与 2^{-2} 煤层煤柱开采地表下沉比较平缓，可有效减缓地表的破坏程度；同时，煤柱应力也处于最佳状态，存在一致性，得出最佳煤柱错距为 40 m。

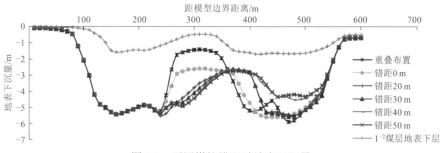

图 6.7　不同煤柱错距时地表下沉量

综上所述，通过合理的煤柱错距布置，可以通过实现覆岩与地表均匀沉降，达到减缓煤柱集中应力与减轻地表裂隙的协同控制。

6.1.3　1^{-2} 煤层与 2^{-2} 煤层同采工作面合理走向错距确定

1. 模型的开挖

1^{-2} 煤层和 2^{-2} 煤层左侧边界煤柱宽度 100 m，分别模拟 2^{-2} 煤层与 1^{-2} 煤层同采工作面走向错距 100 m、80 m、70 m、60 m、50 m、40 m、30 m、20 m、10 m 和 0 m 时的情况，对比不同错距下 2^{-2} 煤层工作面围岩应力分布、覆岩破坏特征及地表移动规律。

2. 不同走向错距 2^{-2} 煤层工作面围岩应力分布规律

UDEC 数值模拟得出不同煤柱错距下 2^{-2} 煤层工作面围岩应力如图 6.8 所示。图中给出了 2^{-2} 煤层工作面与 1^{-2} 煤层工作面错距 100 m、60 m、30 m 和 0 m 时工作面围岩应力分布情况。可以得出以下结论。

（1）1^{-2} 煤层工作面开采后，围岩应力重新分布，工作面煤壁附近形成应力增高区，该区域垂直应力通过煤层传递至底板岩层，对底板岩层的影响呈正"八"字分布。

（2）随着工作面走向错距减小，2^{-2} 煤层工作面受 1^{-2} 煤层工作面采动影响越来越明显。由于 1^{-2} 煤层工作面开采后 100 m 的采空区已经压实，2^{-2} 煤层工作面滞后 100 m 开采

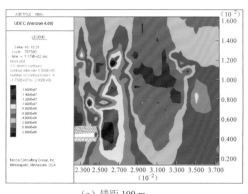

（a）错距 100 m

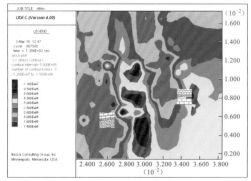

（b）错距 60 m

图 6.8　不同错距下 2^{-2} 煤层工作面围岩应力等值线云图

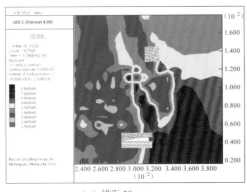

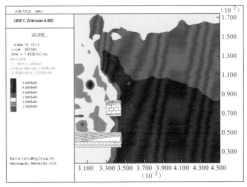

（c）错距 30 m　　　　　　　　　　　　（d）错距 0 m

图 6.8　不同错距下 2^{-2} 煤层工作面围岩应力等值线云图（续）

基本不受 1^{-2} 煤层采动影响。工作面错距减小为 60～70 m 时，2^{-2} 煤层工作面围岩应力开始增大。当走向错距小于 30 m 时，2^{-2} 煤层与 1^{-2} 煤层围岩应力叠加，上下煤层工作面相互影响严重，矿压显现剧烈。

根据计算，上下煤层工作面走向错距为 100 m、80 m、70 m、60 m、50 m、40 m、30 m、20 m、10 m 和 0 m 时，2^{-2} 煤层工作面煤壁前方超前支承压力峰值分别为 5.3 MPa、6.0 MPa、6.7 MPa、6.9 MPa、7.49 MPa、7.85 MPa、9.23 MPa、10.23 MPa、10.82 MPa 和 11.38 MPa，如图 6.9 所示。随工作面错距减小，2^{-2} 煤层工作面超前支承压力峰值不断增大。综上所述，结合 2^{-2} 煤层和 1^{-2} 煤层工作面围岩应力分布规律和 2^{-2} 煤层工作面超前支承压力峰值规律，从避免上下煤层同采互相影响和实现安全高产高效开采的角度出发，2^{-2} 煤层工作面与 1^{-2} 煤层工作面同采时的工作面走向错距应大于 70 m。

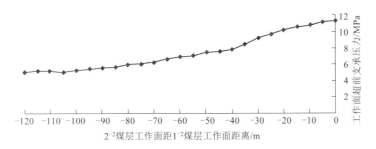

图 6.9　2^{-2} 煤层工作面超前支承压力峰值曲线

3. 不同走向错距地表走向沉降规律及合理错距确定

2^{-2} 煤层工作面与 1^{-2} 煤层同采工作面走向错距分别为 0 m、10 m、20 m、30 m、40 m、50 m、60 m、70 m、80 m 和 100 m 时的地表下沉曲线如图 6.10 所示。可以得出以下结论。

（1）在 2^{-2} 煤层和 1^{-2} 煤层工作面达到充分采动的情况下，不同走向错距时的地表最大下沉量基本相同，为 5.1 m 左右。

（2）不同走向错距条件下，推进方向地表下沉盆地边缘的下沉曲线挠度差别较大，即地表平行裂缝的发育程度不同。

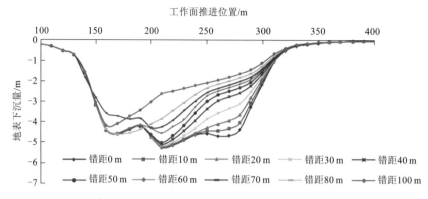

图 6.10　2^{-2} 煤层和 1^{-2} 煤层同采工作面走向不同错距的地表下沉曲线

当工作面走向错距小于 40 m 时,地表下沉曲线挠度较大,下沉梯度平均为 4.15 cm/m,地表受集中拉应力影响较大,地表平行裂缝最大。当走向错距为 50～70 m 时,地表下沉曲线挠度有所减缓,下沉梯度为 3.75 cm/m。当走向错距为 80～100 m 时,地表下沉曲线挠度很小,下沉梯度平均 2.63 cm/m。

因此,当 2^{-2} 煤层工作面与 1^{-2} 煤层工作面走向错距大于 80 m 时,能够有效减小地表平行裂缝的发育程度。

6.2　煤层群开采合理工作面与煤柱错距理论计算

6.2.1　合理区段煤柱错距的理论计算

1. 煤柱应力传递规律理论分析

根据半无限平面受法向集中力理论及弹性力学理论,建立均布载荷下煤柱应力传递模型,如图 6.11 所示。图中,$q(x)$ 为煤柱承载应力大小,dx 为煤柱微小区段宽度,φ 为煤

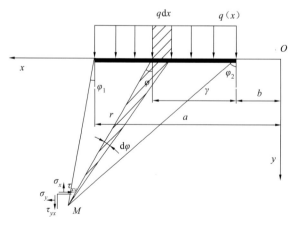

图 6.11　受均布载荷煤柱应力传递模型

柱下部岩层 M 点与煤柱微小区段边界间的竖直线夹角，γ 为煤柱微小区段到煤柱右边界的距离，r 为 M 点到煤柱微小区段的垂向距离，$\mathrm{d}\varphi$ 为 M 点与微小区段两边界垂直夹角的增量。将煤柱应力简化为均布载荷，根据煤柱受均布载荷作用下的底板岩层应力分布规律，由弹性力学得到煤柱下方岩层 M 处的应力大小。

M 点处垂直应力为

$$\delta_x = -\frac{\gamma H}{2\pi}\left\{2(\varphi_2-\varphi_1)+[\sin(2\varphi_2)-\sin(2\varphi_1)]\right\} \tag{6.1}$$

M 点处水平应力为

$$\delta_y = -\frac{\gamma H}{2\pi}\left\{2(\varphi_2-\varphi_1)+[\sin(2\varphi_2)-\sin(2\varphi_1)]\right\} \tag{6.2}$$

M 点处剪切应力为

$$\delta_{xy} = \frac{\gamma H}{2\pi}\left[\cos(2\varphi_2)-\cos(2\varphi_1)\right] \tag{6.3}$$

式中：γH 为煤柱承受的均布载荷，kN/m^2；φ_1、φ_2 为 M 点与煤柱边界位置竖直线的夹角，$(°)$。

2. 避免上煤层煤柱集中应力影响的合理区段煤柱错距

（1）煤层群开采区段煤柱应力传递规律。煤层群开采中，根据工作面上覆岩层垮落规律，工作面顶板岩层沿着间隔岩层破断角 α 破断垮落。当下煤层煤柱边界 A 或 B 处于间隔岩层垮落范围以外时，间隔岩层易破断，则下煤层煤柱处于上煤层煤柱应力传递的降压区，可以避免上下煤柱出现叠加应力。同时，上煤层煤柱随间隔岩层可以最大程度地下沉，可以减小地表的非均匀沉降，减缓地裂缝的发育程度，如图 6.12 所示。

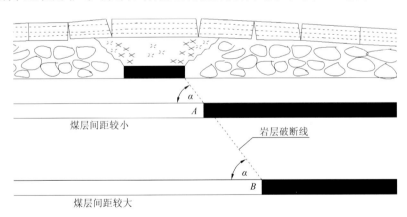

图 6.12　不同煤层间距破断影响范围示意图

（2）避开上煤层煤柱集中应力的合理煤柱错距。上煤层开采后，区段煤柱底板形成增压区、减压区和稳压区。合理的上、下煤层的煤柱错距，应该使下煤层煤柱处于上煤层煤柱应力集中区之外，即位于减压区。同时避免下煤层煤柱进入上煤层采空区压实区。由此，建立上煤层开采后集中应力传递规律模型，如图 6.13 所示。

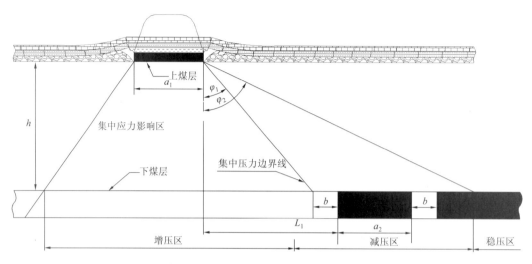

图 6.13　上煤层开采后集中应力传递规律

图中，φ_1 和 φ_2 为上煤层应力传递影响角，h 为上下煤层平均间距，a_1 为上煤层煤柱宽度，a_2 为下煤层煤柱宽度。合理的上下煤层煤柱错距为

$$h\tan\varphi_1+b\leqslant L_1\leqslant h\tan\varphi_2-a_2-b \tag{6.4}$$

式中：L_1 为避免上煤层集中应力影响的合理煤柱错距，m；b 为巷道宽度，m。

3. 基于地表均匀沉降的合理区段煤柱错距

当煤柱错距大于间隔层垮落压实距离（可以由顶板垮落回转角确定）时，上煤层煤柱充分垮落，能够最大限度实现地层均匀沉降。此时，地表拉应力最小，地表的拉裂缝也明显减小或闭合。建立煤层群开采地表均匀沉降模型如图 6.14 所示，简化计算模型如图 6.15 所示。

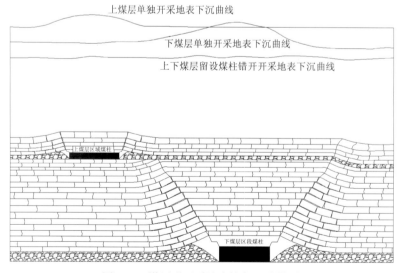

图 6.14　煤层群开采地表均匀沉降模型

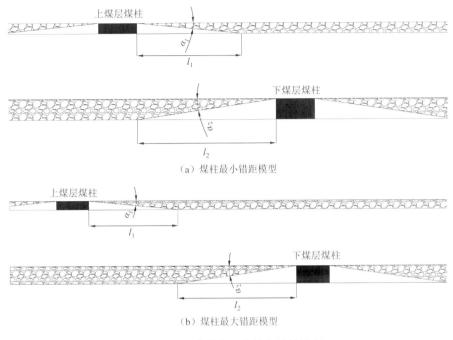

（a）煤柱最小错距模型

（b）煤柱最大错距模型

图 6.15　地表均匀沉降简化计算模型

因此，实现地表均匀沉降的合理煤柱错距为

$$l_2 \leqslant L_2 \leqslant l_1 + l_2$$

式中：$l_2 = \dfrac{M_2}{\tan \alpha_2}$，$l_1 = \dfrac{M_1}{\tan \alpha_1}$。则实现地表均匀沉降的煤柱错距范围为

$$\frac{M_2}{\tan \alpha_2} \leqslant L_2 \leqslant \frac{M_1}{\tan \alpha_1} + \frac{M_2}{\tan \alpha_2} \tag{6.5}$$

式中：L_2 为实现地表均匀沉降的合理煤柱错距，m；M_1 为上煤层采高，m；M_2 为下煤层采高，m；α_1 为上煤层顶板回转角，（°）；α_2 为下煤层顶板回转角（°）。

4. 煤层群开采合理的区段煤柱错距确定

（1）在浅埋煤层群开采中，通过合理布置上、下煤层的煤柱错距，使下煤层区段煤柱位于上煤层煤柱底板的应力降压区 [式（6.4）]，同时满足地表均匀沉降 [式（6.5）]，上下煤柱错距同时满足 L_1 和 L_2，就可实现兼顾减缓井下煤柱集中应力和减轻地裂缝的浅埋煤层群的开采。即浅埋煤层群开采工作面区段煤柱合理错距公式为：$L_{合理错距} \subseteq L_1 \cap L_2$。

（2）柠条塔煤矿工作面布置参数确定。根据柠条塔煤矿北翼东区煤层赋存条件，该区煤层倾角 1°左右，目前主采煤层 2 层，分别为 1^{-2} 煤层（上煤层）和 2^{-2} 煤层（下煤层），1^{-2} 煤层平均厚度 M_1=1.8 m，2^{-2} 煤层平均厚度 M_2=5.0 m。1^{-2} 煤层与 2^{-2} 煤层平均间距 h=35 m，上、下煤层煤柱宽度 $a_1=a_2$=20 m，2^{-2} 煤层煤层巷道 b=5 m，根据 UDEC 数值模拟，得出 1^{-2} 煤层煤柱下方应力传递角 φ_1=41°，φ_2=70°，根据矿井实际生产情况及现场观测，1^{-2} 煤层顶板回转角 α_1=5°，2^{-2} 煤层顶板回转角 α_2=10°，1^{-2} 埋深 120 m 左右，基岩厚度 80 m

左右，松散层厚度 40 m 左右，属于典型的浅埋煤层群。

计算得出，1^{-2} 煤层与 2^{-2} 煤层区段煤柱错距为：35 m$\leq L_1 \leq$71 m；实现地表均匀沉降的合理区段煤柱错距为：28m$\leq L_2 \leq$49 m。所以，$L_{合理错距} \subseteq L_1 \bigcap L_2 =$35～49 m，与数值计算得出的 40 m 左右吻合。

6.2.2　浅埋煤层群同采工作面合理走向错距分析

1. 煤层群同采工作面合理走向错距理论分析

1）工作面支承压力分区及同采工作面布置方式

单一煤层开采过程中，打破了原岩应力平衡状态，采场应力重新分布，回采工作面前后支承压力如图 6.16 所示，分为减压区、增压区和稳压区。

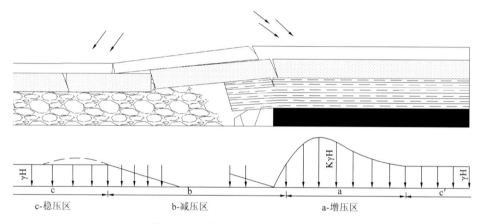

图 6.16　工作面前后支承压力分布图

在工作面前方支承压力的峰值到煤壁为极限平衡区，向煤体内则为弹性区。该区承担上覆岩层大部分压力，为增压区。煤壁压酥部分到支架后方压实区，为减压区。工作面后方采空区压实部分支承压力接近原岩应力，为稳压区。

煤层群上下煤层同采过程中，上煤层开采覆岩一次垮落后矿山压力重新分布。在下煤层开采过程中，覆岩发生二次垮落，除本煤层开采动压影响外，还受上煤层开采矿压影响。目前国内外学者主要有以下两种观点。

（1）减压式布置。将下煤层工作面布置在图 6.16 的减压区，即 b 区。同采工作面的错距必须保证下煤层工作面位于上煤层顶板垮落形成的铰接结构范围内。这种布置方式下错距较小，巷道维护距离较短，但是需掌握上煤层开采的矿压规律。

（2）稳压式布置。将下煤层工作面布置在稳压区，即 c 区。同采的下煤层工作面位于上煤层采空区重新压实区，也是顶板垮落稳定区。这种布置方式错距较大，对工作面推进距离的保持要求较低，但有时会造成矿井生产接续紧张。

2）煤层底板破坏深度和水平距离确定

建立煤层开采过程中对煤层底板塑性破坏极限区力学模型，如图 6.17 所示。主动极限区与被动极限区的滑移线为直线，过渡极限区的滑移线由一组对数螺旋线和一组以 A 为起点的放射线，对数双螺旋线，如图 6.18 所示，其方程为

$$r = r_0 \mathrm{e}^{\theta \tan \varphi_0}$$

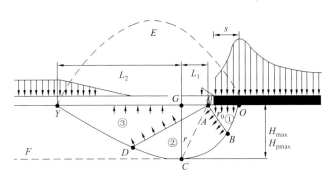

图 6.17　底板塑性破坏极限区力学模型

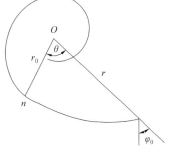

图 6.18　对数螺旋线示意图

根据张金才对 A.S.Vesic（魏西克）公式修正后得到底板岩层的极限载荷，进而得出极限支承压力条件下底板破坏区的最大深度和长度计算公式。

（1）煤层底板岩层最大破坏深度 H_{pmax} 的确定。煤层屈服区长度 S 可以利用煤层内聚力 C_{m} 计算得出，计算公式为

$$S = \frac{M}{2K_1 \tan \varphi} \ln \frac{K \gamma H + C_{\mathrm{m}} \cot \varphi}{K_1 C_{\mathrm{m}} \cot \varphi} \tag{6.6}$$

式中：φ 为煤层内摩擦角，（°）；C_{m} 为煤层内聚力，MPa；M 为煤层采高，m；K 为最大应力集中系数；γ 为上覆岩层平均容重，kN/m³；H 为埋深，m；K_1 为三轴应力系数：$K_1 = \dfrac{1 + \sin \varphi}{1 - \sin \varphi}$。

根据煤层底板塑性破坏极限区力学模型，在 $\triangle OAB$ 中，$AB = r_0 = S / 2 \cos \left(\dfrac{\pi}{4} + \dfrac{\varphi}{2} \right)$，在 $\triangle ACG$ 中，$H_{\mathrm{p}} = r \sin \alpha$，因为

$$\alpha = \frac{\pi}{2} - \left(\frac{\pi}{4} - \frac{\varphi}{2} \right) - \theta \tag{6.7}$$

得出：

$$H_{\mathrm{p}} = r_0 \mathrm{e}^{\theta \tan \varphi_0} \cos \left(\theta + \frac{\varphi_0}{2} - \frac{\pi}{4} \right) \tag{6.8}$$

对公式两边积分得到 $\dfrac{\mathrm{d}H_{\mathrm{p}}}{\mathrm{d}\theta} = 0$，可以求出煤层底板的最大破坏深度 $H_{\max}$：

$$\frac{\mathrm{d}H_{\mathrm{p}}}{\mathrm{d}\theta} = r_0 \mathrm{e}^{\theta \tan \varphi_0} \cos \left(\theta + \frac{\varphi_0}{2} - \frac{\pi}{4} \right) \tan \varphi_0 - r_0 \mathrm{e}^{\theta \tan \varphi_0} \cos \left(\theta + \frac{\varphi_0}{2} - \frac{\pi}{4} \right) = 0$$

所以：

$$\tan\varphi_0 = \tan\left(\theta + \frac{\varphi_0}{2} - \frac{\pi}{4}\right)$$

得

$$\theta = \frac{\varphi_0}{2} + \frac{\pi}{4} \tag{6.9}$$

将式（6.9）和 r_0 代入式（6.8），即可得到底板的最大破坏深度 H_{pmax} 计算公式：

$$H_{pmax} = \frac{S\cos\varphi_0}{2\cos\left(\dfrac{\pi}{4} + \dfrac{\varphi_0}{2}\right)} e^{\left(\frac{\pi}{4} + \frac{\varphi_0}{2}\right)\tan\varphi_0} \tag{6.10}$$

由式（6.10）可得，工作面煤层底板的破坏深度 H_p 主要由煤层厚度、煤层内摩擦角、煤层内聚力、开采过程中的应力集中系数、开采深度和煤层底板内摩擦角决定。

（2）煤层底板岩层最大水平距离 L_{max} 公式。最大破坏深度距工作面端部的水平距离

$$L_1 = H_{pmax}\tan\varphi_0 \tag{6.11}$$

采空区内底板破坏区沿水平方向的最大长度

$$L_2 = S\tan\left(\frac{\pi}{2} + \frac{\varphi_0}{2}\right)e^{\frac{\pi}{2}\tan\varphi_0} \tag{6.12}$$

所以，煤层底板破坏沿水平方向最大距离为

$$L_{max} = L_1 + L_2 = H_{pmax}\tan\varphi_0 + S\tan\left(\frac{\pi}{2} + \frac{\varphi_0}{2}\right)e^{\frac{\pi}{2}\tan\varphi_0} \tag{6.13}$$

煤层群开采过程中，上层煤层开采后对底板的破坏深度决定着是否影响下层煤的开采，若破坏深度 H_p 大于层间距 h，则上煤层开采后对下煤层开采影响很大；若破坏深度 H_p 等于层间距 h，则上煤层开采后对下煤层开采影响处于极限平衡状态；若破坏深度 H_p 小于上下煤层层间距 h，上煤层开采后对下煤层开采影响较小。

3）同采工作面布置方式的力学模型

根据煤层底板破坏极限平衡力学模型，建立煤层群同采工作面合理错距下的稳压区和减压区力学模型。

（1）稳压式力学模型。建立稳压区力学模型，如图 6.19 所示。图中 Y 点是上煤层采

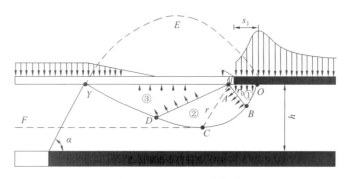

图 6.19 稳压式力学模型

空区压实的临界点，Y 点左侧的采空区顶板垮落压实，矿压稳定，因此下煤层工作面与上煤层工作面的水平错距不小于 L_{AY}。

（2）减压式力学模型。建立减压区力学模型，如图 6.20 所示。图中 C 点是上煤层底板破坏最深点，对应的 P 点是下煤层顶板破坏的临界点，下煤层工作面必须布置在 P 点左侧。

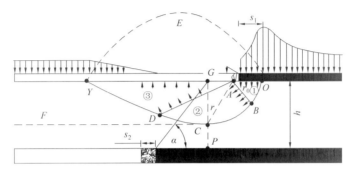

图 6.20　减压式力学模型

2. 同采工作面合理走向错距理论计算

根据柠条塔煤矿地质资料，结合 UDEC 数值模拟计算，上下同采工作面开采过程中必须考虑工作面围岩应力分布规律，以此来确定合理的同采工作面错距。

1）稳压式布置计算模型

如图 6.21 所示，根据稳压式布置理论，由稳压式布置计算模型可得柠条塔煤矿北翼东区同采工作面合理错距的最小值 $W_{\min}$ 的计算公式如下：

$$W_{\min} = x_1 + B + h\cot\alpha \qquad (6.14)$$

式中：h 为 1^{-2} 煤层与 2^{-2} 煤层平均间距，m；α 为上覆岩层垮落角，(°)；B 为 1^{-2} 煤层最大控顶距，m；x_1 为 1^{-2} 煤层采空区压实区临界点 Y 与液压支架的水平距离，m。

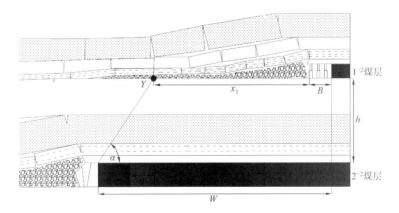

图 6.21　稳压式布置计算模型

2）减压式布置计算模型

如图 6.22 所示，根据减压式布置理论，将 2^{-2} 煤层工作面布置在 1^{-2} 煤层顶板垮落形成的拱形结构内，由现场开采经验得，用稳压式布置错距的最小值减去 1^{-2} 煤层的平均周期垮落步距 L_0，得到柠条塔煤矿北翼东区同采工作面合理错距的最大值 $J_{\max}$ 的计算公式如下：

$$J_{\max} = W_{\min} - L_0 \tag{6.15}$$

式中：$W_{\min}$ 为稳压式布置错距的最小值，m；L_0 为 1^{-2} 煤层平均周期垮落步距，m。

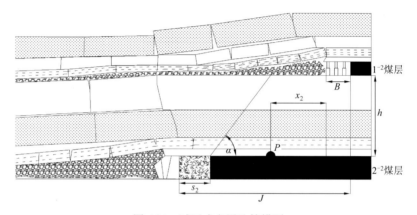

图 6.22　减压式布置计算模型

减压式布置错距的最小值必须满足 2^{-2} 煤层工作面不受 1^{-2} 煤层开采动压的影响，由减压式布置计算模型可得

$$J_{\min} = B + x_2 + h\cot\alpha + S_2 \tag{6.16}$$

式中：x_2 为 2^{-2} 煤层顶板破坏区临界点 Y 与 1^{-2} 煤层工作面液压支架的水平距离，m。

3. 柠条塔煤矿同采工作面合理走向错距确定

1）柠条塔煤矿同采工作面走向错距计算

根据柠条塔煤矿北翼东区地质资料，1^{-2} 煤层内摩擦角为 37.5°，2^{-2} 煤层内摩擦角为 38.5°；1^{-2} 煤层煤内聚力 1.3 MPa，2^{-2} 煤层内聚力为 1.4 MPa；1^{-2} 煤层平均采高为 1.8 m，2^{-2} 煤层平应力集中系数为 5.0；上覆岩层平均容重为 23 kN/m³；1^{-2} 煤层平均埋深为 120 m，2^{-2} 煤层平均埋深为 145 m；1^{-2} 煤层底板岩层内摩擦角为 42°，内聚力为 1.5 MPa；岩层垮落角为 49°；1^{-2} 煤层与 2^{-2} 煤层平均间距位 35 m；1^{-2} 煤层开采平均周期垮落步距为 11.8 m；1^{-2} 煤层最大控顶距为 6 m。

将以上参数带入式（6.6）中得：1^{-2} 煤层屈服区长度 $S_1=4$ m，2^{-2} 煤层屈服区长度 $S_2=11$ m。

带入式（6.10）中得：1^{-2} 煤层底板最大破坏深度 $H_{\max}=10$ m。

带入式（6.11）中得：最大破坏深度距工作面端部的水平距离 $L_1=9$ m。

带入式（6.12）中得：采空区内底板破坏区沿水平方向的最大长度 L_2=36 m。

带入式（6.14）中得：柠条塔煤矿北翼东区同采工作面稳压式布置条件下合理错距的最小值 W_{min}=81 m。

带入式（6.15）中得：柠条塔煤矿北翼东区同采工作面减压式布置条件下合理错距的最大值 J_{max}=69.2 m。

带入式（6.16）中得：柠条塔煤矿北翼东区同采工作面减压式布置条件下合理错距的最小值 J_{max}=56 m。

以上计算可得：对于柠条塔煤矿北翼东区同采工作面，采用稳压式布置方式，合理错距不小于 81 m；采用减压式布置方式，同采工作面合理错距范围为 56 m。

2）减压式与稳压式比较

（1）减压式布置，能够降低工作面支护强度，有利于巷道和采场的支护和维护，减小支护成本。但是减压区的范围较小，保持错距比较困难，不易同采管理。

（2）稳压式布置，同采工作面错距范围较大，开采初期下煤层必须等上煤层开采一定距离才能开采，但该方式下煤层开采矿山压力显现缓和，容易同采管理。

综上所述，柠条塔煤矿北翼东区同采工作面布置方式推荐选择稳压式布置。

3）柠条塔煤矿同采工作面走向错距确定

运用稳压式布置模型计算得出，柠条塔煤矿北翼东区同采工作面错距应大于 81 m。

（1）2^{-2} 煤层初采阶段合理走向错距。工作面初次来压矿压显现剧烈，来压步距较大，持续时间一般为 2～3 天。因此，下煤层工作面初采期间除了考虑稳压式常规错距，还应考虑上煤层初次垮落的影响距离，其经验公式为

$$W_c \geqslant W_{min} + 1.4 L_c$$

根据实测，1^{-2} 煤层初次垮落步距 L_c=29.7 m，带入公式可得初采阶段同采工作面错距应大于 123 m。

（2）2^{-2} 煤层正常回采期间合理走向错距。上煤层正常回采阶段，考虑周期垮落影响的煤层群同采工作面错距计算公式为

$$W_z \geqslant W_{min} + 2 L_z$$

根据实测，1^{-2} 煤层周期垮落 L_z=11.8 m，带入公式得到同采工作面错距为 105 m。

6.2.3　煤层群开采合理工作面布置

综合上述研究，1^{-2} 煤层与 2^{-2} 煤层合理区段煤柱错距范围为 35～49 m，最佳错距为 40 m。同采工作面推荐采用稳压式布置，避开走向的开采影响，同采工作面初采阶段走向错距应大于 123 m，正常回采期间错距应大于 105 m。因此合理工作面布置方式如图 6.23 所示。

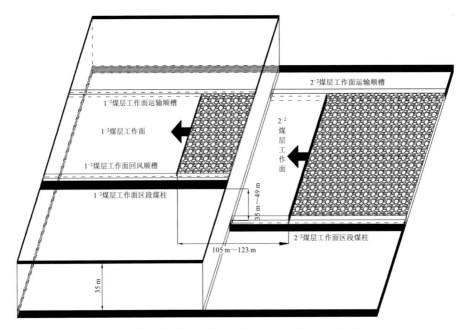

图 6.23　柠条塔煤矿北翼东区煤层群开采合理工作面布置

6.3　科学开采方案

根据前述研究结论,得出柠条塔煤矿的工程实践参数,扩展应用到柠条塔煤矿北翼东区,形成北翼东区工作面布置方案、接续计划和薄厚煤层配采实施方案。

6.3.1　开采方法与工艺

柠条塔北翼东区位于神府矿区西南部,是一个地层倾角极其平缓的单斜构造,倾角小于 1°,皆为近水平煤层,煤层底板坡降 5‰～9‰,未发现断层和褶皱,构造简单。主采煤层包括:1^{-2} 煤层、2^{-2} 煤层和 3^{-1} 煤层。

1^{-2} 煤层厚度为 0.85～2.16 m,平均 1.64 m,可采面积约 36.5 km²,其中煤层厚度大于 1.2 m 的区域面积约 28.3 km²,约占可采面积的 77.5%,属于中厚偏薄煤层,确定采用综采一次采全高全部垮落采煤法。

2^{-2} 煤层厚度为 1.00～6.47 m,平均 4.51 m,可采面积约 48.0 km²,其中煤层厚度大于 5.0 m 的区域面积约 13.5 km²,约占可采面积的 28.0%,煤层厚度在 3.5～5.0 m 的面积 11.0 km²,约占可采面积的 23.0%,厚度小于 3.5 m 的面积约 23.5 km²,约占可采面积的 49.0%,确定采用综采一次采全高全部垮落采煤法。

3^{-1} 煤层厚度在 1.82～3.24 m,平均 2.85 m。属中厚煤层,全区可采,且厚度均一。确定采用综采一次采全高全部垮落采煤法。

主采煤层的回采工作面均采用掩护式液压支架支护顶板,上、下端头支护采用端头液压支架,工作面巷道超前支护采用外注式单体液压支柱配金属铰接顶梁,超前支护距离都不得小于 25 m。结合井田的开拓布置,设计采用沿煤层布置大巷,工作面采用条带式回采。利用本井田煤层硬度较大,顶底板条件较好的优势,尽可能多做煤巷少掘岩巷。

主采煤层的直接顶以粉砂岩为主,老顶以细粒砂岩和中粒砂岩为主,伪顶岩性为泥岩及炭质泥岩,属易冒落顶板,通过分析顶板岩性结构,结合邻区神府东胜矿区的实践,本矿井主采煤层的顶板属较易垮落顶板,无须强制放顶。

回采工作面均采用端部斜切进刀、双向割煤方式。采煤机由机头斜切进刀。盘区内工作面间采用区内前进式顺序回采,工作面后退式回采。工作面间留有 20 m 煤柱（按顺槽中心线计算）,接续关系为顺序回采,无须跳采。矿井盘区内各工作面开采顺序,根据巷道布置形式及开采方法,借鉴神府东胜矿区大采高综采的实际经验,工作面均采用后退式开采法,工作面由盘区边界向大巷方向推进,采用区段顺采方式;上下煤层开采顺序为先采上部的 1^{-2} 煤层和 2^{-2} 煤层,再采下部的 3^{-1} 煤层。

6.3.2　工作面布置方案

绘制北翼东区工作面布置平面图如图 6.24 所示。图中为尽量减小整个盘区的三角煤面积,调整 1^{-2} 煤层和 2^{-2} 煤层工作面走向方向与井田边界平行,能最大限度地开采井田内的煤炭,提高资源的回收效率。上、下煤层工作面平行且等宽布置,工作面的接续时间偏差较小,容易控制上、下同采工作面的推进距离;相邻煤层区段煤柱错距一定时,工作面等宽且平行布置,矿压显现规律性较为明显,有利于掌握并预测工作面的矿压显现;地表沉陷易于控制,工作面采动过程中,由于沉陷作用地表会出现高低起伏的现象,煤层群多煤层开采后,可以实现煤柱对应的地表处下沉量相对较小,各煤层开采后引起的地表起伏由于叠合作用而变得平坦。

6.3.3　薄厚煤层配采关系

薄厚煤层科学配采是开采煤层群条件出现的特殊课题,是以实现产能均衡为核心的科学搭配关系,其问题关键在于:

（1）实现产能的均衡,并使配采后的所有工作面总生产能力达到煤矿设计产能;

（2）薄厚煤层配合同采时,如果下部煤层推进速度过快,会导致上煤层工作面的下压下煤层工作面,导致下煤层的停采,所以薄厚煤层的配采还要考虑推进速度的问题;

（3）近距离煤层群开采易造成集中应力,影响下煤层安全开采,所以薄厚煤层同采需要考虑不同煤厚下集中应力的影响;

（4）在薄厚煤层群同时开采情况下,减小地表的破坏,降低地表环境治理的成本,实现可持续发展。

根据前述研究结果,已经利用工作面煤柱错距解决了矿山压力集中问题和地表破坏问题,所以只要解决在适当推进速度下产能的均衡问题,就可以实现薄厚煤层科学配采的目的。

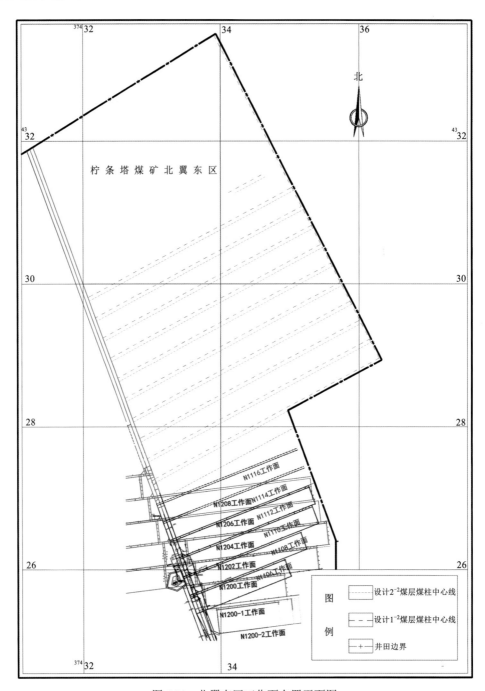

图 6.24　北翼东区工作面布置平面图

1. 薄厚煤层产能关系

设计合理的推进速度，即上部煤层工作面的推进速度要大于等于下部煤层工作面的推进速度。根据现有设备的生产能力，循环进尺 0.865 m，日循环数定为 12 刀，工作面宽度为 245 m。

配采后的生产能力要至少达到柠条塔煤矿设计生产能力 12.0 Mt/a，柠条塔煤矿最多只能同时回采三个综采工作面，南翼盘区厚煤层单工作面设计生产能力 6.93 Mt/a，所以北翼东区生产能力至少要达到 5.07 Mt/a。

（1）当北翼东区只开采 1^{-2} 较薄煤层时，设计两个工作面年生产能力只有 3.34 Mt/a。

（2）在技术上只能采用下行时开采，所以不能先开采北翼东区的 2-2 厚煤层。

（3）当 1^{-2} 煤层和 2^{-2} 煤层同时开采时，1^{-2} 煤层工作面生产能力 1.67 Mt/a，2^{-2} 煤层工作面生产能力 4.57 Mt/a，合计大于 5.07 Mt/a，如表 6.2 所示。所以通过北翼东区薄厚煤层的合理开采搭配，可以满足经济和技术上的科学性。

表 6.2　生产能力表

盘区	工作面	采高/m	工作面长/m	工作面回采率	循环进尺/m	日循环数	年推进度/m	日产量/t	年产量/Mt
北翼东区	1^{-2} 煤层	1.64	245	0.95	0.865	12	3 425	5 150	1.67
	2^{-2} 煤层	4.51	245	0.93	0.865	12	3 425	13 866	4.57
	掘进煤	—	—	—	—	—	—	—	0.24
	小计	—	—	—	—	—	—	—	6.48
南翼	2^{-2} 煤层	5.50	295	0.93	0.865	12	3 425	20 361	6.71
	掘进煤	—	—	—	—	—	—	—	0.22
	小计	—	—	—	—	—	—	—	6.93
最终合计									13.41

根据煤层开采顺序，确定 1^{-2} 煤层和 2^{-2} 煤层采完之后，再开采 3^{-1} 煤层。此时可能会出现两种情况：一种情况是南翼盘区 2^{-2} 煤层未开采完，另一种情况是南翼盘区 2-2 煤层已开采完，南翼盘区也开采 3^{-1} 煤层。两种情况下全矿井生产能力核算如表 6.3 和表 6.4 所示。

表 6.3　北翼 3^{-1} 煤层与南翼 2^{-2} 煤层生产能力表

盘区	工作面	采高/m	工作面长/m	工作面回采率	循环进尺/m	日循环数	年推进度/m	日产量/t	年产量/Mt
北翼东区	3^{-1} 煤层	2.85	245	0.95	0.865	12	3 425	8 951	2.95
	3^{-1} 煤层	2.85	245	0.95	0.865	12	3 425	8 951	2.95
	掘进煤	—	—	—	—	—	—	—	0.24
	小计	—	—	—	—	—	—	—	6.14
南翼	2^{-2} 煤层	5.50	295	0.93	0.865	12	3 425	20 361	6.71
	掘进煤	—	—	—	—	—	—	—	0.22
	小计	—	—	—	—	—	—	—	6.93
最终合计		—	—	—	—	—	—	—	13.07

表 6.4　北翼 3⁻¹ 煤层与南翼 3⁻¹ 煤层生产能力表

盘区	工作面	采高/m	工作面长/m	工作面回采率	循环进尺/m	日循环数	年推进度/m	日产量/t	年产量/Mt
北翼东区	3⁻¹ 煤层	2.85	245	0.95	0.865	13	3 710	9 696	3.20
	3⁻¹ 煤层	2.85	245	0.95	0.865	13	3 710	9 696	3.20
	掘进煤	—	—	—	—	—	—	—	0.24
	小计	—	—	—	—	—	—	—	6.64
南翼	3⁻¹ 煤层	2.85	245	0.95	0.865	13	3 710	8 951	3.20
	3⁻¹ 煤层	2.85	245	0.95	0.865	13	3 710	8 951	3.20
	掘进煤	—	—	—	—	—	—	—	0.22
	小计	—	—	—	—	—	—	—	6.62
最终合计									13.26

当北翼东区开采 3⁻¹ 煤层,南翼盘区开采 2⁻² 煤层时,北翼需要同时开采两个工作面才能达到 12.0 Mt/a 生产能力,日循环数 12 刀,单工作面生产能力 2.95 Mt/a,如表 6.3 所示。

当北翼东区和南翼盘区都开采 3⁻¹ 煤层时,全矿井需要同时开采 4 个工作面才能达到全矿井 12.0 Mt/a 生产能力,所以南翼盘区需要再加一个工作面,分配北翼和南翼分别开采两个工作面,且日循环数增加到 13 刀,年推进 3 710 m,单工作面生产能力为 3.20 Mt/a,如表 6.4 所示。

2. 北翼东区工作面接续计划和开采顺序

根据北翼东区工作面布置平面图及上、下煤层工作面走向和倾向错距规划工作面接续计划和开采顺序,测量出每个工作面的推进长度,绘制出北翼东区工作面接续计划表,如图 6.25 所示,表内含近 8 年的工作面接续时间规划。

工作编号	煤层	推进长度/m	生产能力/(Mt/a)	服务年限/月
N1122	1⁻²	2 660	1.67	9.5
N1124	1⁻²	3 650	1.67	13.0
N1126	1⁻²	3 600	1.67	12.8
N1128	1⁻²	3 588	1.67	12.7
N1130	1⁻²	3 535	1.67	12.6
N1132	1⁻²	3 526	1.67	12.5
N1134	1⁻²	3 500	1.67	12.4
N1136	1⁻²	3 450	1.67	12.3
N1212	2⁻²	2 660	4.57	9.5
N1214	2⁻²	3 650	4.57	13.0
N1216	2⁻²	3 600	4.57	12.8
N1218	2⁻²	3 588	4.57	12.7
N1220	2⁻²	3 535	4.57	12.6
N1222	2⁻²	3 526	4.57	12.5
N1224	2⁻²	3 500	4.57	12.4
N1226	2⁻²	3 450	4.45	12.3

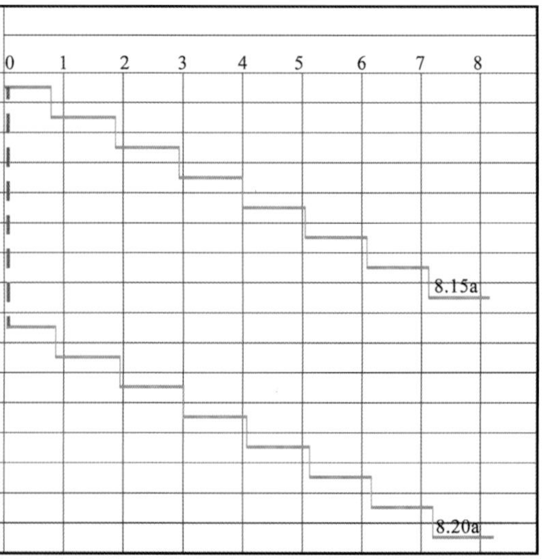

图 6.25　工作面接续计划表

北翼东区从 1^{-2} 煤层工作面 N1122 和 2^{-2} 煤层工作面 N1212 开始采用平行等宽下行式开采，1^{-2} 煤层与 2^{-2} 煤层合理区段煤柱错距范围为 35～49 m，最佳错距为 40 m。同采工作面推荐采用稳压式布置，避开走向的开采影响，同采工作面初采阶段走向错距应大于 123 m，正常回采期间错距应大于 105 m。当日循环数为 12 刀时，年推进距离为 3 425 m，反映到推进时间上，1^{-2} 煤层和 2^{-2} 煤层工作面错开 16 天以上，如表中虚线对应时间情况，之后的每个工作面的接续时间和顺序，可在图 6.25 中查得。

第7章   采煤塌陷地治理

西部矿区生态环境脆弱,矿产资源开发引起地表塌陷,造成地表土地破坏,生态环境质量退化。加大治理力度,提升治理技术,加速生态恢复成为当地政府和企业迫切需要解决的问题。本章以陕西榆林典型煤矿区为研究对象,系统分析土地损毁的特点,研究具有针对性的治理方法,以期为陕北生态脆弱矿区的生态环境恢复提供借鉴。

7.1   陕北采煤塌陷土地损毁影响因素

采空塌陷对土地环境的损毁受多种因素影响,如地形地貌、开采工艺、煤炭赋存条件、土地覆被/利用等。不同条件下,土地损毁特点表现出较大的差异。

7.1.1   地形地貌条件

1. 风沙滩地区

陕北风沙滩地区为半干旱气候区,降水量少,生态环境脆弱。一旦遭受破坏,恢复难度较大。地裂缝是风沙滩地区采空塌陷地表环境损伤最直观的表现形式。高强度的开采使风沙滩地区地裂缝发生发育规律呈现出了全新的特征,动态地裂缝的发育为包含两个时长近似相等的"开裂—闭合"过程,具有快速闭合的自修复特征,而工作面边缘裂缝呈带状向工作面内部收缩,是地表环境损伤和人工修复的重点区域(胡振琪 等,2014)。在裂缝区,随土壤裂缝宽度的增加,土壤含水量,田间持水量和最大吸湿量逐渐减少,土壤饱和导水率逐渐增大。说明风沙滩地区采空塌陷裂缝在一定程度上破坏了土壤原有结构,降低土壤持水、储水能力,加快土地沙化,导致环境恶化,应引起当地政府部门重视(苏宁 等,2017)。

2. 黄土丘陵沟壑区

黄土丘陵沟壑区采动裂缝现象普遍,且宽度大、数量多,呈台阶状特性。裂缝的发育特征受到覆岩厚度的影响,特别是黄土层厚度及沟坡地形的影响明显,另外基岩强度和老顶来压步距直接影响裂缝步距。裂缝受地形影响明显。若开采区内四周为沟谷地带,在沟坡处下沉会产生不连续的间断点,水平移动量和移动范围都有所增加。边坡处不仅受到岩层移动变形影响,同时山体自身滑移产生的附加移动变形对裂缝破坏起到一个加剧作用。在雨水季节大量水灌入裂缝中往往会引发坍塌和山体滑移灾害。开采工作面留设的煤柱和发育完整的活动断层可能成为裂缝开裂和山体滑移的结构面(张平,2010)。

7.1.2　开采方法

开采方法是影响开采地表沉陷破坏的重要因素之一,不同的开采方法,采空塌陷损害特征差异较大。

1. 综合机械化长壁式

该方法是目前榆林地区国有大矿最常用的开采方法。目前少数大型矿井的一次最大采高达到 7 m。开采后引起地表出现大面积的沉陷,当采深采高比较小时,地表会呈现非连续移动破坏,当采深采高比较大时,地表呈现连续移动变形沉陷盆地。综合机械化长壁式开采已成为当前的主要开采方法,所以开采引起地表大范围、高密度的割裂裂缝破坏及塌陷坑破坏是必然的。

2. 柱式短壁式

柱式短壁式开采是榆林地区小煤矿传统的开采方法。通过留设临时小煤柱管理顶板的安全,在开采后一段时间,煤柱会垮落,当范围达到一定程度时,开采覆岩冒落范围达到地表,出现地表塌陷坑破坏情况。采空区面积较大时,可能出现顶板大面积垮落,随即引发整个区域的顶板垮落灾变,形成大面积地表塌陷、滑坡等地质灾害。

3. 保水采煤

保水采煤是针对陕北侏罗纪煤田开采过程中,萨拉乌苏组地下水的严重渗漏与生态环境恶化而提出的。目前推广应用的保水采煤方法是“长壁系统条带采煤”方法,即开采系统采用长壁布置,工作面系统内采用条带开采,留煤柱支撑顶板及上覆盖层,控制顶板和上覆岩层的破坏活动,使导水裂隙带的发展不致影响水源含水层,从而避免破坏水体和发生溃水事故。保水采煤一般地表下沉量较小,塌陷特征不明显,对植被影响程度轻。

4. 重复开采

陕北侏罗纪煤田包含多个煤层,重复开采是一个无法回避的现实问题。相对于单一煤层开采,重复开采往往导致破坏程度大、扰动时间长等问题。根据监测成果,发现重复采动条件下下沉明显增大,主要原因是由于老采空区冒落带膨胀的岩体和裂缝带岩层之间的空隙,在重复开采影响下有一定的压缩和闭合,从而使得在重复开采时下沉要比初次开采大。裂缝的形态、大小、位置、范围受到开采工作面和老采空区工作面的共同影响。一般若地表同时位于新开采工作面和老工作面拉伸变形区域内,地表裂缝的破坏程度显著增加,裂缝产生的范围也显著变大。另外在地表裂缝出现的位置,移动变形曲线出现跳跃现象,即不再连续(王业显,2014)。

7.1.3　地质采矿条件

1. 采深采厚比

采深采厚比是影响煤矿采空区上部地面塌陷规律的一个重要因素。当煤层采深采厚比小于 30 时，煤采出一定面积后，会引起岩层移动并波及地表，其地表沉陷和变形在空间上和时间上都有明显的不连续特征，地表变形剧烈，煤矿采空区上方会形成较大的裂缝或塌陷坑。当采深采厚比介于 30～100，地层中没有较大地质破坏情况下，煤采出一定面积后，会引起岩层移动并波及地表，其地表沉陷和变形在空间上和时间上都有明显的连续性和一定的分布规律，常表现为地表移动盆地。当采深采厚比大于 100 时，采空塌陷损毁程度一般较轻。榆林地区侏罗纪煤田煤层厚、埋深浅，煤层埋藏深度一般为 100～300 m，多数为 150～200 m，综采一次采高为 3～7 m。煤层顶板基岩厚度为 30～100 m，开采后冒落带、导水裂隙带发育高度较大，许多区域发育到地表，更易形成地面塌陷，尤其是多个工作面连续开采区，如果不采取充填等措施，均发生了地面塌陷（张银洲 等，2011）。

2. 厚黄土层薄基岩

在厚黄土层覆盖地区采煤，地下开采引起的地表沉陷是由上覆基岩和黄土层双层介质变形、移动叠加作用所致，基岩是黄土层地表沉陷的控制层。黄土层垂直节理发育，决定了其沉陷变形有别于其他岩土层，地表出现台阶状断陷，典型的"三带式"破坏形式变为"二带式"。地形起伏对地表沉陷有一定影响，地表变形最大值出现在地表坡角较大的采空区上方（王贵荣，2006）。

7.1.4　土地覆被/利用

相同变形条件下，不同的土地覆被/利用类型，地表塌陷的影响程度也不同。已有研究结果表明，采煤沉陷对以草本和灌木为主的植被类型、植被盖度、主要建群种的生长状况影响不显著，仅对乔木树种有一定的影响（郭洋楠 等，2014）。而耕地相对于林草地来说，其抗变形能力更弱，相同变形条件下，影响程度更严重。

7.2　采煤塌陷裂缝的治理原则及分类

采煤塌陷地裂缝灾害一方面给矿井安全生产造成重大隐患，尤其是裂缝与采空区贯通时，时常发生漏水漏风、溃水溃沙等安全事故；另一方面对生态环境造成不可逆的损伤，地表塌陷、水土流失、植被退化等环境问题日趋严重，因此，煤炭资源开采造成的裂缝灾害必须治理。

7.2.1　治理原则

塌陷裂缝治理,一般因其形成机理、发育规模的不同而采取不同的治理措施。黄土沟壑区采动塌陷裂缝是由于地下资源开采而造成的一种人为次生灾害,因此,在治理时应遵循以下原则(刘辉,2014)。

(1)因地制宜,遵循自然。依据研究区地形地貌、生态环境、采动破坏特征,严格遵守当地生态系统发展规律,避免对采后生态系统的再次扰动,科学配置、优化布局、因地制宜地提出地裂缝综合治理技术体系。

(2)可持续、引导自修复。充分考虑矿区生态修复的可持续性,地裂缝治理是进行黄土沟壑矿区生态修复的必然环节,因此必须根据采动裂缝的发育规律、深度、大小,考虑裂缝的动态发展及后续开采计划,充分利用地表塌陷及裂缝发育规律,避免二次治理。

(3)经济合理、便于推广。大量的采煤塌陷地裂缝灾害的治理必须考虑治理成本及推广前景,形成一个功能完善、效果明显、经济合理的黄土沟壑区地裂缝综合治理技术体系,应具有良好的可操作性与推广应用前景,达到生态、经济、社会效益相协调的目标。

7.2.2　演化过程分类

根据地裂缝演化时段,采动地裂缝可分为采动过程中的临时性裂缝和地表稳沉后的永久性裂缝两种类型。临时性裂缝随着工作面的推进而呈现动态规律,稳定性差,而永久性裂缝是地表稳沉后而形成的永久性的破断。

一般而言,采动过程中的临时性裂缝在地表动态沉陷过程中形成,随着工作面的推进,地表趋于稳定,大部分裂缝终将愈合。但考虑井下生产的安全性,对于严重威胁安全生产的临时性裂缝必须治理,以避免发生井下漏风、地面漏水、馈沙等事故,比如,由于覆岩整体破断而导致的塌陷型裂缝。除此之外,对于其他临时性裂缝,当地表裂缝与导水裂缝带贯通时,也必须采取措施,即

$$H_1 + H_d \geqslant H \tag{7.1}$$

式中:H_1 为地裂缝深度,m;H_d 为导水裂缝带高度,m;H 为埋深,m。

临时性裂缝治理的技术措施为:建立健全地裂缝监测机制,现场监测,根据式(7.1)确定需治理的裂缝,对于大于此值的裂缝,采取就地掩埋、地表推平,以防止发生地面渗水、井下漏风等情况;对于小于此值的裂缝,一般不会威胁安全生产,可不做处理,待工作面推过,大部分裂缝会自行愈合(刘辉,2014)。

7.2.3　发育形态分类

1. 塌陷裂缝发育形态分类

由于塌陷地裂缝的出现,对原来的地表重新进行了切割,破坏了原有地形完整性,地表破碎化程度加剧。为了更好地治理塌陷地裂缝,首先需要对地裂缝发育特征进行分类,

然后可以分门别类地进行治理。在此，根据地裂缝走向，开口宽度、错台高度等指标进行分类。

1）地裂缝走向（A）

根据地裂缝走向与地表坡度的关系，地裂缝走向可分为以下三种主要类型。

横坡地裂缝（A_1）：地裂缝走向大致垂直于地表坡度，交角在 70～90°。

顺坡地裂缝（A_2）：地裂缝走向与地表坡度基本一致，交角在 20°以内。

斜交地裂缝（A_3）：地裂缝走向与地表坡度方向斜交，交角在 20～70°。

2）地裂缝开口宽度（B）

根据地裂缝在地表发育的平均开口宽度，将其分成以下三种主要类型。

微小地裂缝（B_1）：地裂缝平均开口宽度在 10 cm 以内。

中等地裂缝（B_2）：地裂缝平均开口宽度在 10～50 cm。

宽大地裂缝（B_3）：地裂缝平均开口宽度 50 cm 以上。

3）地裂缝错台高度（C）

根据现场调查，大部分地裂缝两侧地表不在同一高度，而是产生了一定的错台。根据地裂缝两侧错台平均高度的大小，将其分成以下三种主要类型。

小错台地裂缝（C_1）：地裂缝两侧错台平均高差在 20 cm 以内。

中错台地裂缝（C_2）：地裂缝两侧错台平均高差在 20～50 cm。

高错台地裂缝（C_3）：地裂缝两侧错台平均高差大于 50 cm。

2. 柠条塔矿 1209 工作面采煤塌陷裂缝分析

根据 1209 工作面上的塌陷地裂缝现场调查，结合上述分类标准，分析了其中 52 条裂缝数据。结果如下。

1）地裂缝走向（A）统计分析

经过统计分析，横坡地裂缝（A_1）14 条，占总比例的 26.93%；顺坡地裂缝（A_2）21 条，占总比例的 40.38%；斜交地裂缝（A3）17 条，占总比例的 32.69%。

2）地裂缝开口宽度（B）统计分析

经过统计分析，微小地裂缝（B_1）34 条，占总比例的 65.38%；中等地裂缝（B_2）6 条，占总比例的 11.54%；宽大地裂缝（B_3）12 条，占总比例的 23.08%。

3）地裂缝错台高度（C）统计分析

经过统计分析，小错台地裂缝（C_1）38 条，占总比例的 78.08%；中错台地裂缝（C_2）8 条，占总比例的 15.38%；高错台地裂缝（C_3）6 条，占总比例的 11.54%。

7.3　采煤塌陷裂缝治理技术及充填工艺

7.3.1　治理技术

本书所述的是适用于黄土沟壑矿区采煤塌陷地综合治理的新方法,其核心是首先根据采煤塌陷土地的破坏特征,对破坏形式进行分类,然后,结合地形条件,从有利于水土保持和生态恢复的角度出发,为塌陷区地形进行局部改造,从而构造一个适合植被恢复的立地条件。

根据塌陷地裂缝的分类体系,共有 27 种组合类型。实际上,由于地裂缝开口宽度与地裂缝台阶之间关系紧密,宽大裂缝伴随较大的错台,微小裂缝一般错台较小。由于微小裂缝危害程度较小,就地掩埋即可,在此不再进行详细论述。本节选择破坏类型较严重的两种类型提出详细的治理措施,其他类型可参照执行。

1. 横坡宽大高错台地裂缝治理设计

横坡宽大高错台地裂缝空间分布情况见图 7.1。垂直裂缝走向做剖面,地裂缝主要特征要素见图 7.2。主要治理措施如下。

(1)地裂缝充填。根据地形条件,将治理区分为剥挖区和回填区(图 7.3)。剥挖区的宽度为 1.5 m 左右。首先将剥挖区 30 cm 的表土进行剥离,集中堆放。然后将剥挖区的生土进行剥离,回填至裂缝区,并捣固密实。当回填至距地表 30 cm 后,对裂缝区地形进行修理,然后用先前剥离的表土覆盖。

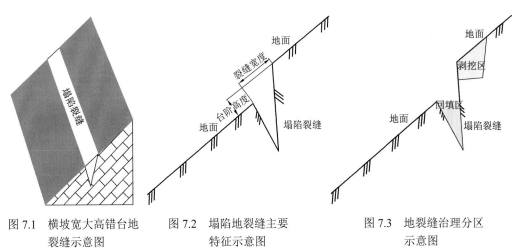

图 7.1　横坡宽大高错台地　　图 7.2　塌陷地裂缝主要　　　图 7.3　地裂缝治理分区
　　　　　裂缝示意图　　　　　　　　　　特征示意图　　　　　　　　　示意图

(2)微地形改造。采用水平阶方式进行地裂缝区微地形改造。水平阶能够拦蓄较多的地表径流,减少水土流失,也可改善治理区内的土壤条件,降低土壤水分蒸发,加速植被恢复。水平阶具体要求是:水平阶宽度为 50 cm,具有 3°左右的反坡,台阶高度为 50 cm,边坡坡度为 45°,见图 7.4 和图 7.5。

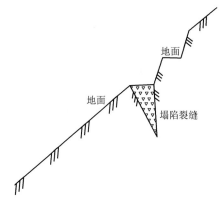 

図 7.4　地裂缝区微地形改造示意图　　　图 7.5　地裂缝区微地形改造效果图

2. 顺坡宽大高错台地裂缝治理设计

顺坡宽大高错台地裂缝空间分布情况如图 7.6 所示，垂直裂缝走向做剖面，裂缝主要特征要素如图 7.7 所示。其治理方法主要有裂缝充填和微地形改造。

 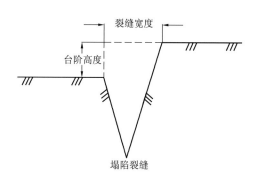

图 7.6　顺坡宽大高错台地裂缝示意图　　　图 7.7　塌陷地裂缝主要特征示意图

（1）裂缝充填。根据地形条件，将治理区分为剥挖区和回填区（图 7.8）。剥挖区的宽度为 1.5 m 左右。首先将剥挖区 30 cm 的表土进行剥离，集中堆放。然后将剥挖区的生土进行剥离，回填至裂缝区，并捣固密实。当回填至距地表 30 cm 后，对裂缝区地形进行修理，然后用先前剥离的表土覆盖。

（2）微地形改造。结合后期植被恢复的需要，采用鱼鳞坑方式进行裂缝区微地形改造。在裂缝治理区，沿坡面修建月牙形鱼鳞坑，坑口宽度为 0.8~1.2 m，坑距 3~5 m，在坑下沿修建 20 cm 高的半环状土埂，在坑的上方左右两角各开一道小沟，以便引蓄雨水，减少水土流失，改善土壤条件，加速植被恢复（图 7.9）。

3. 治理流程

治理流程见图 7.10。

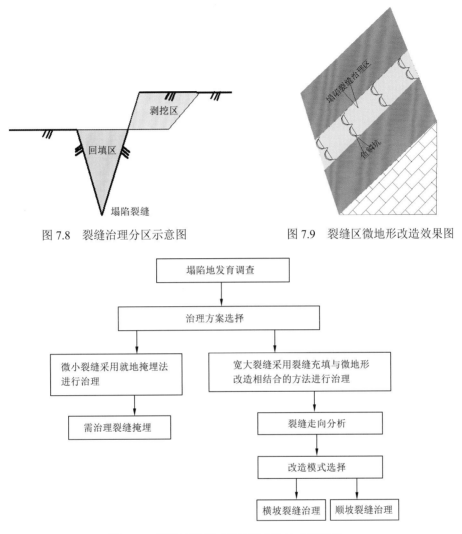

图 7.8　裂缝治理分区示意图　　　　　　图 7.9　裂缝区微地形改造效果图

图 7.10　塌陷地裂缝区微地形改造技术流程图

7.3.2　充填工艺

目前，对黄土丘陵沟壑区塌陷地的综合治理技术，国内外相关研究还比较少。尤其对于宽度大于 20 cm 的裂缝，生态环境破坏严重，有的裂缝直通矿井，这些裂缝如用现有的普通方法进行简单充填，经常会出现裂缝再现的问题，治理效果不理想。这样，不仅对井下安全生产造成威胁，而且不利于地表的生态环境的恢复，并加剧水土流失，为了促使塌陷地裂缝区农田生态及植被恢复，必须采取综合措施进行治理。综上，现缺少一种方法步骤简单、设计合理且实现方便、治理效果好的黄土丘陵沟壑区采煤塌陷地裂缝治理方法。

1. 裂缝区土壤剖面重构

塌陷地裂缝充填应当遵循土壤学的基本原理，重构一个适合植被恢复的立地条件，其中土壤剖面重构是关键。土壤剖面重构，概括地说就是土壤物理介质及其剖面层次的重新构造。采用合理的剥离、堆垫、储存、回填等重构工艺，构造一个适宜土壤剖面发育和植被生长的土壤剖面层次、土壤介质和土壤物理环境，根据黄土丘陵沟壑区采煤塌陷地裂缝的特点及自然土壤的剖面特征，重构后的土壤剖面从上往下依次为表土层、覆盖层、生土层、垫层，见图 7.11。

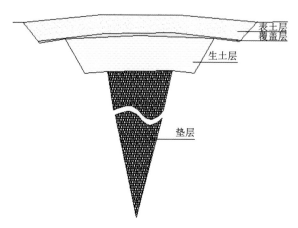

图 7.11　裂缝区重构土壤剖面示意图

（1）表土层。表土层是农作物生长及植被恢复的基础，主要参数是厚度，根据复垦后的方向来确定，如果利用方向为耕地，表土层厚度应不小于 40 cm，如果利用方向为灌草地，表土层厚度应不小于 20 cm，表土主要来源于裂缝两侧剥离的表层土。为了防止雨水浸泡导致裂缝区充填区黄土下陷，重构后的表层土可以预留一定的拱高，耕地起拱高度 5 cm 左右，灌草地 10 cm 左右。裂缝两侧表土层的剥离宽度为 1 m，剥离厚度为 50 cm。台阶平台向外侧留 3%～5%的坡度。

（2）覆盖层。覆盖层的主要作用是保水、隔水、为植被生长提供养分等。覆盖层可采用秸秆和黄土混合物构成，厚度 10cm 左右。由于西部地区风大，水土流失严重，覆盖层放在地表不易固定，因此，考虑将该层放到表土层与生土层的中间。

（3）生土层。生土层厚度 50 cm 左右，利用裂缝两侧表土层以下的黄土进行充填。裂缝两侧黄土层的剥离宽度为 50 cm，剥离厚度为 50 cm。台阶平台向外侧留 3%～5%的坡度。

（4）垫层。垫层可利用污染元素的矸石进行填充，如果周围黄土较多，也可使用黄土进行充填。当充填高度距设计高度 1 m 左右时，应开始用木杆做第一次捣实，然后每充填 30 cm 左右捣实一次。

2. 裂缝区充填工艺

为了提高工作效率，本节提出一种"分段剥离，交错回填"的塌陷地裂缝充填工艺。首先根据裂缝的发育情况，划分成若干个施工块段，依次施工（图 7.12），块段长度为 5～10 m，以便于机械施工为原则。

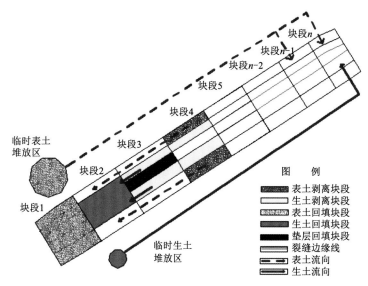

图 7.12　裂缝区分段剥离交错回填示意图

先将第 1 块段的表层土和生土分别剥离和堆存，然后将第 2 块段上部表土也剥离和堆存。此时，在施工区域外形成了 2 个土堆（图 7.12），并可以充填第 1 块段的垫层。垫层施工完成后，将 2 块段生土进行剥离并充填在第 1 块段的开挖区内，形成第 1 块段新构土壤的生土层，然后将第 3 块段的表土层剥离回填在第 1 块段，就构成了以第 2 块段生土和第 3 块段上部表土层所组成的新的第 1 块段带土壤剖面，使上部土层仍在上部，下部土层仍在下部；以此类推就可通过这种交错回填实现新构土层顺序的正位（基本不变）。其中最后 2 个块段的重构需用第 1，2 块段剥离并堆存的土源来回填。新构土层的剖面结构可表示为

$$
\begin{cases}
第\,i\,块段土层剖面 = 第\,i+2\ 块段表土 + 覆盖层 + 第\,i+1\ 块段生土 + 垫层\ (i=1,2,\cdots,n-2)\\
第\,n-1\,块段土层剖面 = 第1、2\ 块段表土 + 覆盖层 + 第\,n\ 块段生土 + 垫层\\
第\,n\,块段土层剖面 = 第1、2\ 块段表土 + 覆盖层 + 第\,1\ 块段生土 + 垫层
\end{cases}
$$

（7.2）

3. 塌陷地裂缝治理效果分析

为了验证治理工艺的合理性，在柠条塔煤矿北翼黄土沟壑区 N1114 工作面和 N1206 工作面上方，选取了三个塌陷裂缝采用本工艺进行了治理，并与传统混合充填裂缝及未受采动影响的对照区土壤理化性质进行了对比分析，结果见表 7.1。从实验数据可以看出，分段剥离交错回填治理区的土壤理化值明显优于混合充填区。

表 7.1　分段剥离交错回填治理区与混合充填区土壤理化性质对比

单元	速效氮/（mg/kg）	速效磷/（mg/kg）	速效钾/（mg/kg）	有机质/（g/kg）
混合充填区	17.50	14.81	22.42	5
分段剥离交错回填治理区	25.99	39.60	42.08	7

单元	速效氮/（mg/kg）	速效磷/（mg/kg）	速效钾/（mg/kg）	有机质/（g/kg）
对照区	28.50	68.40	72.20	10

7.4 采煤塌陷坡地微地貌整治技术

开采损害的治理需要根据地区的特点，因地制宜地提出相应的治理措施。因此本节根据塌陷区地形、地貌特点及损毁类型，从水土保持、生态恢复及综合治理的角度出发，构建适宜的微地貌治理措施。

7.4.1 侵蚀沟微地貌治理技术

在黄土丘陵沟壑区的采煤塌陷中，存在大量的侵蚀沟。侵蚀沟表层岩土风化严重，沟深陡峭，工程地质稳定性极差，在地下开采扰动和坡体重力作用下，滑坡、坍塌、崩塌、地裂缝等开采沉陷地质灾害频频发生，严重威胁人民生命财产安全。如何对该类型采煤塌陷破坏区进行治理，需要采取综合措施进行治理。

1. 沟头部位治理

沟头防护是沟壑治理的起点，其主要作用是防止坡面径流进入沟道而产生的沟头前进、沟底下切和沟岸扩张，此外，还可起到拦截坡面径流、泥沙的作用。本项目沟头防护类型采用截水沟埂式沟头防护工程。即沿沟边修筑一道或数道水平半圆环形沟埂，拦蓄上游坡面径流，防止径流排入沟道。沟埂的长度、高度和蓄水容量按设计来水量而定。结合柠条塔煤矿北翼 N1114 工作面和 N1206 工作面上方示范区沟谷的具体情况，设计如下。

在沟头处布设沟头防护工程一道，以防止沟道溯源侵蚀。封沟埂采用埂高 0.3 m，埂顶宽 0.3 m，埂坡 1:1，埂距沟沿 3 m。截水沟深 0.6 m，底宽 0.4 m，开口宽 1.0 m，沟埂间距 2.0 m。沿沟沿线开挖。

为使沟头防护工程长期发挥效益，在封沟埂和沟沿线之间以及埂上点播柠条，行数 1 行，株距 0.5 m。

沟头防护工程图式具体详见图 7.13。

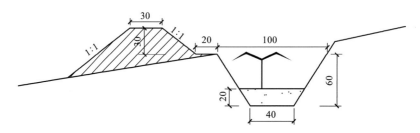

图 7.13 截水沟埂式沟头防护设计断面图（单位：cm）

2. 沟坡部位治理

1）治理原则

治理的山坡坡度角应该在安全安息角度范围内；设计治理后的斜坡坡角、长度、形态应与周围地貌景观相融合，保持视觉上协调，并与当地降水条件、土壤类型和植被覆盖情况和谐。

2）削坡设计

采用人工或机械方式消减平缓，削坡的坡度应该缓于 1:0.5，根据示范点所在地区的情况，采用一般黄土的安全角度（35°）作为参考进行削坡设计，使边坡更加稳固，减少崩塌、滑坡等地质灾害发生的几率，修复破损的边坡使与周围自然景观相协调。

坡面的设计形式有阶梯形、直线形、折线形、大平台形等，就本区的实际情况来看，采用的是阶梯形设计模式，即将破损边坡削坡后修整为阶梯状地势，台面进行植被，防止水土流失。

3）台阶修建

一般来说，边坡高度超过 20 m 时应沿等高线设置一定的平台，形成台阶形，设计高程每增加 3 m，修建一个小台阶，小平台宽 1 m，并在外侧修建地埂，地埂上顶宽 0.2 m，下底宽 0.5 m，高 0.2 m，整理后的边坡整体坡度为 1:1.5。

边坡削坡工程设计，一方面可以明显减缓坡度，加强坡体稳定，同时也有助于植物的种植；另一方面，这些土埂能抵挡储存一定的水分，有助于植被的生长，也可以减少水土流失。

4）栽植植物篱

在坡面的台阶上，栽植植物篱，稳定边坡，控制水土流失。植物篱带形成的篱坎能降低坡面坡度，使坡地自然梯化。当坡面栽培植物篱后，土壤颗粒在坡面的分布产生了较大的变化。由于植物篱对侵蚀土壤的拦截，黏粒在篱前富集，土壤黏粒含量升高。同时，植物篱通过控制土壤流失大量减少了磷素流失，使磷在坡面大量富积，栽培植物篱后可适当减少磷肥施用量，大大节省了能源的消耗。

正是由于植物篱的这些优点，在该矿区边坡上选种植物篱。植物篱选种的是一些灌木，如沙棘、柠条和紫穗槐等。具体的种植细节及种植技术措施见表 7.2—表 7.4 和图 7.14。

表 7.2　选种植物篱要求

林种	树种	株距/m	行距/m	苗龄及等级	种植方法
灌木	沙棘	0.5	4.5	一年生、一级苗	穴播
灌木	柠条	0.5	4.5	一年生、一级苗	穴播
灌木	紫穗槐	0.5	4.5	一年生、一级苗	穴播

表 7.3 播种草籽技术指标表

播种草种	种子处理	播种量/ (kg·hm^{-2})	播种周期	播种方式	播种深度/cm
紫花苜蓿	清选去杂	12	雨季播种	条播或撒播	2~3

表 7.4 植物篱的种植技术措施

项目	时间	方式	规格及要求
整地	6~10 月	平地	
种植	3~5 月	穴播	小穴
抚育	3~10 月	锄草	每年 2~3 次

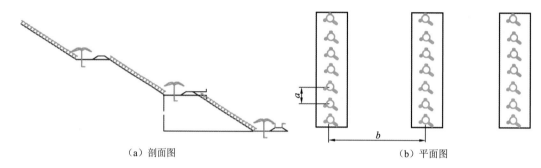

（a）剖面图   （b）平面图

图 7.14 沟坡部位治理设计图

3. 沟岸部位治理

在距削坡后沟边 2~4 m 处修沟边埂,埂上栽植灌木,埂外营造 10~20 m 宽防护林带。

4. 沟底部位治理

由于采煤引起边坡滑塌,大量滑塌体堆积在沟谷,破坏原沟底植被。由于滑塌体较为松散,下雨后容易造成水土流失和泥流隐患,同时也有部分裂缝存在,严重阻碍了植被的生长和破坏了生态环境,必须对沟底采取整地措施,以确保沟底正常通顺并恢复周围生态环境。下面结合示范区东侧的沟谷进行典型设计。

1）沟底平整设计

沟底整治与滑塌体削方工程相结合,为了避免局部堆土过高,造成安全隐患,沟底的整平工作分三个水平进行整治,首先在沟底每隔 50 m 左右布设一个谷坊,然后将边坡上剥离的多余土方充填在谷坊围护的沟底内。沟底土地平整采用堆状地面土壤重构技术,见图 7.15。

堆积体的实际形状是一个底面椭圆的劈状体,与单锥体形状近似,可简化视为锥体进行计算。

2）谷坊设计

谷坊设计的任务是:合理选择谷坊类型,确定谷坊高度、间距、断面尺寸及溢水口尺

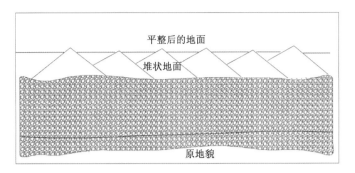

图 7.15　堆状地面土壤重构示意图（魏忠义 等，2001）

寸等。结合示范区东侧的一条小支沟进行典型设计，其汇水面积为 0.18 km²，沟底比降为 7.3%，两岸边坡比约 25°，沟宽 50 m。

（1）设计标准。由于当地暴雨具有短历时、高强度的特点，本项目设计标准按拦截 20 年一遇 24 h 最大暴雨量设计。

（2）类型。选择谷坊类型应以"就地取材，因地制宜"为原则，在土层较厚的山沟内可选用土谷坊，示范区属于黄土沟壑区域，沟内有较厚的土层存在，因此，示范区谷坊类型的选取就是土谷坊。

（3）工程设计，如下所示。

I. 设计洪水总量

采用公式

$$W = 1000KRF; \qquad R = K_p H_{24} \qquad (7.3)$$

式中：W 为来水量，m³；K 为径流系数，取 0.25；R 为 10 年一遇 24 h 最大暴雨量，mm；F 为集水面积，km²；K_p 为模比系数，结合相关研究资料，取值 2.00；H_{24} 为多年平均最大 24 h 暴雨量，为 60 mm。

II. 谷坊库容

根据西北大学出版的《水土保持原理及规划》对于沟道近似弧形或半圆形时，沟道体积采用公式

$$V = BHL / 4.5 \qquad (7.4)$$

式中：V 为单个谷坊库容，m³；B 为沟宽，m；H 为相应坝高，m；L 为回水长度，m。

III. 谷坊溢洪口设计

溢洪口设在土坝一侧的坚硬土层或岩基上，上下两座谷坊的溢洪口要左右交错布设。

为了控制塌陷量，水土流失，在示范区的侵蚀沟内建设了土谷坊，有效控制了生态环境恶化。具体详见图 7.16。

5. 冲积扇部位治理

冲积扇部位，土体稳定，土壤湿润、土质肥沃，可营造经济效益较高的果树等经济林，或速生丰产用材林。

图 7.16　示范区土谷坊建设照片

1）造林配置模式

据实地调查，冲积扇部位造林应该以生态林为主，为协调与美化环境，本次设计在冲积扇部位栽种樟子松、侧柏和刺槐等乔木，选用 8～10 年生的、一级苗的植物，种植株距为 300 cm，行距为 300 cm，造林典型模式见图 7.17。

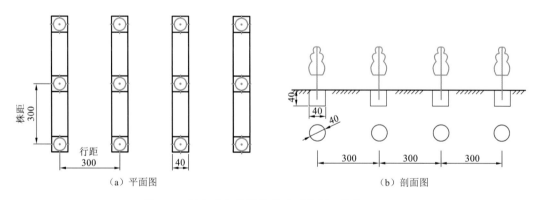

　　（a）平面图　　　　　　　　　　　　　　　　（b）剖面图

图 7.17　冲积扇部位造林模式示意图（单位：cm）

2）造林技术措施

造林季节与方法。樟子松、侧柏、刺槐宜在春季植苗造林，苗高 1.5 m 以上，地径 1.5 cm 以上，开挖深度为 0.4 m，要求苗木端正，根系舒展，栽后覆土踏实。春季造林时栽后需适量浇水，以保证成活，整地应在雨季或秋季。

翌年应对上年造林地实地检查，对死亡苗木及时补植，病害苗木及时打药或移除。植苗造林苗木，最好是当地育苗当地栽植，避免远距离调运增加成本，又难以成活。为保证植苗的成活率,栽植之前应采用根宝、生根剂等进行浸泡处理。

3) 植被工程苗木用量及抚育措施

具体的技术指标、种植措施及抚育措施见表 7.5、表 7.6。

表 7.5　技术指标及种植措施

林种	树种	株距/m	行距/m	单位面积种植点数量/(穴/hm²)	苗龄及等级	种植方法
乔木	樟子松、侧柏、刺槐	3.0	3.0	1 111	8~10 年生、一级苗	带土球

表 7.6　抚育技术措施

项目	抚育措施	时间	方式	规格要求
抚育	灌水	栽植后和旱季	浇灌	5 天 1 次,每次用水 10 t/ha
	施肥	栽植后和雨前	点施	用肥 40 kg/ha
	去除杂草	每年夏季	遍除	全部清除
	松、培土	每年夏季	年/次	前两年每年松土、培土 2 次,第三年 1 次

7.4.2　坡地微地貌整治技术

采煤塌陷坡地整治的总体思路是,以控制水土流失为基础,以提高土地的集约水平为目标,根据塌陷坡地的坡度等级,采取不同的治理措施。

1. 坡式梯田整地

对于塌陷后坡度在 10° 的坡耕地,采用坡式梯田模式进行整治。所谓坡式梯田就是在缓坡耕地上,根据坡度大小、土层厚薄和机械作业的要求,在坡面上相隔一定距离沿等高线作埂,修成坡式梯田,而后用定向翻转犁逐年向下坡方向耕翻,使田面逐渐达到水平梯田。

1) 埂距的确定

主要根据地面坡度、土层厚度和机械作业要求而定。地面坡度小、土层厚,田面可宽些;地面坡度大、土层较薄则窄些。其要领是坡式梯田达到水平后,挖方部位田面以下要保留 0.4~0.5 m 厚的土层。具体埂距可参照中国农业大学在类似地区的实验确定[①]。

2) 坡式梯田地埂(田坎)的设计

地埂设计包括埂高、埂底宽和埂顶宽(上宽)、边坡系数。

(1)埂高。主要根据田面宽度、土质而定,田面宽、土质黏重,埂则高些;田面窄,土质较沙,埂则低些。根据类似区的多年实践,埂高以超过 60 cm 为宜,田面达到水平后,田坎高度以不超过 100 cm 为宜,否则易塌陷。

---

① 引自:武川县坡耕地水土综合整治试点工程实施方案. https://www.docin.com/p-990998649-f5.html

（2）埂宽。取决于埂宽、田埂边坡系数，田埂高、边坡系数大，则埂宽些。

（3）边坡系数。为防止田埂塌陷，横断面应有一定的边坡。边坡系数主要取决于土质。一般黏质土为 0.5 左右，沙质土为 0.7 左右。

按照上述原则和研究区的实际情况，坡式梯田的设计标准宜为：即坡式梯田达到水平后，田坎高 100 cm（包括安全超高 20 cm），边坡系数外坡 0.5，内坡 1，埂顶宽 40 cm。施工标准：埂高 60 cm，埂底宽 90～100 cm，埂顶宽 40 cm。

3）田面宽度设计

由于埂高已选定为 60 cm，田面宽度主要取决于地面坡度和机械作业要求。在施工中可按表 7.7 进行作业。

表 7.7　坡式梯田断面尺寸表

坡面坡度	田面净宽/m	埂高/m	埂顶宽/m	田埂边坡系数
6°	22	0.6	0.4	外坡 0.5，内坡 1
8°	20	0.6	0.4	外坡 0.5，内坡 1
10°	18	0.6	0.4	外坡 0.5，内坡 1

4）坡式梯田的施工

坡式梯田采用人工进行施工，施工包括定线、清基、筑埂保留表土等程序。筑埂应在埂线下方取土，采用下切上垫的方法。沿等高线布设定线过程中，遇局部地形复杂处，应根据大弯就势、小弯取直的原则处理，有的为保持田面等宽，需适当调整埂线位置。

田埂必须用生土填筑，土中不能夹有石砾、树根、草皮等杂物。修筑时应分层夯实，每层虚土厚约 20 cm，夯实厚约 15 cm。

修筑中每道埂应全面均匀同时升高，不应出现各段参差不齐，影响接茬处质量，田埂升高过程中根据设计田埂坡度，逐层向内收缩，并将埂面拍光。

坡式梯田要加强水土保持耕作措施和田间蓄水工程建设，通过耕作，使田面逐年减缓坡度，最终演变为水平梯田。

2. 集雨梯田整地

考虑研究区干旱少雨、水土流失严重的具体情况，对于塌陷后坡度 10°～25° 的塌陷坡地，采用集雨梯田模式进行整地。

1）集雨梯田的内涵

集雨梯田是坡地雨水径流集蓄叠加利用，发展坡地径流复合农业科学有效的水土工程措施，其内涵是指梯田和自然坡地沿山坡相间布置，即上一级梯田与下一级梯田之间保留原山坡一定宽度，作为下一级梯田的主动集流区，调控坡地径流的集聚和再分配，使其在一定面积内富集、叠加，以补充水平田面内植物需水量的不足；同时，集流坡面可配套种植矮秆经济作物、干果经济林和优质牧草等，既可增加经济效益，也对下一级梯田具有聚肥改良作用，达到提高坡耕地综合生产力的目标。见图 7.18。

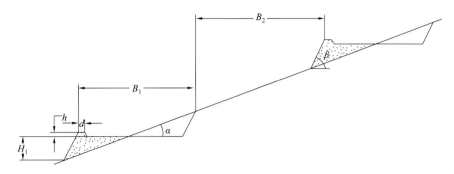

图 7.18　集流梯田示意图（王玉德，2000）

2）承流面与产流面的比值（η）计算

集流梯田具有一定的集流面积，存在着淤积与防洪问题，从保证梯田安全的角度考虑，具有一定拦蓄能力的梯田（承流面）面积和具有一定产流能力的坡面（产流面）应保持一定的比例关系。采用下式计算：

$$\eta = \frac{h_B}{h_A N + h_1 \varphi} \tag{7.5}$$

式中：h_A 为产流面年侵蚀深，mm；h_B 为梯田设计拦蓄深，mm；h_1 为设计频率 24 h 降雨深，mm（按照规范取 10 年一遇 24 h 降雨进行设计）；φ 为径流系数；N 为工程有效年限（按 5 年计算）；η 为流面与产流面的比值。

研究区 10 年一遇 24 h 降雨量为 117 mm，径流系数 0.8。坡度 20°左右，坡面年侵蚀量 3.2 mm/年，梯田使用年限 5 年，梯田拦蓄深度 300 mm。

经计算，承流面与产流面的比值(η)=2.73，取 η=3 进行设计。

第8章　黄土沟壑区多煤层开采生态恢复技术

8.1　菌剂改良

　　半干旱黄土沟壑区土壤贫瘠,基础肥力低,供植物生长的有效养分缺乏,加之黄土高原沟壑区植被覆盖率低,土壤质地疏松,水土流失比较严重,土壤侵蚀作用十分强烈,土壤退化较为严重。而采煤扰动加剧了土壤中水分和养分的流失,生态环境遭到破坏,生物多样性降低,生态系统的稳定性变差。黄土沟壑区土地质量的降低是陕北地区区域发展的限制性因子,也是沟壑区生态环境保护的瓶颈所在。风化煤是指暴露于地表或位于地表浅层的煤,俗称露头煤(李善祥 等,1998)。风化煤作为煤矿生产的废煤,广泛存在于煤矿区,由于受长期风化作用的影响,风化煤含氧量高,发热量低(武瑞平 等,2009)。但风化煤中含有丰富的活性物质腐植酸,腐植酸具有的多种活性基团赋予了腐植酸多种功能,可广泛应用于土壤改良剂、植物生长刺激剂和肥效增进剂领域(刘秀梅 等,2005)。大量的研究表明,施用风化煤可以改善土壤团聚体的质量、水稳性团聚体和阳离子交换量(李华 等,2008)。风化煤和微生物配合使用加速了土壤的生物学循环,且提高土壤生物活性,有利于土壤熟化培肥(段学军 等,2003)。风化煤与草炭的配合使用改善了盐碱土的养分供应状况,提高根系活力和对养分的吸收,提高作物的产量(宋轩 等,2001)。菌根菌剂一般是以含有宿主植物根段、菌根真菌孢子的根际土为接种剂,其繁殖体所采用的主要为土壤介质。本章将未做任何处理的风化煤和陕北沟壑区贫瘠黄土混合使用,以玉米为宿主植物,通过盆栽试验接种丛枝菌根真菌,研究接种丛枝菌根真菌对玉米生长的影响及其对不同混合基质的改良效应,寻找风化煤与黄土最佳配比,从而为菌根真菌在陕北沟壑区的推广应用提供参考,以风化煤为改良剂,为后期丛枝菌根改良菌剂的生产提供理论参考。

8.1.1　菌剂改良的材料和方法

1) 试验材料

　　供试土壤为陕北沟壑区黄土,其基本性状为 pH 值 7.72,最大持水量 40%,有机质 4.33 g/kg,速效磷 12.7 mg/kg,速效钾 59.68 mg/kg。风化煤采自陕西省神木县大柳塔矿区,风干,其基本性状为 pH 值 6.25,最大持水量 64%,有机质 853.38 g/kg,速效磷为痕量,速效钾 19.1 mg/kg。供试作物为玉米,品种为品糯 28,由中国农业科学院提供。供试菌种为中国矿业大学(北京)微生物复垦实验室增殖培养的内生菌 G.m 和 G.i 的混合菌剂。

2）试验方法

试验于 2014 年 5 月在中国矿业大学（北京）温室内进行，试验分别设风化煤与黄土按不同质量比混合，即黄土（L），风化煤与黄土质量比分别为 1:3、1:2、1:1、2:1、3:1，风化煤（W），共 7 组，同时每一种比例分别设接菌和不接菌处理（+M 和 CK），每个处理设 3 个重复，并将不同基质放入规格为 11 cm（高）×13 cm（盆口直径）×9 cm（盆底直径）的塑料盆里，接菌组每盆加 50 g G.m 菌剂充分混合，不接菌处理中加入 50 g 灭活菌剂以确保基质质量一致，最终使每盆总质量保持在 1 100 g。播种玉米前，每盆浇水达到最大饱和持水量，水分平衡 1 天后，播种。将玉米种子用 10% H_2O_2 溶液浸泡 10 min 做表面消毒，再用去离子水清洗 10 次，每个小盆播种玉米 5 颗，玉米出苗 5 天后间苗，每盆保持 2 株，最终定植 1 株。利用称重法控制浇水量，浇水量为基质最大持水量的 70%。风化煤与黄土质量比为 1:3、1:2、1:1、2:1、3:1 的基质最大持水量分别为 46%、47%、49%、54%、56%。种植玉米后 18 天向土壤加入 NH_4NO_3、KH_2PO_4、KNO_3 配置的营养液，使土壤中 N、P、K 质量分数分别为 100 mg/kg、30 mg/kg、150 mg/kg。

3）测定指标与方法

（1）玉米干质量、叶面积和叶色值测定。苗期玉米生长到 70 天后，将植株地上部分和根系分开，用自来水清洗根系附着的泥土，在 105℃烘箱内杀青 30 min，然后放到 80℃烘箱内直至烘干。分别称量每盆玉米的地上部分和根系的干质量。叶面积由 YMJ-C 活体叶面积测定仪（浙江托普生产）测定，选取植株同一侧倒二叶进行测量。玉米叶片的叶色值（SPAD 值）由 SPAD-502（日本生产）来测定，测量时均匀选取叶片上 20～25 个点，取平均得该叶片的叶色值。

（2）玉米地上部分全氮、全磷、全钾。将烘干后的地上部分用研磨机研磨至粉状，过 0.2 mm 筛，用 H_2SO_4-H_2O_2 法消煮（鲍士旦，2000）。利用凯氏定氮法测定植株地上部分全氮含量，用电感耦合等离子体原子发射光谱法（ICP-AES）测定地上部分其他元素含量。

（3）侵染率和菌丝密度。菌根侵染率采用 Phillips 和 Hayman 法，采用网格交叉法测定菌丝密度。计算菌根侵染率公式：菌根侵染率=菌根段数/被检根段数×100%。

（4）球囊霉素相关土壤蛋白。按照 Wright 及 Janos 的方法稍加修改，测定易提取球囊霉素相关土壤蛋白和总球囊霉素相关土壤蛋白（李少朋 等，2013；田慧 等，2009）。

（5）土壤速效磷含量、速效钾含量和酸性磷酸酶活性。土壤速效磷含量采用钼锑抗比色法。土壤速效钾含量采用 NH_4OAc 浸提法。采用改进的 Tabatabai & Brimner 法测定土壤酸性磷酸酶活性（Ruiz-Lozano et al., 2000）。

（6）基质土壤水分蒸发。将基质吸水至饱和即达到最大持水量，取适量基质置于规格完全相同的铝盒中使基质均匀铺满铝盒，分别置于 25℃、30℃、40℃恒温培养箱，每隔 2 h 称重至 12 h，测定不同基质水分蒸发量。

（7）由每次的浇水记录计算植株在整个试验期内的耗水量及水分利用系数。地上部分水分利用系数(g/L)=W_f/W_t，W_f 为地上部分干质量，g；W_t 为植株生育期总耗水量，L。

4）数据分析

采用 SAS 统计软件对试验数据进行分析,采用 LSD 方法比较不同处理之间的差异显著性,显著水平设置为 5%。

8.1.2　菌剂改良的效应

1. 风化煤与黄土配比菌剂的土壤改良效应

（1）不同配比对玉米生长的影响。接种丛枝菌根真菌能够显著促进玉米干质量的积累,其表现为接菌组高于不接菌组,且玉米叶片叶色值和叶面积表现出相同的规律,见表 8.1。

表 8.1　接种丛枝菌根真菌对不同处理玉米生长的影响

处理		地上部分干质量/（g/株）	叶色值	叶面积/cm²
CK	L	1.22±0.10f	24.47±1.23g	23.10±2.62e
+M	L	3.56±0.06d	33.77±2.21d	31.61±1.60c
CK	1:3	1.23±0.07f	26.80±2.08fg	24.16±1.97de
+M	1:3	3.91±0.12cd	35.07±0.67cd	33.60±2.09c
CK	1:2	1.83±0.32e	30.27±1.82e	27.10±2.62d
+M	1:2	4.44±0.68ab	38.83±1.55ab	40.72±0.68a
CK	1:1	1.50±0.05ef	30.77±1.37e	25.54±2.56de
+M	1:1	4.61±0.23a	41.17±0.85a	38.93±1.78ab
CK	2:1	1.46±0.25ef	28.77±0.35ef	25.10±2.09de
+M	2:1	4.31±0.29abc	37.50±0.96b	37.92±1.50ab
CK	3:1	1.49±0.04ef	28.73±1.04ef	24.93±2.17de
+M	3:1	4.29±0.19abc	37.20±1.15bc	37.35±1.58b
CK	W	1.48±0.07ef	27.50±0.96f	24.36±1.24de
+M	W	4.07±0.38bc	37.17±1.38bc	36.98±1.85b

注：±后数值为重复样标准误差,其后不同字母代表 5%水平上的差异显著性,后同

施入适量的风化煤,更有利于玉米的生长。不接菌组中,随着风化煤施入量的增加,玉米各项生长指标都呈增加趋势,当风化煤与黄土质量比为 1:2 时,玉米地上部分干质量、叶面积都达到最大,分别为（L）组的 1.5 倍、1.17 倍,当风化煤的比重继续增加时,玉米各项生长指标呈下降趋势。接菌组中玉米各项生长指标随风化煤施用量的增加而增大,当风化煤与黄土质量比为 1:1 时,玉米地上部分干质量、叶片叶色值最高,分别为（L）组的 1.29 倍、1.22 倍,煤土质量比 1:3 的 1.18 倍、1.17 倍。当基质中风化煤高出 50%时,玉米各项生长指标呈下降趋势。对于黄土来说,维持较高的持水量时易造成土壤黏结,土壤空隙度下降,通透性变差,造成了土壤氧气含量降低,根系和土壤微生物呼吸减弱,

根系生长受阻,从而影响整个植株的生长(陈伏生 等,2003)。

(2)不同处理配比对玉米地上部分矿质元素的影响。玉米地上部分氮、磷、钾的含量是表征其生长好坏的最直观指标,研究发现,接种丛枝菌根真菌能够明显促进宿主植物对矿质养分的吸收和利用,见表 8.2。

表 8.2　接种丛枝菌根真菌对不同处理玉米地上部分矿质元素的影响

处理		氮元素/(mg/株)	磷元素/(mg/株)	钾元素/(mg/株)
CK	L	13.67±0.27f	0.58±0.01e	26.22±1.86f
+M	L	42.55±2.08d	5.18±0.53c	57.41±2.60c
CK	1:3	14.67±0.91f	0.65±0.14e	31.66±2.04ef
+M	1:3	44.02±3.63cd	5.44±0.68c	63.11±3.53c
CK	1:2	19.86±1.04e	1.29±0.14d	40.12±2.93d
+M	1:2	49.53±3.53ab	6.65±0.56ab	74.05±8.82ab
CK	1:1	18.71±1.15e	0.96±0.05de	36.79±2.49de
+M	1:1	53.01±2.69a	7.15±0.82a	79.42±9.78a
CK	2:1	16.67±2.00ef	0.83±0.01de	35.17±3.79de
+M	2:1	48.45±5.00b	6.41±0.5b	72.28±1.63ab
CK	3:1	17.16±1.59ef	0.73±0.07de	35.04±2.35de
+M	3:1	47.36±1.86bc	6.30±0.15b	72.21±7.71ab
CK	W	16.35±1.28ef	0.73±0.12de	34.79±1.40de
+M	W	47.56±1.37bc	6.10±0.34b	71.32±6.66b

在所有不接菌组处理中,玉米地上部分氮、磷、钾的含量呈先升后降趋势,当煤土质量比为 1:2 时,玉米地上部分氮、磷、钾含量达到最大,且分别是纯黄土组的 1.45 倍、2.22 倍、1.53 倍,是煤土质量比 1:3 的 1.35 倍、1.98 倍、1.27 倍。煤土质量比大于 1:2 的各组与 1:2 玉米地上部分氮、磷、钾含量无明显变化。在所有的接菌处理组中,在基质中风化煤含量低于 50%时,玉米地上部分氮、磷、钾的累积量均随风化煤比重增加而增加,当煤土质量比为 1:1 时,达到最大。且氮、磷、钾含量为不接菌处理煤土质量比 1:1 的 2.83 倍、7.45 倍、2.16 倍。当接菌处理中风化煤用量高于 50%,各处理矿质元素累积量都呈下降趋势。

(3)不同基质中丛枝菌根真菌与玉米共生关系及其对根际球囊霉素影响。接种丛枝菌根对玉米根的侵染率、菌丝密度及根际球囊霉素变化见表 8.3。菌根侵染率是反映植物根系被菌根真菌感染程度的指标,其反映的是菌根真菌与植物根系之间的亲和程度(盖京苹 等,2005)。本节所用的菌根真菌和玉米保持较好的共生关系,接菌后各种配比的菌根侵染率均达到 90%以上,接菌处理中风化煤与黄土质量比为 1:1 时,菌根完全侵染,且菌丝密度最大为 4.91 m/g,显著高于其他处理。在风化煤与黄土质量比为 1:1 时,基质与菌根的共生关系最优,适合菌根的生长,有利于菌丝的伸长与繁殖,从而促进植物根系对营养与水分的吸收和利用,促进植物生长。球囊霉素相关蛋白是丛枝菌根真菌与环境作用所特有的产物,由表8.3可见,接种处理组总球囊霉素和易提取球囊霉素均高于对照组,且随着风化煤比重的增大而呈增加趋势。

表8.3 接种丛枝菌根真菌对玉米根际球囊霉素相关蛋白的影响

处理		侵染率/%	菌丝密度/(m/g)	总球囊霉素/(mg/g)	易提取球囊霉素/(mg/g)
CK	L	17.78±1.92e	0.47±0.04i	1.15±0.06j	0.23±0.01j
+M	L	91.11±3.85b	2.12±0.28f	1.34±0.04i	0.24±0.01j
CK	1:3	18.89±1.92de	0.58±0.06hi	1.77±0.13h	0.32±0.03i
+M	1:3	92.22±6.94b	3.13±0.27e	1.95±0.04fg	0.34±0.02hi
CK	1:2	26.67±3.33c	0.96±0.06g	1.83±0.02gh	0.35±0.03hi
+M	1:2	94.44±3.85ab	3.99±0.11b	2.06±0.12ef	0.38±0.02gh
CK	1:1	24.44±1.92cd	0.81±0.07gh	1.98±0.07efg	0.40±0.02fg
+M	1:1	100.00±0.00a	4.91±0.23a	2.11±0.18e	0.41±0.01efg
CK	2:1	21.11±1.92cde	0.71±0.06ghi	2.33±0.02d	0.44±0.02def
+M	2:1	94.44±5.09ab	3.86±0.28bc	2.42±0.10cd	0.45±0.02de
CK	3:1	20.00±3.33de	0.66±0.04hi	2.44±0.11cd	0.48±0.01de
+M	3:1	93.33±3.33b	3.60±0.19cd	2.57±0.02c	0.50±0.01c
CK	W	21.11±1.92cde	0.64±0.06hi	3.10±0.12b	0.66±0.03b
+M	W	92.22±5.09b	3.56±0.20d	3.62±0.13a	0.78±0.07a

(4)不同处理对玉米根际土壤速效养分和酶活性的影响。表8.4为不同处理玉米根际土壤养分和酶活性变化。接菌处理组玉米根际土壤中速效磷、速效钾含量均低于对照组,且接菌处理根际土壤中速效磷和速效钾呈先降低后增加的趋势,当煤土质量比为1:1时,玉米根际土壤速效磷、速效钾含量最低。这可能是由于菌根菌丝体促进玉米根系对有效磷、钾的吸收和利用,土壤中的速效磷、速效钾更多地转移到植株体内,从而造成土壤中速效磷、速效钾含量降低。这与玉米地上部分矿质元素的结果相吻合,同时也说明干质量最大,生长最好的玉米吸收的养分最多。土壤酶是土壤肥力形成的一个重要因素,土壤酸性磷酸酶可以促进有机磷向无机磷的转化,其含量的多少可以反映出土壤肥力状况,特别是土壤磷肥。研究发现,接菌有利于提高土壤酸性磷酸酶活性,且表现为接菌组高于未接菌组。无论接菌与否,土壤中酸性磷酸酶活性都呈先增加后降低趋势,在风化煤和黄土质量比为2:1时,接菌有利于提高土壤酸性磷酸酶活性,且表现为接菌组高于未接菌组。无论接菌与否,土壤中酸性磷酸酶活性都呈先增加后降低趋势,在风化煤和黄土质量比为2:1时,接菌处理玉米根际土壤中酸性磷酸酶活性达到最大,和其他处理相比表现出显著的差异性。

表 8.4　接种菌根真菌对不同处理玉米根际土壤养分和酶活性的影响

处理		土壤速效钾/（mg/kg）	土壤速效磷/（mg/kg）	酸性磷酸酶活性/[umol/（g·h）]
CK	L	70.43±4.08a	12.23±0.36a	3.89±0.18f
+M	L	63.93±1.19bc	9.28±0.33d	4.21±0.29def
CK	1:3	67.59±5.93ab	12.11±0.51a	4.02±0.13ef
+M	1:3	62.10±0.73bc	7.50±0.42e	4.33±0.29cde
CK	1:2	60.29±2.41cd	8.06±0.73e	4.48±0.19bcd
+M	1:2	56.11±2.83de	7.27±0.22e	4.54±0.13bcd
CK	1:1	63.60±3.62bc	9.98±0.25cd	4.30±0.12cde
+M	1:1	48.91±2.15f	4.99±0.42g	4.85±0.16ab
CK	2:1	64.03±2.82bc	10.74±0.61bc	4.23±0.10def
+M	2:1	52.21±3.59ef	5.89±0.76f	5.09±0.07a
CK	3:1	64.69±2.75abc	11.02±0.94b	4.19±0.15def
+M	3:1	52.50±4.46ef	5.97±0.54f	4.68±0.54abc
CK	W	65.94±4.83abc	10.99±0.57b	4.16±0.10def
+M	W	52.59±2.00ef	6.27±0.15f	4.78±040ab

2. 不同基质对水分蒸发量的影响

（1）不同温度下不同配比基质的水分蒸发累积量变化规律，如下所示。

I. 不同基质 25℃时水分蒸发累积量变化规律

实验结果见图 8.1，温度为 25℃时，未种植物（空白）、种植玉米（CK）、接种菌根种植玉米（+M）的风化煤与黄土各种不同配比基质中，水分蒸发累积量随时间的延长逐渐上升，且随时间的上升较为匀速、平缓。由于在固定的基质饱和质量下，水分随时间的延长不断蒸发，蒸发的水分累积质量增大。在空白组、对照组、接菌组中，水分蒸发累积量均为黄土高于施入风化煤的各种配比基质，其中接菌组较为明显，空白组和对照组则较为接近。在此温度时，接菌组施入风化煤的效果比其他两组显著。

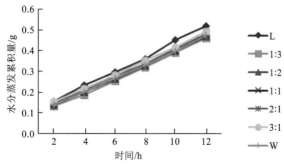

（a）空白组各配比不同时间水分蒸发累积量的变化

图 8.1　25℃不同处理基质水分蒸发累积量随时间变化规律

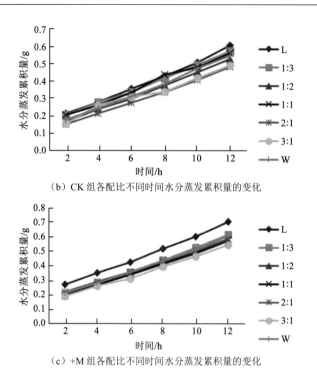

（b）CK 组各配比不同时间水分蒸发累积量的变化

（c）+M 组各配比不同时间水分蒸发累积量的变化

图 8.1　25℃不同处理基质水分蒸发累积量随时间变化规律（续）

II. 不同基质 30℃时水分蒸发累积量变化规律

温度为 30℃时，各处理不同配比基质水分蒸发量从 2～12 h 不断累积，结果见图 8.2。

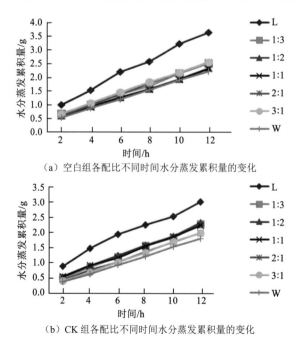

（a）空白组各配比不同时间水分蒸发累积量的变化

（b）CK 组各配比不同时间水分蒸发累积量的变化

图 8.2　30℃不同处理基质水分蒸发累积量随时间变化规律

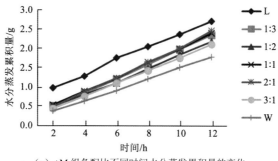

（c）+M 组各配比不同时间水分蒸发累积量的变化

图 8.2 30℃不同处理基质水分蒸发累积量随时间变化规律（续）

且在同等条件下，每隔 2 h 水分蒸发速度较为接近，因而蒸发累积量变化曲线接近直线。30℃时，空白组、对照组、接菌组中，未添加风化煤基质的水分蒸发累积量均明显高于施入风化煤的各种配比基质，说明在 30℃时，风化煤的施用在种植植物与未种植物的基质中均发挥作用，抑制了水分的蒸发。

Ⅲ. 不同基质 40℃时水分蒸发累积量变化规律

40℃时，不同处理水分蒸发累积量同 25℃、30℃时，同样随时间的推移蒸发累积量均匀增加，如图 8.3 所示。不同配比的蒸发量与 25℃和 30℃时不同，未种植物的空白组在 40℃温度较高时，7 组不同配比不同时段水分蒸发累积量较大且十分接近，说明未种植物的基质在温度较高时风化煤的添加无明显作用。然而在 40℃时，种植玉米的 CK 和+M 组不同配比基质中，施用风化煤的各组均明显低于黄土，但在施入风化煤的不同配比之间水分蒸发累积量较为接近。

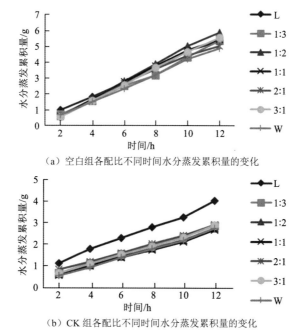

（a）空白组各配比不同时间水分蒸发累积量的变化

（b）CK 组各配比不同时间水分蒸发累积量的变化

图 8.3 40℃不同处理基质水分蒸发累积量随时间变化规律

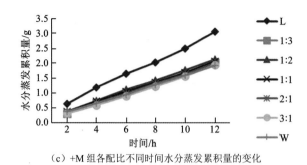

（c）+M 组各配比不同时间水分蒸发累积量的变化

图 8.3　40℃不同处理基质水分蒸发累积量随时间变化规律（续）

（2）不同温度下不同配比空白组、CK 组、+M 组 12 h 水分蒸发量的变化。研究表明（图 8.4），25℃时，12 h 后各配比基质水分蒸发量为+M>CK>空白；30℃时，12 h 后各配比基质水分蒸发量为+M、CK、空白之间差异较小，较为接近；40℃时，12 h 后各配比基质水分蒸发量为空白>CK>+M。

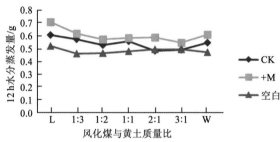

（a）25℃空白组、CK 组、+M 组各配比 12 h 水分蒸发量的变化

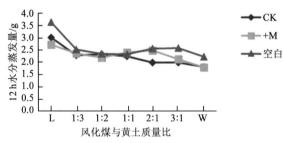

（b）30℃空白组、CK 组、+M 组各配比 12 h 水分蒸发量的变化

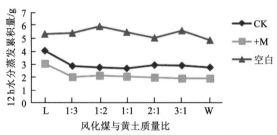

（c）40℃空白组、CK 组、+M 组各配比 12 h 水分蒸发量的变化

图 8.4　不同温度、不同处理基质 12 h 水分蒸发量的变化

由此可见,12 h 后,温度较低的 25℃,种植植物的基质水分蒸发量高于空白。但随着温度的升高到 30℃时三种处理之间水分蒸发量差距缩小,变得十分接近。温度继续升高到 40℃时,接种菌根的水分蒸发量明显低于对照,且接菌和对照都明显低于空白组,以煤土比 1:1 为例,空白组水分蒸发量为 CK 组的 2.05 倍,是+M 组的 2.66 倍;CK 组比+M 组水分蒸发量高 29.61%。且通过图 8.5 更加直观地观察到,除 40℃空白组施入风化煤无显著效果外,其他处理中黄土水分蒸发量高于施入风化煤的基质。在施入风化煤的各种不同配比基质中,水分蒸发量差异不显著。25℃时,空白组黄土水分蒸发量比煤土比为 1:3 时高出 13%,CK 组黄土水分蒸发量比煤土比为 1:3 时高出 5%,+M 组黄土水分蒸发量比煤土比为 1:3 时高出 15%;30℃时,空白组黄土水分蒸发量比煤土比为 1:3 时高出 45%,CK 组黄土水分蒸发量比煤土比为 1:3 时高出 32%,+M 组黄土水分蒸发量比煤土比为 1:3 时高出 15%;40℃时,CK 组黄土水分蒸发量比煤土比为 1:3 时高出 40%,+M 组黄土水分蒸发量比煤土比为 1:3 时高出 52%;由此可见,风化煤的施用有效地减少了水分的蒸发量,有利于基质的保水增肥。

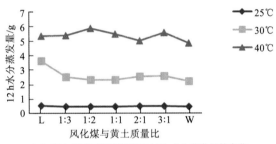

（a）空白组不同温度各配比 12 h 水分蒸发量的变化

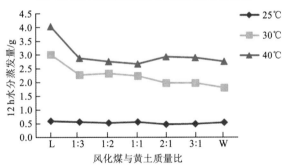

（b）CK 组不同温度各配比 12 h 水分蒸发量的变化

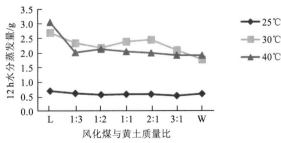

（c）+M 组不同温度各配比 12 h 水分蒸发量的变化

图 8.5　空白组、CK 组、+M 组不同温度各配比 12 h 水分蒸发量的变化

（3）空白组、CK 组、+M 组分别于三种不同温度下 12 h 水分蒸发量的变化。结果表明（图 8.5），12 h 后空白组、CK 组、+M 组各种配比基质在不同的温度下，水分蒸发量差异较大，说明温度是影响土壤水分蒸发的一个重要因素。其中，空白组和 CK 组不同温度下的水分蒸发量均表现为 40℃>30℃>25℃，说明温度升高，水分蒸发量增大。然而，+M 组中，40℃和 30℃的水分蒸发量明显高于 25℃，且除纯黄土和纯风化煤组 40℃时水分蒸发量略高于 30℃，其他各种煤土比的水分蒸发量在 40℃时反而略低于 30℃，说明接种菌根在高温条件下有效地抑制了基质水分的蒸发，增强了基质的保水能力。

3. 丛枝菌根与风化煤协同对玉米水分利用效率的影响

（1）不同配比基质的接菌组与对照组玉米生育期耗水量。在 7 种不同的配比中，随着风化煤所占比重的增加，玉米的生育期总耗水量呈增加的趋势（图 8.6），可能是风化煤的最大持水量较大，随着风化煤量的增加，基质需水量增大。

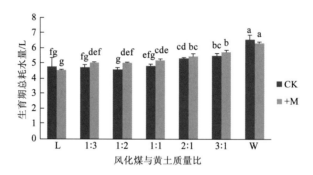

图 8.6　不同配比接菌组与对照组玉米生育期耗水量

（2）不同配比接菌组与对照组玉米地上部分水分利用系数。玉米地上部分水分利用系数表征了玉米对水分的利用效率，取决于其地上部干物质积累量和生育期耗水量。图 8.7 为不同配比接菌组与对照组玉米水分利用系数。风化煤与黄土所有配比中，接菌处理的玉米地上部分水分利用系数均高于对照，且差异显著。随着风化煤比重的增大，对照组和接菌组玉米地上部分水分利用系数均为先上升后下降的趋势，对照组在煤土比为 1:2 时达到最大为 0.40 g/L，接菌组在煤土比为 1:2、1:1 时最大均为 0.89 g/L，显著高于其他处理。从

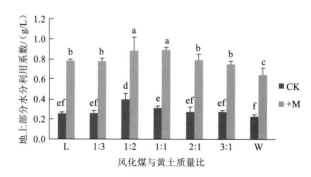

图 8.7　不同配比接菌组与对照组玉米地上部分水分利用系数

枝菌根真菌在风化煤与黄土质量比为 1:2 或为 1:1 时的基质中,显著促进了玉米对水分的吸收和利用,提高了玉米的水分利用系数,促进了玉米将水分转化为干物质的效率。因此,菌根真菌在施用适量施入风化煤的基质中对玉米水分利用的具有显著的促进效果。

8.1.3　菌剂改良的配比分析

西部矿区气候干旱,降水集中,植被稀疏,水土流失、土壤侵蚀较为严重。由于矿区高强度的地下开采,采空区地表大面积沉陷,对矿区土地资源及生态环境造成了严重的破坏(杨逾 等,2007)。因此,必须通过一定的技术手段缓解因自然条件及采煤扰动对植物生长及土壤退化的影响。研究发现,风化煤与黄土不同配比基质上接种丛枝菌根明显促进了玉米的生长,接菌组风化煤与黄土质量比为 1:1 时,玉米地上部分干质量、叶片叶色值最高,分别达到 4.61 g 和 41.17,且叶面积也较高为 38.93 cm^2。这可能是由于接菌能够促进根系对水分和养分的吸收和利用;同时维持较高的持水量易造成黄土沉陷和黏结,通透性变差,风化煤质地疏松,施入适量的风化煤提高了黄土的通透性,有利于根系和土壤微生物呼吸作用,促进了玉米植株的生长。氮、磷、钾是植物生长所必需的大量矿质元素,研究发现,接菌组所有配比的玉米地上部分氮、磷、钾的累积量均显著高于对照组,这可能是丛枝菌根的菌丝可以伸展到矿质元素亏缺区外,有效地吸收根系不能吸收的矿质元素。与此同时,丛枝菌根还可通过地下菌丝网络在植物间矿质营养元素的再分配中起到重要的作用(陈永亮 等,2014)。无论接菌与否,施入适当比例的风化煤都促进了玉米对营养元素的吸收,可能是由于风化煤中的腐植酸在分解过程中产生的有机酸或中间产物,其生理活性物质积累在根系周围,具有促进根伸长、呼吸作用和提高根系活力等作用,从而促进了更多的矿质养分转移到植株体内。然而风化煤比重过高(>50%)对玉米生长的促进作用有所降低,可能是由于风化煤过高导致风化煤中的腐植酸类物质和有害元素累积量过高,破坏植物根际的微环境,抑制植物的生长。

接菌有效地促进了玉米根系的菌根侵染率,所有配比的菌根侵染率均达到 90% 以上,接菌处理中煤土比为 1:1 时,菌丝密度最大为 4.91 m/g,显著高于其他处理,可能是由于在此基质中,风化煤分泌适量的酸性物质和中间产物营造了适合菌根生长的环境。同时,接菌组总球囊霉素和易提取球囊霉素均高于对照组,且随着风化煤比重的增大而呈增加趋势。分析原因可能是球囊霉素相关蛋白是菌根特有的产物,因此接菌能够提高其含量;风化煤中有机碳含量较高,球囊霉素相关蛋白是有机碳的一种,由于球囊霉素提取的非专一性,风化煤施用量越大,球囊霉素相关蛋白的含量越高。研究发现,根际土壤速效磷、速效钾含量与玉米地上部分矿质元素累积量呈反比关系,是因为菌根与风化煤协同作用有效地促进根系将基质中的矿质元素转运到玉米植株体内,使得基质中速效养分降低。菌根与风化煤的施用提高了基质酸性磷酸酶活性,分析原因可能是由于风化煤分泌的有机酸等产物促使菌根在低磷条件下,通过促进酸性磷酸酶的合成实现有机磷向无机磷的转化。

不同温度下,每隔 2 h 各种不同处理基质水分蒸发累积量匀速上升。风化煤的施用有效地减少了水分的蒸发量,施用风化煤的基质水分蒸发量明显低于黄土,在施入风化煤的不同配比基质之间水分蒸发累积量差异不明显。随着温度的升高，12 h 后 CK 组、+M 组与空白组的基质相比水分蒸发量相对逐渐减少，且在温度最高为 40℃时，添加风化煤接种菌根种植玉米的基质水分蒸发量明显小于其他处理，且小于 30℃时的水分蒸发量。在夏季植物生育期，外界环境温度常常较高，本实验以玉米为供试植物，实验结果表明在添加风化煤的基质中接种菌根在温度较高的条件下有效地减少了水分蒸发量。在适量的煤土比为 1:1 或 1:2 的基质中，接菌显著促进了植物对水分的吸收和利用，提高了干物质累积，菌根真菌在施用适量风化煤的基质中生长繁殖一方面通过减少水分蒸发，一方面通过提高水分利用效率提高了基质的保水保肥能力。因此，以风化煤为改良剂，可以有效地促进丛枝菌根改良菌剂的生产和利用。

8.2　采煤塌陷区菌剂应用

浅埋厚煤层群开采对地表土体结构造成了严重影响，改变了土壤水肥气热状况，从而对根际土壤微生物、酶活性及生态系统造成了一定的影响。在采煤塌陷区利用菌根真菌取得了较好的生态效应，为野外多次塌陷区的大规模利用微生物复垦技术进行生态治理奠定了理论基础和现实依据。本节主要在浅埋深、多次扰动黄土沟壑区采煤沉陷区内进行生态修复的试验性工作，并对不同试验配置进行了对比分析研究。以柠条塔矿北翼黄土沟壑区 1^{-2} 煤层和 2^{-2} 煤层重复采动区为示范工程建设区，示范基地设计规模为 300 亩[①]。

该项目工程主要针对由矿产资源开采造成的山体滑坡、崩塌、泥石流、地面塌陷、地裂缝、地面沉降等地质灾害及地形地貌景观破坏进行治理恢复并绿化。绿化治理后矿山的山体部分根据坡度分别采用鱼鳞坑种植，绿化山坡灌木用柠条、沙棘等，乔木采用油松，地被用黄花菜等使山体恢复地貌结构相对稳定，逐步形成较好的矿山小环境。规划设计绿化栽植基本与其他同类绿地相同，但更强调防风沙、水土流失，山体地貌结构稳定，美化等功能。

设计以陕北柠条塔矿区典型具有代表性的黄土沟壑采煤沉陷区为对象，通过人工合理配置植被种类、模式，结合微生物复垦技术，取得对该区域合理的人工引导生态恢复关键技术及实践经验。项目示范区的建成可为黄土沟壑区采煤塌陷矿区的生态修复提供理论与实践依据，具有重要的意义。

8.2.1　菌剂应用植物种类选择

植被恢复的关键技术之一是选择适宜的植物种类。黄土高原的土著植物种类，对区域自然生态条件适宜性较强，应用这些种类进行植被恢复与重建比引种外来植物的风险小得多。培育和繁殖恢复植被的植物资源技术是矿区生态恢复重建的基础。在半干旱黄土丘陵沟壑区，植被恢复与重建是脆弱生态区生态修复的重要途径，适宜树种选择又是植

---

① 1 亩 ≈666.67 m^2

被恢复的基础，只有根据造林要求，按照适地适树的原则，以区域乡土树种为主，选择合理的树种造林，才能真正达到修复脆弱生态环境的目的（季元祖，2006）。生态系统的恢复应该以最少的投入、最短的时间获得最大的效益为前提。植被恢复也不例外。应在调研基础上，借鉴国内外经验，首先对污染元素进行分析，再对土壤的物化、生化性质进行分析，查明土壤的 pH 值、土壤含水量、通气性、土壤氮素及土壤温度等，进而选择树种。

在采煤沉陷地环境条件下，植物种类选择时应遵循如下原则。

（1）选择生长快、适应性强、抗逆性好、成活率高的植物。

（2）优先选择具有改良土壤能力强的固氮植物。

种植固氮植物是经济效益与生态效益俱佳的土壤基质改良方法。研究表明，固氮植物每年每公顷可以固氮 50~150 kg。固氮植物有豆科的，也有非豆科的，主要包括：①与根瘤菌共生的植物：如刺槐属、合欢属、紫穗槐属、锦鸡儿属、金合欢属、胡枝子属、大豆属、豌豆属、菜豆属、苜蓿属等；②与弗兰克氏菌共生的植物：如杨梅属、沙棘属、胡颓子属、马桑属、木麻黄属等；③与蓝藻类共生的植物：如苏铁属及少数古老物种。

（3）尽量选择当地优良的乡土植物和先锋植物，也可以引进外来速生植物。

（4）选择植物种类时不仅要考虑经济价值高，更主要是植物的多种效益，主要包括抗旱、耐湿、抗污染、抗风沙、耐瘠薄、抗病虫害及具有较高的经济价值。在区域内能自然定居的、能适应废弃地极端条件的，应该作为优先选择的植物。此外，恢复一个受干扰的生态系统，微生物的恢复也是不可忽视的一环。新造复垦地的土壤微生物的含量很少，而缺少微生物的活动，土壤中仅有的一些营养元素就难以被植物直接吸收利用，作物不能正常生长。另外，任何生物的生存都离不开群落，这是由生物的多样性所决定的。因此，在生态重建中，植被的恢复必须根据所选择植物种类的植物学特征、生物学特性和矿区的地貌特点及水土保持要求，对植物群落结构进行设计，并按照未来植物群落层次结构和各层优势度大小由上层到下层依次确定最初植物种群组合。

8.2.2　植被配置及现场布局

1. 植被配置的原则

1）植物适生性

示范区为典型黄土沟壑区，且为多次扰动采煤沉陷区，矿区土壤结构遭受损坏，立地条件较差。遵循因地制宜、适地适树的原则，在选择植物种类和植被配置时选择适合该区域生长且具有优良抗逆（耐干旱、贫瘠）特点的适生乡土树种，如柠条、紫花苜蓿、黄花菜等植物品种。

2）乔、灌、草相结合

恢复生态学的研究涉及种群层面、群落层面、生态系统和景观等多个不同的层次。生态恢复和重建应当构建复合型或混交型植被类型，选择生态适应性广，生态位互补性好，种间竞争弱的种类构建植物群落，这将是矿区可持续生态恢复和重建的必由之路。按照草、灌、乔植物配置模式，使其合理利用地上地下空间，符合植物生长生理特性，同时结合土壤微生物的恢复与土壤养分的改善等关键技术措施，促进地表生态自修复功能提升。在植物配置模式中还应考虑设置植物组合模式，如乔灌组合、灌草组合模式等，以研究不同组合对环境生态的影响和促进作用。

3）常绿与落叶相配原则

设置常绿植物与落叶植物组合，如设置油松+柠条、油松+沙棘等配置，不仅具有较好的景观效果，同时能够起到较好的水土保持效果，减少土壤风蚀。

4）推广经济性

由于开采沉陷面积大，人工生态修复速度慢，植物选择和配置不仅要适于植物群落稳定性和健康，同时按照区域可大面积推广的要求确定配置模式和方法，力求最大的环境修复与利益，建立起持续稳定的人工生态系统。

5）实施便捷性

由于生态修复示范工程时间短，综合现场实施条件，在该区选择交通便利、工程施工条件较好的区位。

工程参照国家和行业相关标准设计，主要包括：中华人民共和国地质矿产行业标准《矿山地形地貌景观破坏治理规划设计规范》《矿山地质环境保护与恢复治理方案编制规范》（DZ/T 0223—2011）、《水土保持综合治理技术规范》（GB/T 16453—2008）、《水土保持综合治理验收规范》（GB/T 15773—2008）、《水土保持监测技术规程》（SL 277—2017）、《生态公益林建设技术规程》（DG/TJ 08—2058—2017）、《全国生态公益林建设标准》（GB/T 18337.1—2001）、《造林技术规程》（GB/T 15776—2016）等。

此外，工程设计必须认真贯彻国家产业政策、国家和行业节能设计标准，不得采用国家公布的限制（或停止）生产的产业序列、规模，或已公布限制（或停止）的旧工艺翻版扩产增容及选用淘汰产品。

2. 示范区建设

基于植物适生性、乔灌草相结合、常绿与落叶相配、推广经济性和实施便捷性原则，合理选择示范区位置，并进行样地布置和植物品种和模式的配置。示范区总规划面积为132 527.41 m²，小区规划净面积121 746 m²，沉陷区主干道长720 m，宽度为4 m，主干道24#石子铺装，各个小区隔离带宽度为3 m，停车场3个，分别为13 m×13 m、23 m×14 m、7 m×8 m 24#石子铺装，蓄水池3个。示范区整体布局见图8.8。

根据已有资料表明，黄土沟壑区草本植被有利于生态修复，对于该区生态效果较好，有利于保持水土，投入相对较少等优势，同时考虑植被发育规律，建立草、灌、乔植物配置模式，通过选择乡土、优良抗逆（耐干旱、贫瘠）植物，进行区域的植物群落优化配置试验。按照不同的立地类型和条件，结合植物种生长适合的最优环境，最终确定的示范区适生优势植物栽植模式共有9种，见表8.5。

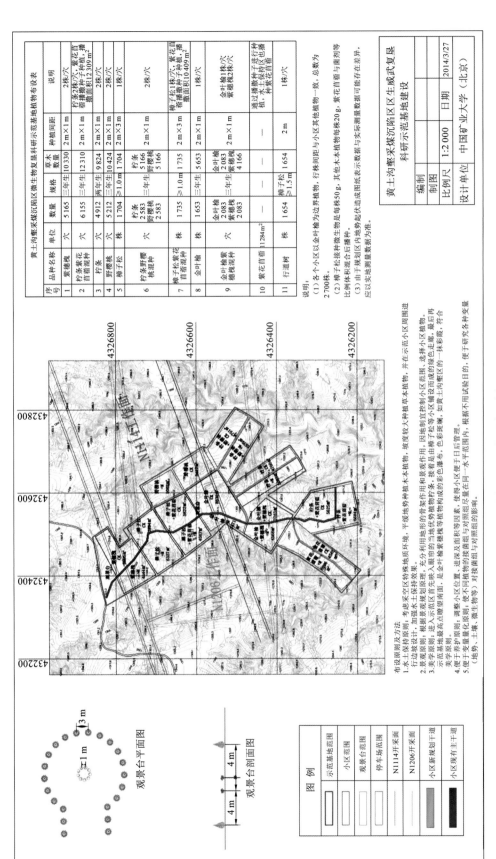

图 8.8 示范区布局图

表 8.5　黄土沟壑采煤沉陷区微生物复垦科研示范基地植物布设

序号	品种名称	单位	数量	规格	面积/m²	种植间距	说明
1	柠条、紫花苜蓿混种	株	—	播种	12 498	柠条 16 株/m²	紫花苜蓿播撒种子种植，播撒面积 12 498 m²
2	柠条	株	—	播种	11 512	16 株/m²	
3	油松	株	19 403	1.5～1.7 m	31 628	1.5 m×1.5 m	1 株/穴，原为桃树
4	黄花菜	株	40 000	—	4 232	10 株/m²	根茎繁殖
5	柠条、油松混种	株	柠条 2 734，油松 2 734	1.5～1.7 m	10 933	油松 1.5 m×1.5 m，柠条 16 株/m²	柠条播种，1 株/穴（油松，原为野樱桃）
6	樟子松、紫花苜蓿混种	株	2 264	1～1.2 m	6 260	樟子松 1.5 m×1.5 m，苜蓿 16 株/m²	樟子松 1 株/穴，紫花苜蓿播撒种子种植，播撒面积 6 260 m²
7	沙棘	株	12 000	0.6～0.8 m	11 359	16 株/m²	1 株/穴（原 2014 年为金叶榆，因成活率低，后改为沙棘）
8	沙棘、油松混种	株	沙棘 2 315，油松 2 315	1.5～1.7 m	9 260	油松 1.5 m×1.5 m，沙棘 16 株/m²	沙棘（原 2014 年为金叶榆，因成活率低，后改为沙棘），1 株/穴，油松 1 株/穴（原为山杏）
9	紫花苜蓿	m²	—	—	12 035	16 株/m²	通过播撒种子进行种植，水土保持区也播种紫花苜蓿

示范区共种植油松 24 452 株，黄花菜 42 320 窝，沙棘 20 619 m²，樟子松 2 264 株，紫花苜蓿 30 793 m²，柠条 34 943 m²。示范区布局按照试验、示范和比较多目标相结合，充分考虑示范区域的实际情况和项目相关要求及示范内容的实际可操作性，共布设了 18 个小区，其中接菌区 9 个，对照区 9 个，各小区隔离带宽度为 3 m。其中+M 为根部一定比例的风化煤与混合微生物配比的菌根菌剂，+CK 为无添加生物菌作为对比。

目前该科研示范基地绿化工程已经完成，并取得了较好的生态效果。图 8.9 为周边未治理区域景观及复垦修复后景观效果。

（a）周边未治理区生态景观　　　　　　　（b）项目治理区生态景观

图 8.9　周边未治理区和项目治理区景观对比图

8.2.3　微生物菌剂应用

1. 微生物优选与驯化培养

菌根真菌可以侵染不同的宿主植物，其亲和能力有明显差异。不同菌剂在不同的宿主植物中表现出不同的作用效应，对植株的成活率影响较大。成活率对于生态恢复来讲是首要的，植物越易成活，生态复垦效果就越好。本区域所用菌剂为 G.m 和 G.i 的混合菌剂，为较适合该塌陷区的优势菌根菌种。

2. 微生物菌剂使用及监测

本小节主要筛选出樟子松、油松、柠条、金叶榆、沙棘、紫花苜蓿、黄花菜等本地适生植物种，通过对不同植物种和配置模式接种微生物菌剂，考察其与菌剂的组合匹配效果，并对其接菌 1 年后的生态效应进行分析和评价。

（1）菌剂使用。试验性项目中所用菌剂为由中国矿业大学（北京）自主配比的添加一定比例风化煤的含混合优选微生物配比的菌根菌剂（包括内外生菌根，其中内生菌根 G.m、G.i 混合比例为 1∶1），该菌剂具有较好的土壤保水效果和植物促生效果。

（2）生态监测。针对选定的主要监测区，于 2015 年 8 月和 10 月分两次进行了生态监测。对区域内植被成活率及生长情况、根际土壤改善状况进行定期测定期评测复垦后的生态效果。

8.3　采煤塌陷区菌剂生态修复效应

微生物是自然生态系统的重要组成，是矿区受损生态系统的自修复与人工植被建设不可忽视的生物因子。采煤塌陷后地表土壤受到扰动，土体结构遭到破坏，土壤理化性质的改变，造成了维持当地生态系统稳定的土壤微生境受到干扰和破坏。菌根真菌是自然界普遍存在的一种共生真菌，它能够与 80%以上的陆生植物形成共生体。菌根菌丝大大增加了植物对营养的吸收范围和吸收面积，从而促进植物生长。菌根还能够提高植物的抗旱性和抗逆性，改善土壤结构，增加土壤中团粒结构，从而改善土壤性状和微生境。因此，在采用不同植物群落配置复垦模式时，利用菌根真菌及其有益土壤微生物与植物的相互作用关系，形成适合研究区生境和土壤条件的复合微生物菌根修复技术是解决煤矿区生态修复的一种重要支撑技术。目前陕北矿区生态修复过程中常用的的植物种类如紫穗槐、沙棘、野樱桃、欧李、文冠果等都进行了多次试验，均能够与丛枝菌根真菌形成良好的共生关系，并取得良好的生态效果，促进了植物的生长，改善了土壤根际环境。由于丛枝菌根真菌对土质、植物宿主及环境条件有一定的要求，迫切需要在矿区野外条件下进行大面积生态恢复工作，试验性研究不同优势组合模式的生态修复效应。

选择陕煤柠条塔矿多层煤开采强烈扰动区作为试验基地进行研究，采用当地适生植物种类，包括紫花苜蓿、黄花菜（萱草）、柠条、金叶榆、沙棘、樟子松、油松，并对不同配置的植物种进行了野外强化接菌。由于油松、樟子松为外生菌根植物，且生长较为缓慢，而金叶榆等部分植物引种的成活率较低，结合矿区生态建设方案，综合考虑，重点选取了三种不同的宿主植物配置模式进行重点监测，分别为柠条、樟子松+紫花苜蓿、黄花菜（萱草）。三种均为较适合当地生长的植物种类或配置。由于不同植物种类之间与菌根的结合作用有所不同，对三种不同植物种配置的接种菌根 1 年后的生态效应进行系统的监测与分析，获得其综合生物修复效应。

8.3.1　生态修复效应监测方法

1. 样品采集

分别在接菌和对照区随机选取植株大小相似的 15 个样点并做标记，2015 年 8 月采集新鲜根际土样并且编号。将土样装入自封袋带回实验室，根际土风干后剔除杂物过 1 mm 筛备用。9 月除采集根际土样用于分析其理化性质外，还采集新鲜土样和叶片，自封袋密封存于 4℃冰盒，迅速带回实验室放入 4℃冰柜冷藏，用于分析植物叶片抗逆性指标可溶性糖和过氧化氢酶活性等，新鲜土样用于测定微生物数量和酸性磷酸酶活性。

2. 测定指标和方法

（1）生长量和根系指标。用游标卡尺测量植株地径，用钢尺测量冠幅和株高。根系生长形态特征用 CI-600 植物根系生长监测系统（美国生产）扫描获得数据。

根管埋设与扫描方法：在距离样本植物根部大约 30 cm 处、以 30°～45°倾角将根管埋入土中，埋设深度大约 1 m，根管的顶端用盖子盖严，用土掩埋，并做好标记。在用根管扫描仪扫描根系发育情况时，首先用根管清扫装置将根管内部清扫干净，然后将根管扫描仪放入根管内，从根管底部向上依次扫描根管内部，它可以扫描不同深度的根系分布或土壤剖面图像（图 8.10）。通过根系分析软件 Root SnapVersion1.2.9.30 获得根系生长的各项指标，见图 8.11。

（2）菌根侵染率和菌丝密度。菌根侵染率和菌丝密度测定方法同 8.1.1 小节。

图 8.10　根管扫描示意图

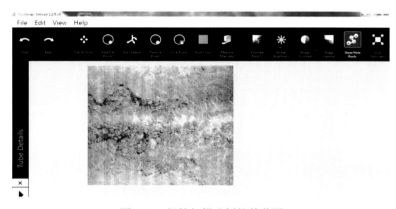

图 8.11　根管扫描分析软件截图

（3）根际土壤生物理化指标。pH 值为水土比 2.5:1 的玻璃电极–酸度计法，电导率（electrical conductivity，EC）测定为水土比 5:1 浸提–电导法，有效磷测定为 0.5 mol/L NaHCO$_3$ 浸提–钼锑抗比色法，速效钾测定为 1.0 mol/L NH$_4$OAc 为浸提–火焰光度法，土壤有机质含量的测定采用重铬酸钾外加热方法（K$_2$Cr$_2$O$_7$-H$_2$SO$_4$ 法）。土壤速效氮含量测定采用碱解扩散法。土壤微生物数量的测定采用常规的稀释平板法，其中：细菌采用牛肉膏蛋白胨培养基，放线菌采用改良高氏一号培养基，真菌采用虎红琼脂培养基。酸性磷酸酶活性的测定采用改进的 Tabatabai & Brimner 法，酶活性用单位时间每克土产酚量（mg/g/h）表示。

（4）叶片指标。叶片叶色值用 SPAD-502（日本生产）测定，操作方法是取 4～5 不同层叶片测得每个叶片的叶色值，取平均值作为整个植株叶片叶色值。

光合速率用 LI-6400XT（美国生产）光合仪测定（图 8.12）。2015 年 8 月和 10 月，按照定点监测方法，分别采用 Li-6400A 便携式 CO$_2$/H$_2$O 分析系统（Li-COR Inc., Lincoln, Nebraska USA）测定植物叶片光合速率。选择天气晴朗的 9:00～11:00 测定，共计测定 4 次。每次监测的植物叶片进行标记，以便下次测定相同叶片，同样地，每个小区测定三次重复。

图 8.12　光合作用速率测定

过氧化氢酶活性测定采用 pH 7.8 磷酸缓冲液提取粗酶液的分光光度法。H$_2$O$_2$ 在 240 nm 波长下有强烈吸收峰值，过氧化氢酶分解 H$_2$O$_2$，使反应溶液吸光度（A$_{240}$）随反应时间而降低。根据测量透光率变化即可测出过氧化氢酶活性。称取新鲜叶片 0.50 g 置于研钵中，加入 2～3 mL 4℃下预冷 pH7.0 磷酸缓冲液和少量石英砂研磨成匀浆后，转入 25 mL 容量瓶中，并用缓冲液冲洗研钵数次，定容。混合均匀后将放入 4℃冰箱中静置 10 min，取澄清液在 4 000 rpm/min 下离心 15 min，上清液即为过氧化氢酶粗提液，4℃保存备用。

1 min 内 A_{240} 减少 0.10 酶量为 1 个酶活性单位（μ）。

还原糖含量测定采用蒽酮比色法。测定原理：强酸可使糖类脱水生成糠醛，生成的糠醛或羟甲基糖醛与蒽酮脱水缩合，形成糠醛衍生物，呈蓝绿色，该物质在 620 nm 波长处具有吸收峰值。在 10～100 μg 范围内颜色深浅与可溶性糖含量成正比。

将叶片剪碎至 2 mm 左右，准确称取 1.00 g，放入 50 mL 三角瓶，加入 25 mL 蒸馏水，沸水浴煮 10 min，冷却后过滤至 50 mL 容量瓶，定容。吸取提取液 2 mL，置于 50 mL 容量瓶，蒸馏水稀释定容，摇匀测定。吸取 1 mL 提取液于试管中，加入 4.0 mL 蒽酮试剂，在 620 nm 波长下比色测定。

含糖量%＝［（含糖量（μg/g）×稀释倍数）/（样品重量（g）×10^6）］×100。

（5）土壤呼吸。按照定点监测方法，采用 Li-8100A 自动土壤碳通量系统（Li-8100A Automated Soil Gas Flux System，Lincoln，Nebraska USA）自带测定土壤呼吸速率 EC-5 土壤水分传感器（体积含水量%）和 E 型热点偶土壤温度探头，插入地表 10 cm 处，同步记录该处土壤温度和湿度。在试验地内每个小区随机选取 1 m×1 m 观测样地 1 块。采用 Li-8100A 开路式土壤碳通量测定系统连接 20 cm 短期呼吸室，测定土壤呼吸速率。为减少对土壤的扰动，在测定前一天齐地剪去测定点杂草，将 PVC 环（内环直径为 20 cm）插入土壤 3～5 cm 深处，在测定过程中位置保持不变。每个 PVC 环测定三个重复，取平均值作为该月土壤呼吸呼吸速率值。为避免田间管理过程中开沟覆土等措施对土壤呼吸速率的影响，试验观测时间至少与除草时间间隔一周以上。各观测样点土壤温度和湿度由 Li-8100A 携带的探针进行同步测定。每次呼吸室关闭时自动记录的初始大气相对湿度、大气温度和 CO_2 浓度，作为周围近地表大气的相对湿度、温度和 CO_2 浓度。

（6）产草量及植物组织矿质元素测定。在接菌和对照区分别选取 3 个 1 m×1 m 的样方，将样方内植物组织地上部分及其他杂草地上部分分装，洗净后烘干，测定干质量。地上部分矿质元素测定同 8.1.1 小节。

8.3.2 柠条生态修复效应

柠条是锦鸡儿属植物栽培种的统称，为落叶灌木，全世界约有 100 余种，主要分布于亚洲和欧洲的干旱和半干旱地区，有突出的利用价值和生态意义。柠条萌蘖力强，易成林，根深叶茂，抗逆性强。即使在森林生态系统的临界边缘，都能以较宽的适应幅度生存繁衍。枝条贴地生长，覆盖度高，可以起到防风固沙、保持水土的作用，同时柠条根系发达，有根瘤，能固定空气中的游离氮，可以增加土壤含氮量，可以改良土壤，改善生态环境。通过人工强化接种菌根，研究接种丛枝菌根 1 年后对柠条生长及改善根际微环境的影响。

1. 丛枝菌根对柠条生长影响

接种丛枝菌根能显著促进柠条的生长，从表 8.6 可以看出，8 月份柠条的株高、冠幅和地径均表现为接菌区（G.m）>对照区（CK），且差异性显著（显著水平 0.05），接菌区比对照区柠条的株高、冠幅和地径增加 29%、30% 和 15%。9 月份柠条的株高、冠幅和地径也表现为接菌区>对照区,但差异性不显著。8 月接菌区和 9 月对照区的株高、冠幅和地径差异性不显著,说明接种丛枝菌根 1 年后能促进柠条地上部分的生长,与接种丛枝菌根对紫穗槐生长有相似的规律(岳辉 等,2012)。

表 8.6　丛枝菌根对柠条生长的影响

监测时间	监测项目	G.m	CK
8 月	株高	29.36±1.37a	22.74±1.10b
	冠幅	24.46±1.16a	18.84±0.71b
	地径	0.31±0.009a	0.27±0.009b
9 月	株高	32.76±1.26ab	30.12±0.62a
	冠幅	26.64±1.27ab	23.22±1.26a
	地径	0.33±0.010ab	0.32±0.007a

注:表中±前数值为 50 个重复的平均值

2. 丛枝菌根对根系侵染率和菌丝密度的影响

菌根侵染率是反映植物根系被菌根真菌感染程度的指标,能够反映宿主植物与菌根真菌的共生关系,侵染率越高,说明菌根与宿主植物能够更好地结合,从而形成互利共生体。本小节发现接菌后接菌区侵染率显著高于对照区,8 月和 9 月的接菌区的菌根侵染率分别为 56%和 61%(图 8.13)。根外菌丝分枝能力强,可以增加植物根系吸收的表面积,扩大植株对根际土壤养分和水分的吸收能力,尤其在土壤矿物质养分及水分贫瘠的煤矿塌陷区,丛枝菌根的根外菌丝对植物养分和水分的吸收促进作用更为明显。通过测定植株根际土壤的菌丝密度,可以在一定程度上反映植物吸收养分和水分的能力。其 8 月和 9 月的菌丝密度分别为 4.09 m/g 和 4.36 m/g(图 8.14)。丛枝菌根真菌能与柠条形成良好的互惠共生的关系,并能在土壤中形成较密的菌丝网络,增强植物对土壤中营养元素的吸收利用。

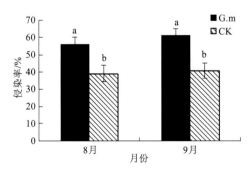

图 8.13　接种丛枝菌根对柠条根系侵染率的影响

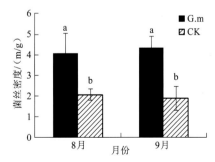

图 8.14　接种丛枝菌根对柠条根际菌丝密度的影响

3. 丛枝菌根真菌对柠条根系影响

根系是植物吸收水分和养分的重要器官，根系的生长发育影响植物生长和生存。接种丛枝菌根真菌可刺激柠条根系的生长发育，结果见表 8.7。接菌 1 年后接菌区柠条的根长、根平均直径、根表面积和根体积均显著大于对照区，分别比对照区增加了 151%、34%、116% 和 129%。接菌区根系的根尖数大于对照区，但差异性不显著。

表 8.7　丛枝菌根对柠条根系生长的影响

接菌处理	根长/cm	平均直径/mm	根表面积/cm²	根体积/cm³	根尖数/个
G.m	194.30±20.51a	2.00±0.19a	158.34±11.76a	6.58±1.18a	100.00±25.48a
CK	77.41±9.45b	1.49±0.03b	73.32±21.76b	2.87±0.92b	87.00±27.27a

注：表中±前数值为 5 个重复的平均值

4. 丛枝菌根真菌对柠条抗逆性影响

接菌 1 年后接菌区柠条的叶色值和光合速率均显著高于对照区，见表 8.8。接菌区分别是对照区的 1.07 倍和 3.17 倍，表明接种丛枝菌根能显著提高植物光合作用，促进柠条糖类物质的积累。叶片中的可溶性糖是一种重要的渗透调节物质，在干旱胁迫条件下它的变化可以反映植物对不良环境的适应能力。叶片中过氧化氢酶活性的高低体现了环境胁迫对叶片有伤害作用的氧自由基清除能力。研究发现接菌区的过氧化氢酶活性和可溶性糖含量均大于对照区，且差异性显著。接种 AM 可使叶片中可溶性糖的含量增加 13%，使过氧化氢酶活性增加 111%，极大地提高了柠条的抗逆性。

表 8.8　丛枝菌根对柠条抗逆性影响

接菌处理	叶片叶色值（SPAD）	光合速率 /［(μmol/ (m²·s)］	可溶性糖含量 / (g/kg)	过氧化氢酶活性 /［U/ (kg·min)］
G.m	40.34±0.527a	0.38±0.022a	1.27±0.035a	0.19±0.018a
CK	37.54±1.112b	0.12±0.018b	1.12±0.049b	0.09±0.018b

注：表中±前数值为 10 个重复的平均值

水分成为矿区主要的环境胁迫因子，干旱胁迫使叶片做出相应的反应机制，通过合成积累可溶性糖调节细胞渗透压，保护酶系统免遭伤害，增强环境适应能力（覃光球 等，2006）。有研究发现小麦的抗旱性和可溶糖含量呈正相关关系，相关系数在 0.9 以上（王川 等，2011）。而过氧化氢酶是植物体内保护性酶，可及时清除体内的 H_2O_2，减少植物叶片细胞质膜的伤害，接种丛枝菌根能显著提高柠条可溶性糖含量和过氧化氢酶活性，研究结果与红豆草和玉米接种丛枝菌根真菌均能提高过氧化氢酶活性（张延旭 等，2015；Kong et al.，2014）。接菌的牡丹可溶性糖含量增加的规律一致（陈丹明 等，2010）。

5. 丛枝菌根对土壤性质影响

接种丛枝菌根真菌能显著改善土壤的肥力状况见表 8.9。

表 8.9　丛枝菌根对柠条根际土壤的理化性质的影响

监测时间	接种处理	pH	EC（mS/cm）	有机质 /（g/kg）	碱解氮 /（g/kg）	速效磷 /（mg/kg）	速效钾 /（mg/kg）
8 月	G.m	8.66±0.099a	0.15±0.006a	12.12±1.41a	0.26±0.021a	3.49±0.165a	52.92±6.46a
	CK	9.04±0.06b	0.12±0.002b	5.06±0.949b	0.12±0.011b	1.67±0.202b	36.20±2.89b
9 月	G.m	8.69±0.075a	0.16±0.005a	16.15±1.69a	0.21±0.015a	3.55±0.237a	54.46±1.99a
	CK	8.79±0.052a	0.15±0.004a	12.13±1.87b	0.13±0.008b	2.33±0.148b	44.26±3.35b

注：表中±前数值为 15 个重复的平均值

8 月份接菌区的 pH 值显著低于对照区，表明丛枝菌根降低土壤碱度，促使土壤中盐基离子的活化，增强柠条对矿质元素的吸收利用能力；土壤电导率也表现为接菌区>对照区，且差异性显著。但 pH 和电导率在 9 月份接菌区和对照区的差异性不显著，可能是由于菌根在柠条落叶期时孢子逐渐形成，菌根效应减弱。土壤中有机质、碱解氮、速效磷含量均表现出接菌区>对照区，且差异性显著。8 月份接菌区有机质、碱解氮、速效磷和速效钾接菌区比对照区分别增加 7.06 g/kg、0.14 g/kg、1.82 mg/kg 和 16.72 mg/kg。表明接种丛枝菌根显著改善了土壤的养分含量，对因煤炭开采造成的土壤养分流失起到一定缓解作用，为生态脆弱矿区土壤的改良提供较好的途径。9 月份接菌区有机质、碱解氮、速效磷和速效钾比对照区分别增加 4.02 g/kg、0.08 g/kg、1.22 mg/kg 和 10.2 mg/kg。虽然接菌区土壤养分含量显著高于对照区，但增加的幅度下降，可能是柠条生长后期菌根效应减弱。

土壤中微生物是元素迁移转化的承载者，在根际土壤微环境中发挥着至关重要的作用。接菌 1 年后真菌、放线菌和细菌数量均表现接菌区>对照区，结果见表 8.10。接菌区真菌、放线菌和细菌数量是对照区的 2.23 倍，1.53 倍和 2.98 倍。不论接菌区还是对照区，土壤微生物数量均表现出细菌>放线菌>真菌。表明接种丛枝菌根真菌能提高土壤中的微生物数量，但对微生物群落结构的影响较小。

表 8.10　丛枝菌根对矿区柠条根际土壤微环境的影响

接菌处理	真菌数量/（10^3 cfu/g）	放线菌数量/（10^5 cfu/g）	细菌数量/（10^6 cfu/g）	酸性磷酸酶活性/[μg/（g·h）]
G.m	2.90±0.690a	5.67±0.369a	4.08±0.717a	3.87±0.225a
CK	1.3±0.125b	3.71±0.275b	1.37±0.254b	3.09±0.107b

注：表中±前数值为 10 个重复的平均值

土壤中酸性磷酸酶活性对植物的可利用磷的释放起着关键性作用，由表 8.10 可以看出，接菌接菌 1 年后区的酸性磷酸酶活性增加了 25%，这也即接菌区土壤速效磷含量高的原因。

8.3.3　樟子松+紫花苜蓿生态修复效应

樟子松是常绿乔木，为松科松亚科松属双维管束松亚属。原产于我国大兴安岭和呼伦贝尔草原红花尔基沙地，具有抗寒、抗旱和较速生等优良特性（康宏樟 等，2004），其树干挺直，材质好，适应性强，是速生用材、防护绿化、水土保持、防风固沙优良树种。紫花苜蓿，其栽培历史悠久，是世界上种植面积较大的一种多年生豆科牧草，具有产草量高、适应性强、草质优良、营养丰富、适口性好、易于家畜消化等特点（张春梅 等，2005）。樟子松与紫花苜蓿混合种植，有利于提高矿区植被覆盖度。本小节通过将植物配置与菌根结合，研究了菌根对樟子松+紫花苜蓿组合的生态效应。

1. 接种菌根对樟子松生长的影响

1）接种菌根真菌对樟子松成活率的影响

分别在对照区及接菌区随机选择 100 株樟子松调查成活率，结果（图 8.15）为接菌 1 年后对照区成活率为 89%，接菌区成活率为 87%，两个区域樟子松成活率无明显差异。

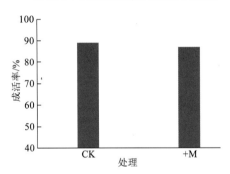

图 8.15　接种菌根对樟子松成活率的影响

2）接种菌根真菌对樟子松生长的影响

株高、冠幅、地径是反映植物生长状况最直观的指标。8 月对照区和接菌区平均株高无明显差异（表 8.11）。9 月对照区与接菌区樟子松株高增长量分别为 1.12 cm、1.20 cm，接菌区增长量高于对照区，8 月、9 月不同处理的樟子松株高差异不显著。冠幅方面，8 月对照区和接菌区冠幅分别为 73.99 cm、71.55 cm，9 月分别为 74.87 cm、72.88 cm，均为对照高于接菌，8 月到 9 月冠幅增长量分别为 0.88、0.93，冠幅增长量接菌略高于对照，同一时间不同处理及相同处理不同时间冠幅无明显差异。对樟子松地径的监测结果表明，8 月、9 月接菌区地径均高于对照区，8 月至 9 月地径增长量分别为对照 0.024 cm，接菌 0.026 cm，各时间段不同处理之间差异不显著。

表 8.11　接种菌根对樟子松生长的影响

时间	处理	株高/cm	冠幅/cm	地径/cm
8 月	CK	108.32±5.47a	73.99±4.58ab	2.482±0.169a
	+M	107.98±5.98a	71.55±3.20b	2.587±0.169a
9 月	CK	109.44±5.23a	74.87±4.80a	2.506±0.167a
	+M	109.18±5.97a	72.48±2.44 ab	2.613±0.169a

注：表中±前数值为重复的平均值

3）接种菌根真菌对樟子松根系生长发育的影响

对樟子松根系指标测定结果见表 8.12，接菌 1 年后对照区根系平均直径、表面积、体积比接菌区分别高出 14.13%、12.14%、23.89%，二者差异不显著。对照区与接菌区根长十分接近，分别为 95.7 mm、94.31 mm，无明显差异。接菌区根尖数显著高于对照区，达到对照区的 2.9 倍。

表 8.12　接种菌根对樟子松根系生长的影响

处理	平均直径/mm	根长/mm	表面积/cm^2	体积/cm^3	根尖数/个
CK	3.15±0.56a	95.78±14.84a	9.42±2.56a	0.83±0.34a	33±17.15 b
+M	2.76±0.26a	94.31±10.58a	8.40±1.53a	0.67±0.19a	96.5±43.55 a

4）接种菌根真菌对樟子松净光合速率的影响

光合作用是植物将光能转换为可用于生命过程的化学能并进行有机物合成的生物过程。观测结果见图 8.16，8 月对照区与接菌区净光合速率分别为 7.42 μmol/（m^2·s）、9.95 μmol/（m^2·s），9 月对照与接菌樟子松净光合速率均有所降低，分别下降至 5.90 μmol/（m^2·s）、8.17 μmol/（m^2·s）。8 月、9 月接菌的净光合速率均大于对照，且差异显著；8 月接菌区与对照区净光合速率均高于 9 月，但差异未达到显著水平。

5）接种菌根真菌对樟子松土壤呼吸速率的影响

接菌 1 年后监测结果表明，樟子松加菌组土壤呼吸速率平均值是 4.1 μmol/（m^2·s），CK 处理土壤呼吸速率平均值是 3.19 μmol/（m^2·s）。利用 SPSS 19.0 分析软件对樟子松加菌和对照进行分析，其土壤呼吸速存在非常显著性差异。由图 8.17 可得，加菌组明显高于对照组。

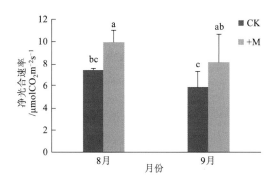

图 8.16　接种菌根对樟子松净光合速率的影响

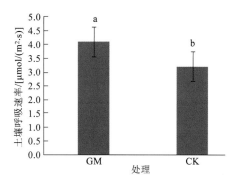

图 8.17　接种菌根对樟子松呼吸速率的影响

土壤呼吸与植被根系和土壤中微生物呼吸都有关系，并与其呈正相关。接菌组大于对照，可能是由于接菌组土壤中根系较对照组发达，同时根际土壤中微生物数量及生物量较大。植物根系发达，可以反映植被生长状况相对更良好。土壤微生物较多，土壤环境更优，加菌利于植物生长和生态修复。

2. 接种菌根对紫花苜蓿生长状况

1）接种菌根真菌对产草量的影响

接菌1年后接菌区紫花苜蓿地上部分干质量为4.12 g/m²，对照区为3.04 g/m²（图8.18），接菌区比对照区高出36%，产草量显著高于对照区，说明接菌显著提高了紫花苜蓿地上部分生物量。其他杂草的产草量对照区和接菌区分别为65 g/m²、70 g/m²，接菌高于对照，但二者无明显差异。由于菌剂施用于紫花苜蓿播种穴内，紫花苜蓿根部接种菌根真菌对其产草量有明显的促进作用，接菌对其他杂草产草量也有所影响，但菌根效应不明显。

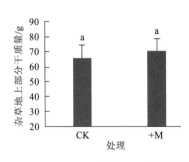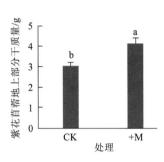

图 8.18　接种菌根对产草量的影响

2）接种菌根真菌对于紫花苜蓿地上部分矿质元素含量的影响

紫花苜蓿地上部分矿质元素含量是表征其生长好坏的直观指标，研究发现，接种菌根1年后能够明显促进宿主植物对矿质养分的吸收和利用（表8.13）。

表 8.13　接种菌根对紫花苜蓿地上部分矿质元素的影响　　（单位：mg/g）

处理	氮元素	磷元素	钾元素	钙元素	镁元素	铁元素	铜元素
CK	21.67±3.68a	0.72±0.07b	8.78±0.74a	19.87±0.64a	2.23±0.26b	1.02±0.04b	0.009 3±0.000 9b
+M	24.29±2.94a	0.95±0.05a	9.49±0.37a	20.91±0.54a	2.69±0.30a	1.70±0.13a	0.014 3±0.001 7a

通常叶片含氮量较多，氮素是合成蛋白质的主要元素，也是植物体内多种重要化合物的组成成分。接菌区紫花苜蓿氮元素含量为24.29 mg/g，高于对照区21.67 mg/g，但差异不明显。磷素通过参与合成磷脂、磷酸等含磷化合物对植物光合作用、呼吸及代谢具有重要意义。菌根真菌对紫花苜蓿地上部分磷素累积具有明显的促进作用，接菌1年后接菌区磷元素含量比对照区提高了32%，显著提高了磷的吸收和利用。

钾元素是植物生长所必需的大量元素，由于钾在植株体内主要以离子形式存在，其再利用程度较高。用于控制气孔开放而影响植物呼吸、光合作用，同时也是一些酶的活化剂。对照区和接菌区钾元素浓度分别为 8.78 mg/g、9.49 mg/g，接菌区钾元素浓度比对照区高8%，差异不显著。

钙元素是植物细胞膜的重要组成成分，钙也是一些酶的活化剂，还与氢、铵、铝、钠离子有桔杭作用。紫花苜蓿地上部分的矿质元素中钙的含量较大，对照区与接菌区分别达到 19.87 mg/g、20.91 mg/g，二者无明显差异。

镁是叶绿素必不可少的成分，是植物进行光合作用必需的元素，同时在磷酸和蛋白质代谢过程中也起着重要作用。对照区与接菌区紫花苜蓿镁元素含量差异显著，接菌比对照高出 20.6%。铁是细胞色素、过氧化氢酶等重要组成成分，缺铁时植物叶片失绿。铁元素属半微量元素，接菌显著促进了紫花苜蓿对铁的吸收，接菌区相较于对照区铁元素含量提高了 66.7%，接菌对铁元素向地上部分转移的效果十分明显。铜元素是植物生长所必需的微量元素，主要用于合成某些氧化酶，参与氧化还原过程。紫花苜蓿地上部分铜元素含量很低，对照区铜元素含量为 0.009 3 mg/g，接菌区为 0.014 3 mg/g，接菌区较对照区铜元素含量提高了 54%，接种菌根真菌显著促进了铜的吸收和转运。

3）接菌对紫花苜蓿根系侵染率和菌丝密度的影响

研究表明（图 8.19），紫花苜蓿根系与菌根真菌能够形成良好的互利共生关系，接菌能够显著提高紫花苜蓿根系菌根侵染率，8 月接菌处理侵染率为 72%，对照为 51%；9 月接菌处理侵染率为 84%，对照为 69%，接菌与对照差异显著。同时，无论对照还是接菌处理 9 月菌根侵染率均显著高于 8 月，说明随着时间的延长，菌根侵染率明显增加。

菌根真菌侵染植物后可形成大量的菌丝，它是植物与土壤联系的桥梁。对紫花苜蓿菌丝密度的测定结果表明，接菌有效地促进了菌根的伸长和繁殖（图 8.20），8 月接菌区菌丝密度为 2.44 m/g，对照为 1.64 m/g，接菌处理较对照提高了 48.8%；9 月接菌区菌丝密度为 5.12 m/g，对照为 3.18 m/g，较对照提高了 63.1%，两次监测结果接菌与对照差异显著。同时，无论接菌与否，9 月菌丝密度都显著高于 8 月，对照为 8 月的 1.94 倍，接菌为 8 月的 2.10 倍，说明菌丝随时间的推移快速生长。

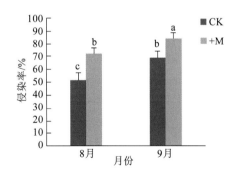 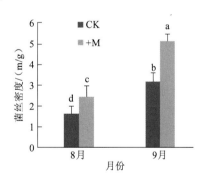

图 8.19 接种菌根对紫花苜蓿根系侵染率的影响   图 8.20 接种菌根对紫花苜蓿菌丝密度的影响

3. 接种菌根真菌土壤改良效应

1）接种菌根真菌对矿区土壤容重的影响

土壤容重是表征土壤物理性质的一个基本指标，对土壤的透气性、入渗性能、持水能力、溶质迁移能力及土壤的抗侵蚀能力都有很大的影响（何金军 等，2007）。对照区与接菌区土壤容重十分接近，见图 8.21，对照区为 1.16 g/cm³，接菌区为 1.21 g/cm³，因此对照区与接菌区土壤紧实度无明显差异。

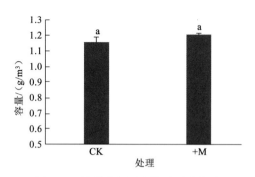

图 8.21 接种菌根对土壤容重的影响

2）接种菌根真菌对矿区土壤化学性质的影响

土壤理化性质的影响见表 8.14。

表 8.14 接种菌根对土壤理化性质的影响

时间	处理	pH 值	EC/（μs/cm）	有机质/（g/kg）	碱解氮/（mg/kg）	速效磷/（mg/kg）	速效钾/（mg/kg）
8 月	CK	8.41±0.38a	382±60.13a	9.20±0.77c	43.4±3.13 c	1.26±0.16d	42.80±8.65b
	+M	8.41±0.14a	274.8±74.85b	5.67±0.33d	67.2±10.62b	3.09±0.39b	44.40±6.16b
9 月	CK	8.41±0.05a	293.4±43.39b	12.33±0.97a	58.8±3.83b	1.95±0.19c	55.05±9.82ab
	+M	8.54±0.08a	270.2±34.95b	10.87±1.17b	79.8±10.62a	3.59±0.34a	60.87±8.63 a

不同时间接菌区和对照区土壤 pH 值几近相同，无明显变化，接菌区与对照区土壤 pH 值均大于 7，因此该区域土壤呈碱性。8 月对照区土壤电导率显著高于接菌区，9 月接菌区和对照区土壤电导率无明显差异。8 月、9 月土壤有机质含量均表现为对照区高于接菌区，但是 9 月相较于 8 月，有机质增长量接菌区为 5.20 g/kg，对照区为 3.13 g/kg，增长量比对照高出 66.1%，说明接种菌根能够加速提高土壤有机质含量。土壤碱解氮、速效磷、速效钾是可供植物直接利用的氮磷钾元素，研究表明，8 月份接菌区土壤碱解氮、速效磷、速效钾比对照区高出 54.8%、245.2%、3.7%，9 月份接菌区土壤碱解氮、速效磷、速效钾比对照区高出 37.7%、184.1%、10.4%，接菌区与对照区碱解氮和速效磷差异显著，速效钾差异不明显，可见菌根对提高土壤速效养分起到重要作用，尤其对磷的活化效果十分明显。且无论接菌区还是对照区，9 月碱解氮、速效磷、速效钾含量较 8 月都有所提高，其中碱解氮和速效磷差异显著，速效钾差异不显著，说明矿区植被覆盖度的提高有利于改善矿区土壤质量。

3）接种菌根真菌对矿区土壤微环境的影响

土壤微生物是土壤的重要组成部分，对整个生态系统物质能量与养分循环具有重要作用。9 月对土壤微生物数量的测定结果表明（表 8.15），监测区域内细菌数量>放线菌数量>真菌数量。接种菌根显著提高了土壤真菌和细菌数量。其中，真菌的促进效果最为明显，接菌区的真菌数量是对照区的 26.68 倍，细菌数量也为对照的 3.58 倍。接菌对放线菌数量也有所改善，但差异不显著。

表 8.15　接种菌根对矿区土壤微环境的影响

处理	真菌/（10^3 cfu/g）	放线菌/（10^4 cfu/g）	细菌/（10^5 cfu/g）	酸性磷酸酶活性/[μmol/（g·h）]
CK	8.53±3.32b	554.51±188.07a	155.40±31.18b	3.79±0.23b
+M	227.56±25.23a	605.28±199.18a	556.45±59.47a	4.24±0.46a

　　土壤酸性磷酸酶一种重要的水解酶，在有机磷的代谢和再利用过程中起着重要作用，它能够酶促土壤有机磷化合物的酯磷发生水解性裂解，释放出相应的醇和无机磷（Goldstein et al., 1988），将磷素变为可供利用的状态。研究发现，接菌 1 年后接菌区土壤酸性磷酸酶活性高于对照区（表 8.15），二者差异显著，说明菌根真菌能够通过提高磷酸酶活性促进有机磷的分解。

　　柠条塔矿区樟子松为引种栽培的多年生移植苗，樟子松的高生长和粗生长较为缓慢。试验于 8 月、9 月两次监测樟子松的株高、冠幅、地径，不同处理高增长量为 1.1～1.2 cm，粗增长量为 0.02～0.03 cm，冠幅增长量为 0.8～1.0 cm，接菌区和对照区无明显差异。可能樟子松季节性生长存在着明显的变化规律，高生长量于 6 月进入减缓生长期，9～10 月粗生长量很小，开始趋于停止（张锦春 等，2000）。对樟子松根系的监测结果表明，接菌区除根尖数显著高于对照，平均直径、根长、表面积、体积与对照差异不显著。樟子松作为松科，是一个与外生菌根菌结合十分紧密的树种，外生菌根菌的形成对樟子松的生长和对不良环境的适应能力具有重要的作用（朱教君 等，2005）。而接菌区是对紫花苜蓿接种内生菌根，因此短期内对樟子松的生长没有明显的促进作用。

　　研究表明，樟子松树龄越小光合速率越大，这与其树体较小、光照充足、养分和水分运输距离短、叶绿体新鲜量多、生理机能活跃有关（吴春荣 等，2003）。净光合速率测定过程中，8 月监测的样本室平均温度、外界光照强度分别为 30.76℃、1 657 μmol/（m^2·s）；9 月分别为 23.35℃、1 434 μmol/（m^2·s），而外界 CO_2 及空气湿度较为稳定的情况下，由于 8 月温度和光照强度高于 9 月，且 9 月监测时发现叶尖已有变黄的趋势，因此 8 月樟子松的净光合速率均高于 9 月。8 月、9 月接菌区净光合速率显著高于对照区，分析原因可能是由于接种菌根有利于增强土壤保水能力，减少蒸发，活化速效养分，改善了土壤的水分、养分供应状况，为植物进行光合作用创造更好的条件。

　　氮、磷、钾、钙、镁、铁、铜等元素是植物生长所必需的矿质养分，接菌区磷元素、镁元素以及铁、等微量元素均显著高于对照，这可能是菌根依靠菌丝直径很微小的优势，可以延伸到植物根系无法深入的土壤颗粒间极细小的孔隙，扩大接触面积，有效地吸收根系不能吸收的矿质元素（毕银丽 等，2014）。由于接菌有效地促进了植株水分和养分的吸收和利用，有利于植物的光合作用，从而提高了紫花苜蓿地上部分干物质累积量，所以接菌区紫花苜蓿干草产量显著高于对照。

　　土壤微生物群落结构组成、土壤微生物数量、土壤酶活性等作为衡量土壤健康的生物指标来评价退化生态系统的恢复进程（周丽霞 等，2007）。根际土壤酸性磷酸酶主要来源是植物根系分泌物、细菌微生物的分泌等。人工接种菌根对土壤微生物数量及酸性磷酸酶活性都有显著的促进作用。接种菌根也可以通过提高根际土壤生物活性及各种酶活性，改善根际微环境来活化碱解氮、速效磷、速效钾等速效养分。同时，接种菌根真菌有效提高了土壤有机质的含量，球囊霉素是由菌根真菌产生的一类含金属离子的糖蛋白，其在土壤有机碳库组成中具有重要意义（田慧 等，2009）。

8.3.4 黄花菜生态修复效应

黄花菜又叫金针菜，别名萱草，属多年生草本植物，是百合科萱草属植物种。其为多年生草本宿根花卉，高 30～90 cm。它的根系比较发达，对保护水土有着良好的作用，多栽植在山坡、梯田边、公路边及坡上。由于黄花菜适应性广，耐瘠薄，抗干旱，对土壤、水肥要求不严格，耐低温，对光照适应范围广，在整个生育期内病虫害又较少，技术要求不高，用于环境绿化栽植后不需要精细管理就能生长良好（何莉 等，2012）。针对黄花菜研究主要针对其药用和食用价值，而针对丛枝菌根促进黄花菜生长及改善土壤质量的研究较为少见。

1. 不同处理对黄花菜根系菌根侵染率及菌丝密度的影响

1）不同处理对菌根侵染率的影响

不同处理对植物根系侵染率的影响如图 8.22 所示。

由图 8.22 可知，接菌 1 年后不同处理的小区之间菌根侵染率均达到显著性差异，接菌处理的小区内黄花菜的菌根侵染率达到 80%左右，而对照处理的小区内黄花菜的菌根侵染率只有 20%左右，说明在该地区自然土壤条件下丛枝菌根对黄花菜根系的侵染程度非常有限，而通过人为接种丛枝菌根菌根后可以显著提高植株的菌根侵染率。

2）不同处理对菌根菌丝密度的影响

如图 8.23 所示，各时期，接菌处理的黄花菜根际土壤菌丝密度均高于对照区 2.8 倍左右，达到显著性差异。此外，与 8 月相比，10 月相同处理的黄花菜根际土壤菌丝密度略有增加，但未达到显著性差异，可能由于两次监测时间间隔过短，造成宿主植物根际土壤菌丝密度的变化量不明显。

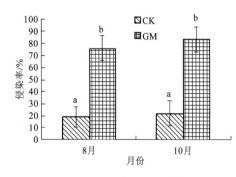

图 8.22 不同处理对黄花菜根系菌根侵染率的影响

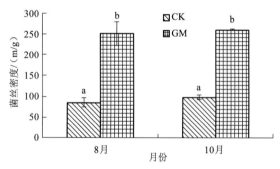

图 8.23 不同处理对黄花菜根际土壤菌丝密度的影响

2. 不同处理对黄花菜株高冠幅的影响

1）不同处理对黄花菜株高的影响

接菌与对照处理的黄花菜的株高见图 8.24，从图中可以看出，8 月和 10 月接菌处理的黄花菜株高是对照处理黄花菜株高的 3.5 倍左右，达到显著性差异。另外由于两次监测时间间隔较短，相同处理的黄花菜的株高在不同月份之间差异不大，未达到显著性差异。

2）不同处理对黄花菜冠幅的影响

接菌与对照处理的黄花菜的冠幅见图 8.25，从图中可以看出，在 8 月和 10 月接菌与对照处理黄花菜的冠幅均达到显著性差异，两次监测时期接菌处理的黄花菜的冠幅是对照组黄花菜冠幅的 2.5 倍左右，说明接种丛枝菌根对黄花菜的生长起到了显著的促进作用。

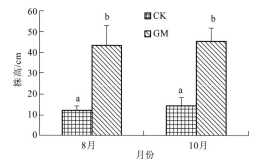

图 8.24　不同处理对黄花菜株高的影响　　　　图 8.25　不同处理对黄花菜冠幅的影响

3）不同处理对黄花菜部分抗逆性指标的影响

植物的抗逆性是指植物具有的抵抗不利环境的某些形状，通过测定植物的一些抗逆性指标可以在一定程度上反映植物在恶劣环境下生存的能力。丛枝菌根真菌能在一定程度上增强植物的抗逆性，通过测定黄花菜叶片的光合作用速率、叶绿素含量、可溶性糖含量及过氧化氢酶活性等抗逆性指标来反映接种丛枝菌根对提高黄花菜抗逆性的积极效应。

植物叶片的光合作用速率是指叶片在进行光合作用时固定二氧化碳（或产生氧）的速度，采用 LI-6400 光合仪测定黄花菜叶片的光合作用速率，测定时选择小区内外形长势相近的植物作为样品，每个小区选择 30 株，每株选择 4 个方位长势旺盛的叶片，每个测点重复测三次求平均。8 月和 10 月接菌和对照处理的黄花菜叶片光合作用速率见表 8.16，从表中可以看出，在 8 月不同处理间黄花菜叶片的光合作用速率未达到显著性差异，而在

表 8.16　不同处理对黄花菜部分抗逆性指标的影响

监测时间	处理	光合速率/[μmol/(m²·s)]	叶绿素（SPAD）	可溶性糖含量/(g/kg)	过氧化氢酶/[U/(kg·min)]
8 月	GM	32.47±4.47ab	39.85±3.64a	—	—
	CK	25.60±4.75b	37.09±4.46b	—	—
10 月	GM	32.21±5.26a	41.0±4.34a	0.074±0.0091a	222.42±59.27b
	CK	15.74±2.59c	39.68±3.82a	0.065±0.0041b	47.11±16.92a

10 月接菌处理黄花菜叶片的光合作用速率显著高于对照组，可能由于空气温度降低后叶片黄花菜叶片的光合作用速率受到一定影响，而接种丛枝菌根能在一定程度上提高黄花菜叶片的抗寒能力，对植株叶片的光合作用起到一定的积极作用。

叶绿素是植物进行光合作用的主要色素，在光合作用的光吸收中起核心作用。采用 Konica Minolta 公司生产的 SPAD-502 叶绿素仪进行黄花菜叶片叶绿素含量的测定，测定时，每个小区选取 40 株，每株黄花菜选取叶片上、下两层各两片叶子，每片叶子测 10～15 个点。取其平均值即 SPAD（soil and plant analyzer development）值作为此叶片的叶绿素值。8 月和 10 月不同处理的黄花菜叶片叶绿素含量见过氧化氢酶是生物体内主要的抗氧化酶之一，主要存在于植物的叶绿体、线粒体、内质网中，其功能是催化细胞内过氧化氢的分解，从而使细胞免于遭受过氧化氢的毒害。10 月测定了接菌和对照处理的黄花菜叶片过氧化氢酶含量（表 8.16）。从表中可以看出，接菌组黄花菜叶片的过氧化氢酶的含量显著高于对照组，说明在该地区试验条件下接种丛枝菌根能显著促进黄花菜叶片合成过氧化氢酶的能力。

8 月接菌处理的黄花菜叶片叶绿素含量显著高于对照处理，而在 10 月未达到显著性差异。另外在 10 月接菌处理的黄花菜叶绿素含量与 8 月相比略有增长，但差异不显著，而 10 月对照处理的黄花菜与 8 月相比叶绿素含量的增长量达到了显著性差异。

可溶性糖主要包括葡萄糖、海藻糖、蔗糖等，是植物生长发育和基因表达的重要调节因子，不仅为植物的生长发育提供能力和代谢中间产物，而且具有信号功能。在 10 月测定了接菌和对照处理的黄花菜叶片可溶性糖含量，接菌组黄花菜叶片的可溶性糖的含量显著高于对照处理，说明接种丛枝菌根对于黄花菜叶片可溶性糖的合成起到一定促进作用，从而间接促进植物的生长。

过氧化氢酶是生物体内主要的抗氧化酶之一，主要存在于植物的叶绿体、线粒体、内质网中，其功能是催化细胞内过氧化氢的分解，从而使细胞免于遭受过氧化氢的毒害。10 月测定了接菌和对照处理的黄花菜叶片过氧化氢酶含量（表 8.16）。从表 8.16 中可以看出，接菌 1 年后监测接菌组黄花菜叶片的过氧化氢酶的含量显著高于对照组，说明在该地区试验条件下接种丛枝菌根能显著促进黄花菜叶片合成过氧化氢酶的能力。

4）不同处理对黄花菜根际土壤理化参数的影响

接种丛枝菌根能促进植物对土壤水分和营养元素的吸收（表 8.17），植物根际土壤水分和营养元素的浓度相应地会发生不同程度的变化，植物根际周围养分的亏缺也反过来印证了菌根效应对植物的促进作用。

表 8.17 不同处理对黄花菜根际土壤理化参数的影响

监测时间	接种处理	pH 值	EC/（mS/cm）	有机质/（g/kg）	碱解氮/（g/kg）	速效磷/（mg/kg）	速效钾/（mg/kg）
8 月	G.m	7.49±0.04a	199.47±32.18a	11.20±0.14c	11.67±2.02b	2.97±0.38a	3.88±0.08d
	CK	7.40±0.05a	121.67±11.52b	12.15±1.05c	14.0±2.50ab	3.32±0.60a	5.57±0.13b

监测时间	接种处理	pH 值	EC/（mS/cm）	有机质/（g/kg）	碱解氮/（g/kg）	速效磷/（mg/kg）	速效钾/（mg/kg）
9 月	G.m	7.81±0.14a	186.22±41.27a	18.6±1.71a	8.17±2.02c	3.66±0.45b	4.23±0.62c
	CK	7.93±0.03a	95.95±11.86b	14.55±0.15b	16.33±2.02a	4.28±0.50b	6.38±0.18a

在植株的生长过程中，微生物活动、根系对矿质营养离子的吸收及根系分泌物均会影响植物根际土壤的 pH 值，使其发生变化。不同时期不同处理对黄花菜根际土壤 pH 值的影响见表 8.17。从表中可以看出，8 月和 10 月接菌与对照处理之间黄花菜根际土壤 pH 值未达到显著性差异，说明在该地区接种丛枝菌根对改良黄花菜根际土壤 pH 值的效果有限。

电导率是指示土壤中盐基离子含量的指标，它包含了反映土壤质量和物理性质的丰富信息，如土壤中的盐分、水分、温度、有机质含量等质地结构都不同程度影响着土壤电导率，是研究分析植株生长状况不可缺少的重要参数。不同时期不同处理对黄花菜根际土壤电导率的影响见表 8.17。结果显示，8 月和 10 月不同时期内接菌处理黄花菜根际土壤的电导率均显著高于对照处理，说明在该实验区接菌处理对改善黄花菜根际土壤电导率有一定作用。另外与 8 月相比，10 月接菌与对照处理黄花菜根际土壤电导率略有下降，可能是由于外界气温的降低，黄花菜根际土壤的电导率受到一定影响，并可能因此间接影响植株的生长。

土壤有机质是指土壤中含碳的有机化合物，包括各种动植物的残体、微生物体及其分解和合成的各种有机质，是土壤固相部分的重要组分成分，对评价土壤肥力的重要参考因素之一。不同时期接菌与对照处理的黄花菜根际土壤有机质含量见表 8.17，从表中可以看出 8 月不同处理黄花菜根际土壤有机质含量差异不显著，而在 10 月不同处理间达到显著性差异。另外与 8 月数据相比，10 月接菌与对照处理黄花菜根际土壤有机质含量均有所增加，说明接种丛枝菌根对该地区黄花菜根际土壤有机质的影响存在一定的滞后效应。

土壤碱解氮是指包括无机态氮和结构简单能为作物直接吸收利用的有机态氮，能反映土壤近期内氮素供应情况，与作物生长关系密切。从表 8.17 中可以看出，各时期，接菌处理根际土壤碱解氮含量均低于相应的对照处理，这是由于接菌植物对氮素的吸收能力比未接菌植物吸收能力强，造成根际土壤小范围内碱解氮含量比未接菌植物低。

8 月和 10 月各处理对黄花菜根际土壤中速效磷和速效钾含量的影响如表 8.17 所示。各时期，接菌黄花菜根际土壤速效磷含量略低于对照处理，未达到显著性差异，而根际土壤中速效钾含量均显著低于对照处理，说明在该试验区接种丛枝菌根能够明显促进宿主植物对土壤中钾营养元素的吸收，而对磷元素的吸收促进作用不显著。

5）不同处理对黄花菜根际土壤微生物数量及酶活性的影响

10 月不同处理对试验区黄花菜根际土壤中微生物数量的影响如表 8.18 所示，接菌处理黄花菜根际土壤的微生物数量及磷酸酶活性均高于对照组，表明菌根真菌能够影响根际微生物的数量与磷酸酶活性。

表 8.18 不同处理对黄花菜根际土壤微生物数量及酶活性的影响

接菌处理	真菌数量/ (10^3 cfu/g)	放线菌数量 / (10^5 cfu/g)	细菌数量 / (10^6 cfu/g)	酸性磷酸酶活性 / [μg/ (g·h)]
G.m	5.43±1.57a	3.05±0.58a	1.86±0.68a	4.00±0.94a
CK	5.27±1.95a	2.80±0.55a	0.42±0.59b	3.05±0.38b
菌根贡献率/%	3.0	8.9	342.9	31.1

土壤微生物是指生活在土壤中的真菌、放线菌、细菌等的总称,其种类和数量随成土环境及其土层深度的不同而变化,对于土壤有机质分解、腐殖质的合成、养分转化和推动土壤的发育与形成发挥着关键作用,是影响作物生长发育的重要环境条件之一。从表 8.18 中可以看出,接菌黄花菜根际土壤中真菌、放线菌数量略高于对照处理,而土壤中细菌的数量显著高于对照处理,说明在该试验区条件下,接种丛枝菌根短期内能够显著促进根际细菌的数量,对黄花菜根际土壤中真菌和放线菌数量的积极促进作用不明显。

土壤磷酸酶主要来源于植物根系和微生物细胞的分泌物,此外丛枝菌根真菌也能产生一定量的酸性磷酸酶。土壤中有机磷主要是靠磷酸酶的作用下才能转化为可供植物吸收的无机磷,因此监测土壤磷酸酶活性可以在一定程度上反映丛枝菌根真菌的活跃程度和代谢程度,以及作物吸收转化磷素营养的能力,从而间接反映作物在矿物质营养贫瘠的煤矿塌陷区的生长适应能力。从表 8.18 可以看出,10 月接菌处理黄花菜根际土壤磷酸酶活性显著高于对照处理,说明接种丛枝菌根真菌能显著提高该试验区黄花菜根际土壤酸性磷酸酶活性。

参 考 文 献

白中科, 2017. 土地复垦学. 北京: 中国农业出版社.

鲍士旦, 2000. 土壤农化分析. 北京: 中国农业出版社.

毕银丽, 吴福勇, 武玉坤, 2005. 丛枝菌根在煤矿区生态重建中的应用. 生态学报, 25(8): 2068-2073.

毕银丽, 吴王燕, 刘银平, 2007. 丛枝菌根在煤矸石山土地复垦中的应用. 生态学报, 27(9): 3738-3743.

毕银丽, 王瑾, 冯颜博, 等, 2014. 菌根对干旱区采煤沉陷地紫穗槐根系修复的影响. 煤炭学报, 39(8): 1758-1764.

卞正富, 张燕平, 2006. 徐州煤矿区土地利用格局演变分析. 地理学报, 61(4): 349-358.

蔡怀恩, 侯恩科, 张强骅, 等, 2010. 黄土丘陵区房柱式开采地表塌陷特征及机理分析: 以陕北府谷县新民镇小煤矿为例. 地质灾害与环境保护, 21(2): 101-104.

柴敬, 1998. 浅埋煤层开采的大比例立体模拟研究. 煤炭学报(4): 57-61.

陈熙, 2019. 美国矿山土地复垦的特点. 中国土地, 401(6): 50-51.

陈丹明, 郭娜, 郭绍霞, 2010. 丛枝菌根真菌对牡丹生长及相关生理指标的影响. 西北植物学报, 30(1): 131-135.

陈伏生, 曾德慧, 陈广生, 等, 2003. 风沙土改良剂对白菜生理特性和生长状况的影响. 水土保持学报, 17(2): 153-155.

陈俊杰, 陈勇, 郭文兵, 2013. 厚松散层开采条件下地表移动规律研究. 煤炭科学技术, 41(11): 95-99.

陈士超, 左合君, 胡春元, 等, 2009. 神东矿区活鸡兔采煤塌陷区土壤肥力特征研究. 内蒙古农业大学学报, 30(2): 115-120.

陈亚宁, 李卫红, 徐海量, 等, 2003. 塔里木河下游地下水位对植被的影响. 地理学报, 58(4): 542-549.

陈永亮, 陈保冬, 刘蕾, 等, 2014. 丛枝菌根真菌在土壤氮素循环中的作用. 生态学报, 34(17): 4807-4815.

崔璐, 2011. 煤炭开采对油松林生物量的影响及治理对策. 山西林业(4): 18-19.

邓飞, 全占军, 于云江, 2011. 20 年来乌兰木伦河流域植被盖度变化及影响因素. 水土保持研究, 18(3): 137-140.

邓蕾, 上官周平, 2012. 陕西省天然草地生物量空间分布格局及其影响因素. 草地学报, 20(5): 825-835.

丁国栋, 2004. 区域荒漠化评价中植被的指示性及盖度分级标准研究: 以毛乌素沙区为例. 水土保持学报, 18(1): 159-160.

丁玉龙, 雷少刚, 卞正富, 等, 2013. 开采沉陷区四合木根系抗变形能力分析. 中国矿业大学学报, 42(6): 970-974.

段学军, 闵航, 陆欣, 2003. 风化煤玉米秸配施熟化土壤的生物学效应研究. 土壤通报, 34(6): 517-520.

杜善周, 毕银丽, 王义, 等, 2010. 丛枝菌根对神东煤矿区塌陷地的修复作用与生态效应. 科技导报, 28(7): 41-44.

范立民, 1995. 煤矿地裂缝研究. 环境地质研究(第三辑). 北京: 地震出版社.

范立民, 2007. 陕北地区采煤造成的地下水渗漏及其防治对策分析. 矿业安全与保, 34(5): 62-64.

范立民, 张晓团, 向茂西, 等, 2015. 浅埋煤层高强度开采区地裂缝发育特征: 以陕西榆神府矿区为例. 煤炭学报, 40(6): 1442-1447.

冯军, 谭志祥, 邓喀中, 2015. 黄土沟壑区沟谷坡度对采动裂缝发育规律的影响. 煤矿安全, 46(5): 216-219.

盖京苹, 冯固, 李晓林, 2005. 丛枝菌根真菌在田间的分布特征、代谢活性及其对甘薯生长的影响. 应用生学报, 16(1): 147-150.

高荣久, 1998. 巨厚黄土层地表采动变形特点. 辽宁工程技术大学学报(自然科学版), 17(5): 459-461.

高玉倩, 张俊英, 李富平, 等, 2012. 生物修复矿区铅锌污染研究. 现代矿业(4): 65-67.

古锐, 2017. 我国土地复垦法律制度研究. 石家庄: 河北地质大学.

郭帅, 赵宏霞, 2011. 恢复生态学领域的植被演替研究综述. 聊城大学学报(自然科学版), 24(3): 59-63.

郭文兵, 刘明举, 李化敏, 2001. 多煤层开采采场围岩内部应力光弹力学模拟研究. 煤炭学报, 26(1): 8-12.

郭文兵, 黄成飞, 陈俊杰, 2011. 厚煤层综放开采地表下沉速度观测研究. 煤炭科学技术, 39(4): 114-117.

郭洋楠, 胡春元, 贺晓, 等, 2014. 煤沉陷对神东矿区植被的影响机理研究. 中国煤炭, 40(S1): 69-72.

郭友红, 2009. 煤炭开采沉陷对矿区植物多样性的影响. 矿山测量(6): 13-15.

韩云, 2008. 厚松散层下开采地表沉陷规律研究及应用. 煤矿开采, 13(2): 85-86.

韩奎峰, 康建荣, 王正帅, 等, 2013. 山区采动滑移模型的统一预测参数研究. 采矿与安全工程学报, 30(1): 107-111.

汉斯–约阿希姆·马德尔, 孔洞一, 崔庆伟, 2017. 修复地球表面肌肤: 德国矿区生态修复再利用理论与实践. 风景园林(8): 30-40.

郝延锦, 宁永香, 2000. 厚松散层条件下的岩层移动特征探讨. 煤炭技术, 19(4): 48-49.

何莉, 张天伦, 2012. 黄花菜的生物学特性及应用价值分析. 农业科技通讯(3): 176-178.

何金军, 魏江生, 贺晓, 等, 2007. 采煤塌陷对黄土丘陵区土壤物理特性的影响. 煤炭科学技术, 35(12): 92-96.

何万龙, 王忠, 毛继周, 等, 1994. 西山矿区地表移动观测资料综合分析. 山西矿业学院学报, 12(4): 316-328.

侯忠杰, 1995. 厚砂下煤层覆岩破坏机理探讨. 矿山压力与顶板管理(1): 37-40.

侯忠杰, 2000. 地表厚松散层浅埋煤层组合关键层的稳定性分析. 煤炭学报(2): 127-131.

侯忠杰, 黄庆享, 1994. 松散层下浅埋薄基岩煤层开采的模拟. 陕西煤炭技术(2): 38-41, 65.

胡青峰, 崔希民, 袁德宝, 等, 2012. 厚煤层开采地表裂缝发育规律及其形成机理与危害性分析. 采矿与安全工程学报, 29(6): 864-869.

胡振琪, 2019a. 我国土地复垦与生态修复30年: 回顾、反思与展望. 煤炭科学技术, 47(1): 25-35.

胡振琪, 2019b. 再论土地复垦学. 中国土地科学, 33(5): 1-8.

胡振琪, 毕银丽, 2000. 试论复垦的概念及其与生态重建的关系. 煤矿环境保护, 14(5): 13-16.

胡振琪, 陈涛, 2008a. 基于ERDAS的矿区植被覆盖度遥感研究信息提取: 以陕西省榆林市神府煤矿区为例. 西北林学院学报, 23(2): 164-167.

胡振琪, 卞正富, 成枢, 等, 2008b. 土地复垦与生态重建. 徐州: 中国矿业大学出版社.

胡振琪, 王新静, 贺安民, 2014. 风积沙区采煤沉陷地裂缝分布特征与发生发育规律. 煤炭学报, 39(1): 11-18.

胡振琪, 付艳华, 肖武, 等, 2016. 基于文献计量分析的美国采矿与复垦学会（1984—2014年）发展历程与研究综述. 中国土地科学, 30(2): 86-96.

环境保护部, 国家质量监督检验检疫总局, 2009. 土壤环境质量标准(修订) GB 15618—2008.

黄庆享, 2000. 浅埋煤层长壁开采顶板结构及岩层控制研究. 徐州: 中国矿业大学出版社, 139-147.

黄庆享, 2002. 浅埋煤层的矿压特征与浅埋煤层定义. 岩石力学与工程学报, 21(8): 68-71.

黄庆享, 2005. 厚沙土层下采场顶板关键层上的载荷分布. 中国矿业大学学报(3): 289-293.

黄庆享, 2009. 浅埋煤层保水开采隔水层稳定性的模拟研究. 岩石力学与工程学报, 28(5): 987-992.

黄庆享, 2010. 浅埋煤层覆岩采动隔水性与保水开采分类控制//安全高效矿井建设与开采技术: 陕西省煤炭学会学术年会论文集. 陕西省煤炭学会, 98-103.

黄庆享, 苏普正, 何万盈, 1996. 特殊条件下近距离煤层上行开采研究. 陕西煤炭技术(2): 12-16.

霍红, 冯起, 苏永红, 等, 2013. 额济纳绿洲植物群落种间关系和生态位研究. 中国沙漠, 33(4): 1027-10343.

康宏樟, 朱教君, 李智辉, 等, 2004. 沙地樟子松天然分布与引种栽培. 生态学杂志, 23(5): 134-139.

季元祖, 2006. 半干旱黄土丘陵沟壑区适生树种选择. 杨凌: 西北农林科技大学.

雷少刚, 2009. 荒漠矿区关键环境要素的监测与采动影响规律研究. 徐州: 中国矿业大学.

雷少刚, 卞正富, 2014. 西部干旱区煤炭开采环境影响研究. 生态学报, 34(11): 2837-2843.

李博, 2000. 生态学. 北京: 高等教育出版社.

李华, 李永青, 沈成斌, 等, 2008. 风化煤施用对黄土高原露天煤矿区复垦土壤理化性质的影响研究. 农业环境科学学报, 27(5): 1752-1756.

李凤仪, 王继仁, 刘钦德, 2006. 薄基岩梯度复合板模型与单一关键层解算. 辽宁工程技术大学学报, 25(4): 524-526.

李红举, 李少帅, 赵玉领, 2019. 澳大利亚矿山土地复垦与生态修复经验. 中国土地, 399(4): 48-50.

李建华, 邰春花, 卢朝东, 等, 2009. 丛枝菌根和根瘤菌双接种对矿区土地复垦的生态效应. 中国土壤与肥料(5): 77-80.

李晋川, 王文英, 卢崇恩, 1999, 安太堡露天煤矿新垦土地植被恢复的探讨. 河南科学, S1: 92-95.

李俊芳, 胡海峰, 李威, 2014. 山区采动滑移对地表移动变形的影响分析. 煤矿安全, 45(6): 211-213.

李善祥, 窦诱云, 1998. 我国风化煤利用现状与展望. 腐植酸, 16(1): 16-20.

李少朋, 毕银丽, 陈畑圳, 等, 2013. 外源钙与丛枝菌根真菌协同对玉米生长的影响与土壤改良效应. 农业工程学报, 29(1): 109-116.

李树志, 2019. 我国采煤沉陷区治理实践与对策分析. 煤炭科学技术, 47(1): 41-48.

李太启, 高荣久, 2015. 采煤塌陷区综合治理问题分析与建议. 金属矿山(4): 169-172.

李永红, 姚超伟, 程晓露, 等, 2014. 神府煤矿区矿山地质环境问题及恢复治理探讨: 以赵家梁煤矿为例. 资源与产业(6): 112-117.

栗丽, 王日鑫, 王卫斌, 2010. 采煤塌陷对黄土丘陵区坡耕地土壤理化性质的影响. 土壤通报, 41(5): 1237-1240.

廖国华, 1990. 节理间距及岩石质量指标的估算. 岩石力学与工程学报(1): 68-75.

林衍, 谭学术, 胡耀华, 1994. 对缓倾近距煤层群同采合理错距的探讨. 贵州工业大学学报, 23(2): 33-38.

刘飞, 陆林, 2009. 采煤塌陷区的生态恢复研究进展. 自然资源学报(4): 612-620.

刘辉, 2014. 西部黄土沟壑区采动地裂缝发育规律及治理技术研究. 徐州: 中国矿业大学.

刘辉, 何春桂, 邓喀中, 等, 2013. 开采引起地表塌陷型裂缝形成机理. 采矿与安全工程学报, 30(3): 380-384.

刘辉, 刘小阳, 邓喀中, 等. 2016. 基于 UDEC 数值模拟的滑动型地裂缝发育规律. 煤炭学报, 41(3): 625-632.

刘宝琛, 张家生, 1995. 近地表开挖引起的地表沉降的随机介质方法. 岩石力学与工程学报, 14(4): 289-296.

刘书娟, 2014. 天然草地与改良草地地上生物量空间分布及其群落结构特征, 36(3): 108-111.

刘天泉, 1986. 厚松散含水层下近松散层的安全开采. 煤炭科学技术(2): 14-18.

刘秀梅, 张夫道, 冯兆滨, 等, 2005. 风化煤腐植酸对氮、磷、钾的吸附和解吸特性. 植物营养与肥料学报, 11(5): 641-646.

刘义新, 2010. 厚松散层下深部开采覆岩破坏及地表移动规律研究. 北京: 中国矿业大学(北京).

刘中奇, 2015. 哈拉沟煤矿塌陷区植物群落特征及植被恢复技术研究. 煤炭工程(4): 121-123, 127.

陆士良, 郭育光, 1991. 护巷煤柱宽度与巷道围岩变形的关系. 中国矿业大学学报, 20(4): 1-7.

雒建中, 2012. 基于 3S 技术的大柳塔煤矿土地利用动态研究. 能源环境保护, 26(2): 49-52.

马超, 张晓克, 郭增长, 等, 2013. 半干旱山区采矿扰动植被指数时空变化规律. 环境科学研究, 26(7): 750-758.

马施民, 王洋, 杨雯, 等, 2014. 山西煤矿潞安矿区地裂缝发育特征及形成机理分析. 中国地质灾害与防治学报, 25(1): 28-32.

马迎宾, 黄雅茹, 王淮亮, 等, 2014. 采煤塌陷裂缝对降雨后坡面土壤水分的影响. 土壤学报, 51(3): 497-504.

潘明才, 2002. 德国土地复垦和整理的经验与启示. 国土资源(1): 50-51.

齐贺停, 李宏颖, 石旭东, 2012. 陕北煤矿生态环境现状及其治理方案浅析: 以府谷县红草沟煤矿为例. 四川环境, 31(6): 64-69.

钱奎梅, 王丽萍, 李江, 等, 2010. 矿区废弃地生态修复中丛枝菌根真菌接种效应. 环境科技, 9-13.

钱名高, 石平五, 2003. 矿山压力与岩层控制. 徐州: 中国矿业大学出版社.

覃光球, 严重玲, 韦莉莉, 2006. 秋茄幼苗叶片单宁、可溶性糖和脯氨酸含量对 Cd 胁迫的响应. 生态学报, 26(10): 3366-3371.

全占军, 程宏, 于云江, 等, 2006. 煤矿井田区地表沉陷对植被景观的影响: 以山西省晋城市东大煤矿为例. 植物生态学报, 30(3): 414-420.

山仑, 徐炳成, 杜峰, 等, 2004. 陕北地区不同类型植物生产力及生态适应性研究. 水土保持通报, 24(1): 1-7.

佘檀, 汪有科, 高志永, 等, 2015. 陕北黄土丘陵山地枣树生物量模型. 水土保持通报. 35(3): 311-316.

石平五, 侯忠杰, 1996. 神府浅埋煤层顶板破断运动规律. 西安矿业学院学报, 16(3): 203-207.

石占飞, 2011. 神木矿区土壤理化性质与植被状况研究. 杨凌: 西北农林科技大学.

史元伟, 郭潘强, 康立军, 等, 1995. 矿井多煤层开采围岩应力分析与设计优化. 北京: 煤炭工业出版社.

宋轩, 曾德慧, 林鹤鸣, 等, 2001. 草炭和风化煤对水稻根系活力和养分吸收的影响. 应用生态学报, 12(6): 867-870.

宋亚新, 2007. 神府—东胜采煤塌陷区包气带水分运移及生态环境效应研究. 北京: 中国地质科学院.

苏宁, 郭巧玲, 韩振英, 2017. 风沙区采煤塌陷不同裂缝宽度下土壤水分特性研究. 人民珠江, 38(9): 20-24.

孙婧, 2014. 发达国家矿区土地复垦对我国的借鉴与启示. 中国国土资源经济(7): 42-44.

汤伏全, 乔德京, 张健, 2015. 黄土覆盖矿区黄土层湿陷性对开采沉陷的影响研究. 煤炭工程, 47(6): 88-90.

陶媛, 郝丹东, 覃强, 2009. 植物多样性对丛枝菌根真菌多样性的影响研究进展. 农业科学研究(1): 55-58.

滕永海, 杨建立, 朱伟, 等, 2010. 综采放顶煤覆岩破坏规律与机理研究. 矿山测量(2): 32-34.

田慧, 刘晓蕾, 盖京苹, 等, 2009. 球囊霉素及其作用研究进展. 土壤通报, 40(5): 1215-1219.

田大伦, 康文星, 2006. 生长在矿区废弃地的栎樟混交幼林生物量研究. 中南林学院学报, 26(5): 1-4.

田家畸, 陈月华, 1988. 论山体下采煤的地面保护. 西安科技大学学报(3): 57-65.

田家琦, 梁明, 1994. 陕西开采滑坡的特点及其分析. 陕西煤炭(1): 29-34.

田小松, 郑杰炳, 王刚, 2013. 丘陵山地采煤地表移动变形与裂缝特征相关性研究. 中国安全生产科学技术, 9(11): 5-10.

屠世浩, 窦凤金, 万志军, 等, 2011. 浅埋房柱式采空区下近距离煤层综采顶板控制技术. 煤炭学报, 36(3): 366-370.

王川, 谢惠民, 王娜, 等, 2011. 小麦品种可溶性糖和保护性酶与抗旱性关系研究. 干旱地区农业研究, 29(5): 100-105.

王健, 高永, 魏江生, 等, 2006. 采煤塌陷对风沙区土壤理化性质影响的研究. 水土保持学报, 20(5): 52-55.

王莉, 张和生, 2013. 国内外矿区土地复垦研究进展. 水土保持研究, 20 (1): 294-300.

王鹏, 余学义, 刘俊, 2014. 浅埋煤层大采高开采地表裂缝破坏机理研究. 煤炭工程(5): 84-86.

王琦, 全占军, 韩煜, 等, 2013. 采煤塌陷对风沙区土壤性质的影响. 中国水土保持科学, 12(6): 110-118.

王琦, 全占军, 韩煜, 等, 2014. 采煤塌陷区不同地貌类型植物群落多样性变化及其与土壤理化性质的关系. 西北植物学报, 34(8): 1642-1651.

王贵荣, 2006. 厚黄土薄基岩地区开采沉陷规律探讨. 西安科技大学学报, 26(4): 443-445.

王海山, 强岱民, 任守忠, 2002. 近距离煤层同采工作面的合理错距. 煤矿安全(11): 26-28.

王洪亮, 李维均, 李海平, 2000. 神木县大柳塔地区地裂缝群的发现与预测. 陕西地质, 18(1): 57-61.

王家胜, 王建立, 2015. 厚松散层矿区开采沉陷预计系统研究与实现. 北京测绘(3): 62-65.

王金庄, 李永树, 周熊, 等, 1997. 巨厚松散层下采煤地表移动规律的研究. 煤炭学报, 22(1): 18-21.

王满意, 梁宗锁, 杨超, 2008. 陕北丘陵沟壑区不同立地白羊草水分特征及群落生物量研究. 西北农林科技大学学报(自然科学版), 36(1): 93-100.

王尚义, 牛俊杰, 朱炜歆, 等, 2013. 晋西北矿区、非矿区不同植被下土壤水分特征. 干旱区研究, 30(3): 986-991.

王双明, 范立民, 黄庆享, 等, 2009. 陕北生态脆弱矿区煤炭与地下水组合特征及保水开采. 金属矿山(S1): 697-702.

王双明, 黄庆享, 范立民, 等, 2010. 生态脆弱区煤炭开发与生态水位保护. 北京: 科学出版社.

王文龙, 李占斌, 张平仓, 2004. 神府东胜煤田开发中诱发的环境灾害问题研究. 生态学杂志, 23(1): 34-38.

王业显, 2014. 大柳塔矿重复采动条件下地表沉陷规律研究. 徐州: 中国矿业大学.

王泳嘉, 陶连金, 邢纪波, 1997. 近距离煤层开采相互作用的离散元模拟研究. 东北大学学报(4): 30-33.

王玉德, 2000. 水土保持工程. 北京: 中国水利水电出版社.

王云虎, 张少春, 1994. 条带开采应力关系分析. 煤矿开采(4): 25-30.

魏秉亮, 范立民, 杨宏科, 1999. 浅埋近水平煤层采动地面变形规律研究. 中国煤田地质, 11(3): 44-47, 71.

魏江生, 贺晓, 胡春元, 等, 2006. 干旱半干旱地区采煤塌陷对沙质土壤水分特性的影响. 干旱区资源与环境, 20(5): 84-88.

魏忠义, 胡振琪, 白中科, 2001. 露天煤矿排土场平台"堆状地面"土壤重构方法. 煤炭学报, 26(1): 18-21.

吴侃, 胡振琪, 常江, 等, 1997. 开采引起的地表裂缝分布规律. 中国矿业大学学报, 26(2): 56-59.

吴侃, 葛家新, 王铃丁, 等, 1998. 开采沉陷预计一体化方法. 徐州: 中国矿业大学出版社.

吴春花, 杜培军, 谭琨, 2012. 煤矿区土地覆盖与景观格局变化研究. 煤炭学报, 37(6): 1026-1033.

吴春荣, 金红喜, 严子柱, 等, 2003. 樟子松在西北干旱沙区的光合日变化特征. 干旱区资源与环境, 17(6): 144-146.

吴立新, 马保东, 刘善军, 2009. 基于SPOT卫星NDVI数据的神东矿区植被覆盖动态变化分析. 煤炭学报, 34(9): 1217-1222.

武瑞平, 李华, 曹鹏, 2009. 风化煤施用对复垦土壤理化性质酶活性及植被恢复的影响研究. 农业环境科学学报, 28(9): 1855-1861.

夏林发, 郑志刚, 2007. 厚松散层综放开采地表沉陷规律及特点. 矿山测量(2): 39, 66.

谢洪彬, 2001. 厚冲积层薄基岩层下采煤地表移动变形规律. 矿山压力与顶板管理(1): 59-60.

谢元贵, 孙文博, 龙秀琴, 等, 2012. 采煤塌陷前后植物群落对比研究: 以百里杜鹃化育煤矿为例. 江苏农业科学, 40(7): 332-334.

许家林, 朱卫兵, 王晓振, 等, 2009. 浅埋煤层覆岩关键层结构分类. 煤炭学报, 34(7): 865-870.

徐海量, 宋郁东, 王强, 等, 2004. 塔里木河中下游地区不同地下水位对植被的影响. 植物生态学报, 28(3): 400-405.

徐涵淘, 张和生, 秦世界, 2014. 井工开采条件下地表坡度对地表移动变形的影响研究. 煤炭技术,

33(8): 118-120.

徐乃忠, 戴华阳, 2008. 厚松散层条件下开采沉陷规律及控制研究现状. 煤矿安全(11): 53-55.

徐友宁, 吴贤, 陈华清, 2008. 大柳塔煤矿地面塌陷区的生态地质环境效应分析. 中国矿业, 17(3): 38-40.

许剑敏, 2011. 生物菌肥对矿区复垦土壤磷、有机质、微生物数量的影响. 山西农业科学, 39(3): 250-252.

杨逾, 刘文生, 缪协兴, 等, 2007. 我国采煤沉陷及其控制研究现状与展望.中国矿业, 16(7): 43-46.

杨泽元, 王文科, 黄金廷, 等, 2006. 陕北风沙滩地区生态安全地下水位埋深研究. 西北农林科技大学学
　　报(自然科学版), 34(8): 67-74.

杨治林, 2008. 浅埋煤层长壁开采顶板岩层的不稳定性态. 煤炭学报, 33(12): 1341-1345.

姚娟, 徐工, 2009. 开采引起的地表裂缝规律研究. 山东理工大学学报, 23(6): 105-108.

姚国征, 2012. 采煤塌陷对生态环境的影响及恢复研究. 北京: 北京林业大学.

叶瑶, 全占军, 肖能文, 等, 2015. 采煤塌陷对地表植物群落特征的影响. 环境科学研究, 28(5): 736-744.

于兴修, 杨桂山, 2002. 中国土地利用/覆被变化研究的现状与问题. 地理科学进展, 21(1): 51-57.

余学义, 1993. 预计地表与覆岩移动变形的数学模型. 西安矿业学院学报(3): 195-196.

余学义, 1996. 地表移动破坏裂缝特征及其控制方法. 西安矿业学院学报, 16(4): 1-4.

余学义, 赵兵朝, 2003. 柏林煤矿滑坡区高层建筑物下煤层控制开采技术. 矿山压力与顶板管理 (S3):
　　65-67.

岳辉, 毕银丽, 刘英, 2012. 神东矿区采煤沉陷地微生物复垦动态监测与生态效应. 科技导报, 30(24):
　　33-37.

臧荫桐, 2009. 采煤塌陷后风沙土理化性质变异性研究. 呼和浩特: 内蒙古农业大学.

翟孟源, 徐新良, 江东, 等, 2012. 1979—2010 年乌海市煤矿开采对生态环境影响的遥感监测. 遥感技术
　　与应用, 27(6): 933-940.

张杰, 刘增平, 赵兵朝, 等, 2011. 厚松散层浅埋煤层矿压规律实测分析. 矿业安全与环保, 38(1): 13-16.

张娜, 梁一民, 2002. 黄土丘陵区天然草地地下/地上生物量的研究. 草业学报, 11(2): 72-78.

张平, 2010. 黄土沟壑区采动地表沉陷破坏规律研究. 西安: 西安科技大学.

张茹, 黄赳, 董霁红, 2017. 全球主要矿业国家矿山生态法律比较研究. 中国煤炭, 43(6): 139-146.

张春梅, 王成章, 胡喜峰, 等, 2005. 紫花苜蓿的营养价值及应用研究进展. 中国饲料(1): 15-17.

张发旺, 侯新伟, 韩占涛, 等, 2003. 采煤塌陷对土壤质量的影响效应及保护技术. 地理与地理信息科
　　学, 19(3): 67-70.

张海港, 2014. 山区首采面大采深大采高地表移动变形规律研究. 矿山测量(1): 65-68, 71.

张建民, 李全生, 胡振琪, 等, 2013. 西部风积沙区超大综采工作面开采生态修复研究. 煤炭科学技术,
　　41(9): 173 -177.

张金屯, 2004. 植被数量生态学方. 北京: 中国科学技术出版社.

张锦春, 汪杰, 李爱德, 等, 2000. 樟子松根系分布特征及其生长适应性研究. 防护林科技, 44(3): 46~49.

张丽娟, 王海邻, 胡斌, 2007. 煤矿塌陷区土壤酶活性与养分分布及相关研究: 以焦作韩王庄塌陷区为
　　例. 环境科学与管理, 32(1): 126-229.

张茂省, 卢娜, 陈劲松, 2008. 陕北能源化工基地地下水开发的植被生态效应及对策. 地质通报, 27(8):
　　1299-1312.

张延旭, 毕银丽, 王瑾, 等, 2014. 采煤沉陷地丛枝菌根的应用及其生态效应研究. 北方园艺(21):
　　161-164.

张延旭, 毕银丽, 裘浪, 等, 2015. 接种丛枝菌根对玉米生长与抗旱性的影响. 干旱地区农业研究, 33(2):
　　91-94.

张银洲, 王鹏飞, 杨喆, 2011. 采空区地表变形与采深采厚比关系探讨. 陕西煤炭, 30(4): 19-21.

赵娟, 2013. 煤炭开采对太原西山油松林分地上部分生物量的影响. 山西林业科技, 42(2): 14-16.

赵红梅, 2006. 采矿塌陷条件下包气带土壤水分布与动态变化特征研究. 北京: 中国地质科学院.

赵同谦, 郭晓明, 徐华山, 2007. 采煤沉陷区耕地土壤肥力特征及其空间异质性. 河南理工大学学报, 26(5): 588-592.

自然资源部, 2018. 煤炭行业绿色矿山建设规范(DZ/T 0315—2018). 北京: 地质出版社.

周欣, 左小安, 赵学勇, 等, 2014. 半干旱沙地生境变化对植物地上生物量及其碳、氮储量的影响. 草业学报, 23(6): 36-43.

周莹, 贺晓, 徐军, 等, 2009. 半干旱区采煤沉陷对地表植被组成及多样性影响. 生态学报, 29(8): 4517-4128.

周丽霞, 丁明懋, 2007. 土壤微生物学特性对土壤健康的指示作用. 生物多样性, 15(2): 162-171 .

朱教君, 许美玲, 康宏樟, 2005. 温度、pH 及干旱胁迫对沙地樟子松外生菌根菌生长影响. 生态学杂志, 24(12): 1375-1379.

卓静, 刘安麟, 郭伟, 等, 2012. 近 12 年陕北能源化工基地土地利用动态变化分析. 陕西气象(5): 1-6.

邹慧, 毕银丽, 金晶晶, 等, 2013. 采煤沉陷对植被土壤容重和水分入渗规律的影响. 煤炭科学技术, 41(3): 125-128.

邹慧, 毕银丽, 朱郴韦, 等, 2014. 采煤沉陷对沙地土壤水分分布的影响. 中国矿业大学学报, 43(3): 496-501.

AZCÓN-AGUILAR C, BAREA J M, 1997. Applying mycorrhiza biotechnology to horticulture: significance and potentials. Scientia Horticulturae, 68(1): 1-24.

BALDWIN D, MANFREDA S, KELLER K, et al., 2017. Predicting root zone soil moisture with soil properties and satellite near-surface moisture data across the conterminous United States. Journal of Hydrology, 546: 393-404.

BAREA J M, AZCON-AGUILAR C, AZCON R, 2002. Interactions between mycorrhizalfungi and rhizosphere micro-organisms within the Context of sustainable soil-plantsystems// GANGE A C, BROWN V K, eds. Multitrophic Interactionsin Terrestrial Systems. Cambridge: Cambridge University Press: 65-68.

CLARK R B, Zeto S K, Zobel R W, 1998. Arbuscular mycorrhizal fungal isolate effectiveness on growth and root colonization of Panicum virgatum in acidic soil. Soil Biology and Biochemistry, 1998, 31(13): 1757-1763.

CONNELL J H, 1978. Diversity in tropical rain forest and coral reefs. Science, 199(4335): 1302-1310.

COSTIGAN P A, BRADSHAW A D, GEMMELL R, 1981. The reclamation of acidic colliery spoil. I. Acid production potential. Journal of Applied Ecology, 18: 865-878.

DAMIGOS D, KALIAMPAKOS D, 2003. Environmental economics and the mining industry: monetary benefits of an abandoned quarry rehabilitation in Greece. Environmental Geology, 44 (3): 356-362.

DANCER W S, HANDLEY J F, BRADSHAW A D, 1977. Nitrogen accumulation in Kaolin mining wastes in Cornwall .I. Natural communities. Plant and Soil, 48: 153-167.

DARINA H, KAREL P, 2003. Soil heaps form brown coal mining: technical reclamation versus spontaneous revegetation. Restoration Ecology, 11(3): 385-391.

DE S, MITRA A K, 2002. Reclamation of mining-generated wastelands at Alkusha-Gopalpur abandoned open cast project, Raniganj Coalfield, easter India. Environmental Geology, 43(1-2): 39-47.

DUTTA R K, AGRAWAL M, 2001. Impact of plantation of exotic species on heavy metal concentration of mine spoils. Indian Journal of Forestry, 24(3): 292-29.

ERIC M, AUDREY M, DANIELLE C M, et al., 2011. Does the invasive species Ai-lanthus altissima threaten floristic diversity of temperate peri-urban forests. Comptesrendus Biologies, 334(12): 872-879.

FROST S M, STAHL D D, WILLIAMS S E, 2001. Long-term reestablishment of arbuscular mycorrhizal fungi in a drastical disturbed semiarid surface mine soil. Arid Land Research and Management, 15(1): 3-12.

GOLDSTEIN A H, BARTLEIN D A, MCDANIEL R G, 1988. Phos-phate starvation inducible metabolism inLycopersiconesculen-tum.I.Excretion of acid phosphatase by tomato plants and suspension-cultured cells. Plant Physiology, 87: 711-715.

GONG M G, TANG M, ZHANG Q M, et al., 2012. Effects of climatic and edaphic factors on arbuscular mycorrhizal fungi in the rhizosphere of Hippophae rhamnoides in the Loess Plateau, China. Acta Ecologica Sinica, 32(2): 62-67.

GONZÁLEZ-ALCARAZ M N, ARÁNEGA B, TERCERO M C, 2014. Irrigation with seawater as a strategy for the environmental management of abandoned solar saltworks: A case-study in SE Spain based on soil–vegetation relationships. Ecological Engineering, 71: 677-689.

JACINTHE P A, LAL R, 2006. Spatial variability of soil properties and trace gas fluxes in reclaimed mine land of southeastern Ohio. Geoerma, 136: 598-608.

JIANG G M, PUTWAIN P D, BRADSHAW A D, 1993. An experimentalstudy on the revegetation of colliery spoils of BoldMoss Tip, St.Helens, England. Acta Botanica Sinica, 35(12): 951-962.

KONG J, PEI Z P, DU M, et al., 2014. Effects of arbuscular mycorrhizal fungi on the drought resistance of the mining area repair plant Sainfoin. International Journal of Mining Science and Technology, 24(4): 485-489.

LAN G Y, GETZIN S, WIEGAND T, et al., 2012. Spatial distribution and interspecific associations of tree species in a tropical seasonal rain forest of China. Plos One, 7(9): 46-74.

LATEF A A H A, HE C X, 2011. Effect of arbuscular mycorrhizal fungi on growth, mineral nutrition, antioxidant enzymes activity and fruit yield of tomato grown under salinity stress. Scientia Horticulturae, 127(3): 228-233.

LEI S G, BIAN Z F, DANIELS J L, et al., 2010. Spatio-temporal variation of vegetation in an arid and vulnerable coal mining region. Mining Science and Technology, 20(3): 485-490.

LIU C W, CHENG S W, YU W S, et al., 2003. Water infiltration rate in cracked paddy soil. Geoderma，117(12): 169-181.

LUBCHENCO J, OLSON A M, BRUBAKER L B, et al., 1991. The sustainable biosphere initiative: an eco-logical research agenda. Ecology, 72: 371-412.

LUO Y, PENG S S, 2000. Prediction of subsurface for longwall mining operations. 19th International Conference on Ground Control in Mining, West Virginia: West Virginia University.

MILLER R M, JASTROW J D, 1992. The role of mycorrhizal fungi in soil conservation// BETHLENFALVAY G J, eds. Mycorrhizae in sustainable agriculture. Madison：Special Special Publication, 29-44.

NADJA Z, RAINER S, HELMUT K, et al., 1999. Agricultural reclamation of disturbed soils in a lignite mining area using municipal and coal wastes: The humus situation at the beginning of reclamation. Plant and Soil, 213(1): 241-250.

NICOLSON T H, Sanders F E, Mosse B, et al., 1975. Evolution of vesicular-arbuscular mycorrhizas// Endomycorrhizas, Proceedings of a Symposium.

NOVAK V, SIMUNEK J J, GENUCHTEN M T V, 2000. Infiltration of water into soil with cracks. Journal of Irrigation and Drainage Engineering, 126(1): 41-47.

O'CONNOR P J, SMITH S E, SMITH F A, 2002. Arbuscular mycorrhizas influence plant diversity and community structure in a semiarid herbland. New Phytologist, 154(1): 209-218.

PIROZYNSKI K A, MALLOCH D W, 1975. The origin of land plants: A matter of mycotrophism. Biosystems, 6(3): 153-164.

RUIZ-LOZANO J M, AZÓN R, 2000. Symbiotic efficiency and infectivity of an autochthonous arbuscular mycorrhizal Glomus sp. from saline soils and Glomus deserticola under salinity. Mycorrhiza, 10(3): 137-143.

SHRESTHA R K, LAL R, 2006. Ecosystem carbon budgeting and soil carbon sequestration in reclaimed mine soil. Environment International, 32: 781-796.

STOW D, DAESCHNER S, HOPE A, et al., 2003. Variability of the seasonally integrated normalized difference vegetation index across the north slope of Alaska in the 1990s. International Journal of Remote Sensing, 24(5): 1111-1117.

TAYLOR T N, REMY W, KERP H H, 1995. Fossil arbuscular my-corrhiae from the early devonian. Mycologia, 87(4): 560-573.

TERRENCE A S, NEAL W M, DAVID R M, 2000. Mining disturbance alters phosphorus fractions in Northern Australian soils. Australian Journal of Soil Research, 38(2): 411-422.

TISDALL J M, OADES J M, 1979. Stabilization of soil aggregates by the root systems of ryegrass. Australian Journal of Soil Research, 17(3): 429-441.

VAN DER HEIJDEN M G A, KLIRONOMOS J N, URSIC M, et al., 1998. Mycorrhizal fungal diversity determines plant biodiversity, ecosystem variability and productivity. Nature, 396: 69-72.

WU Q S, XIA R X, ZOU Y N, 2008. Improved soil structure and citrus growth after inoculation with three arbuscular mycorrhizal fungi under drought stress. European Journal of Soil Biology, 44(1): 122-128.